U0652938

21 世纪高等学校信息工程类专业规划教材

光电对抗原理与应用

李云霞　蒙　文　马丽华　赵尚弘　编著

西安电子科技大学出版社

内 容 简 介

本书全面、系统地论述了光电对抗技术的基本原理与应用。全书共分七章,内容包括概述、光电制导技术、光电侦察告警技术、光电有源干扰技术、光电无源干扰技术、光电对抗系统的评估与仿真以及典型光电对抗系统介绍等。

本书内容深入浅出,材料充实丰富,可作为相关专业的本科生、研究生的教材,也可作为对电子战技术有兴趣的读者的参考书。

★本书配有电子教案,需要者可登录出版社网站,免费下载。

图书在版编目(CIP)数据

光电对抗原理与应用/李云霞等编著. 一西安:
西安电子科技大学出版社,2009.2(2019.7重印)
21世纪高等学校信息工程类专业规划教材
ISBN 978 - 7 - 5606 - 2179 - 1

Ⅰ. 光… Ⅱ. 李… Ⅲ. 电子对抗—高等学校—教材 Ⅳ. TN97

中国版本图书馆 CIP 数据核字(2008)第 201287 号

策划编辑 臧延新
责任编辑 阎 彬 臧延新
出版发行 西安电子科技大学出版社(西安市太白南路 2 号)
电 话 (029)88242885 88201467 邮 编 710071
网 址 www. xduph. com 电子邮箱 xdupfxb001@163.com
经 销 新华书店
印刷单位 北京虎彩文化传播有限公司
版 次 2009 年 2 月第 1 版 2019 年 7 月第 3 次印刷
开 本 787 毫米×1092 毫米 1/16 印 张 15
字 数 351 千字
定 价 35.00 元

ISBN 978 - 7 - 5606 - 2179 - 1/TP

XDUP 2471001 - 3

前　言

当今世界，以信息技术为核心的高新技术得到了迅猛发展和广泛应用，这极大地改变了人类社会的面貌，也使军事领域的作战方式和战争形态发生了深刻变化。进入 20 世纪 90 年代后，一种新的军事概念逐步形成，这就是信息战。信息战的概念在海湾战争之后逐渐被充实、丰富和深化，如今信息战已成为信息时代的一种崭新的作战模式，它对未来高科技战争的结局将起到至关重要的作用。

电子战是信息战最基本的作战样式，它贯穿于战争全局渗透到战争的各个方面，成为与制空权、制海权同等重要的战略要素。电子战主要包括雷达对抗、通信对抗、光电对抗和导航对抗等。

随着光电武器应用和研究的进一步深入，光电对抗武器和装备也在不断更新，从而促成了整个光电对抗新技术的产生和发展。目前，光电对抗装备已大量装备各国的陆、海、空三军，成为军事装备信息化的一个重要标志。为了适应未来战争的需求，我们有必要学习和研究光电对抗技术与装备。

本书共分七章。第 1 章为概述，介绍光电对抗的概念、背景和技术体系等；第 2 章为光电制导技术，介绍光电制导武器的工作原理，包括红外、激光、电视、光纤、多模复合等制导方式；第 3 章为光电侦察告警技术，介绍激光、红外、紫外侦察告警以及光电综合侦察告警技术；第 4 章为光电有源干扰技术，介绍激光、红外有源干扰技术；第 5 章为光电无源干扰技术，介绍烟幕干扰、光电隐身、光电假目标等干扰技术以及其他无源光电对抗措施；第 6 章为光电对抗系统的评估与仿真，介绍光电对抗系统的评估与仿真的基本概念、准则及方法等；第 7 章为典型光电对抗系统介绍，重点介绍机载、舰载、地基等典型光电对抗系统以及激光反卫星系统。

本书第 1、2 章由李云霞编写，第 3~5 章由蒙文编写，第 6 章由马丽华编写，第 7 章由赵尚弘编写。研究生吴继礼、张晓哲、郝婕和教员柳海、马曙光为本书的资料搜集和整理做了大量工作，在此表示感谢。

由于编者水平有限，书中难免存在错疏漏之处，恳请读者指正。

编　者

2008 年 11 月

目 录

第1章　概　述

电子战(Electronic Warfare，EW)是现代信息战的重要组成部分，是对抗双方在电磁频谱领域内的斗争，其具体定义为：利用电磁能和定向能控制电磁频谱或攻击敌方的任何军事行动。电子战包括雷达对抗、通信对抗、光电对抗、导航对抗等。

电子战起源于20世纪初，随着无线电通信的出现及在军事上的应用，作为电子战分支之一的通信对抗得到了迅速的发展。第二次世界大战期间，由于雷达与无线电导航技术的发展，电子战的主要表现形式是雷达对抗和导航对抗。第二次世界大战后，由于雷达制导和光电制导的精确制导武器成为飞机和军舰的主要威胁，因此电子战开始向光电对抗拓展。

近几十年来，光电技术在武器的火控与制导系统中的广泛应用，使得光电对抗技术得到了飞速发展。在20世纪70年代中期，"精确制导技术"这一概念被正式提出，应用精确制导技术的武器包括各种制导导弹、制导炮弹和制导炸弹。精确制导武器主要采用无线和有线指令制导、红外制导、电视制导、激光制导和雷达制导等多种制导体制，其中光电制导武器装备居多。由于光电制导武器具有制导精度高、抗干扰能力强和全天候作战等特点，因此光电精确制导武器已成为现代化高科技战争中的主要进攻武器。光电精确制导武器的发展大大刺激了光电对抗技术和装备的迅速发展，对抗技术与反对抗技术互相促进、交替发展，使光电对抗技术体系逐步完善。

光电对抗已成为近年来电子战中发展最快、投资比重日益加大的一个领域。

1.1　光电对抗的基本概念

光电对抗指敌对双方在光波段的抗争，即在紫外、可见光、红外波段，己方使用电磁能量去探测、利用、削弱或阻止敌方使用电磁频谱，并保护己方有效使用电磁频谱。具体来说，就是指敌对双方在光波段范围内，利用光电设备和器材，对敌方光电制导武器和光电侦察设备等光电武器进行侦察告警并实施干扰，使敌方的光电武器削弱、降低或丧失作战效能；同时利用光电设备和器材，有效地保护己方光电设备和人员免遭敌方的侦察告警和干扰。这种为完成侦察干扰及反侦察反干扰所采取的各种战术技术措施的总称叫做光电对抗。

光电对抗是电子战的一个重要组成部分。光电对抗按作战对象所利用的光波段分类，可分为激光对抗、红外对抗和可见光对抗。其中，激光中虽然包括红外和可见光，但由于其特性不同于普通红外和可见光，因此将其单独归类为激光对抗。光电波段分布见图1.1。

光电对抗按装备功能分类，可分为光电侦察告警、光电干扰和反光电侦察与干扰。

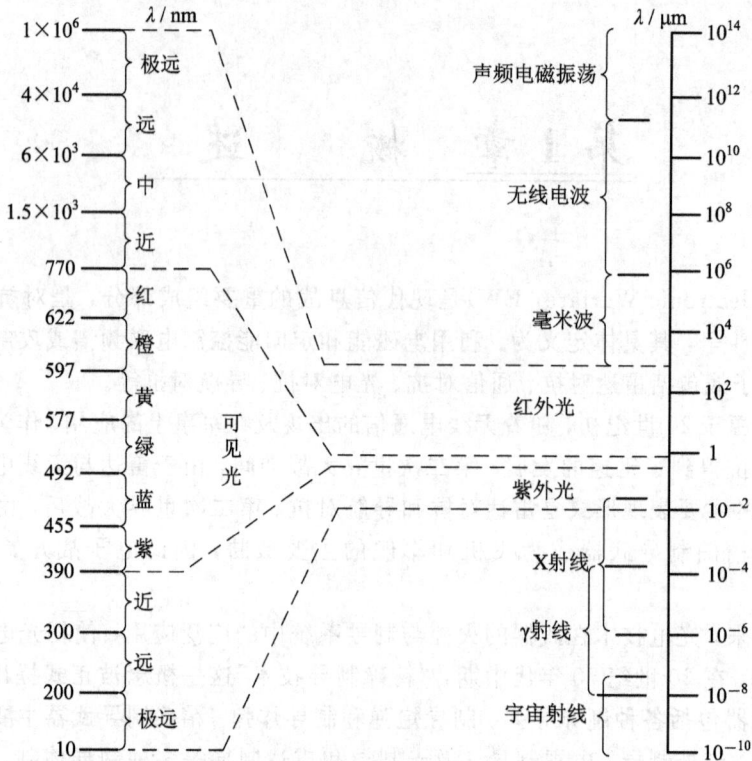

图 1.1　光电波段分布示意图

光电侦察告警是指利用光电技术手段对敌方光电装备辐射或散射的光波信号进行搜索、截获、定位及识别，并迅速判别威胁程度，及时提供情报和发出告警。光电侦察告警有主动侦察告警和被动侦察告警两种方式。主动侦察告警是利用敌方光电装备的光学特性而进行的侦察，即向对方发射光束，再对反射回来的光信号进行探测、分析和识别，从而获得敌方情报的一种手段；被动侦察告警是指利用各种光电探测装置截获和跟踪敌方光电装备的光辐射，并进行分析和识别以获取敌方目标信息情报的一种手段。光电侦察告警是实施有效干扰的前提。

光电干扰指采取某些技术措施破坏或削弱敌方光电装备的正常工作，以达到保护己方目标的一种干扰手段。

光电干扰分为有源干扰和无源干扰两种方式。有源干扰又称为主动干扰，它利用己方光电装备发射或转发敌方光电装备相应波段的光波，对敌方光电装备进行压制或欺骗干扰；无源干扰也称被动干扰，它利用特制器材或材料，反射、散射和吸收光波能量，或人为地改变己方目标的光学特性，使敌方光电装备效能降低或被欺骗而失效，从而保护己方目标。

反光电侦察与干扰是指为防御敌方对己方光电装备的发现、探测和干扰所采取的对抗措施。

光电对抗技术体系见图 1.2。

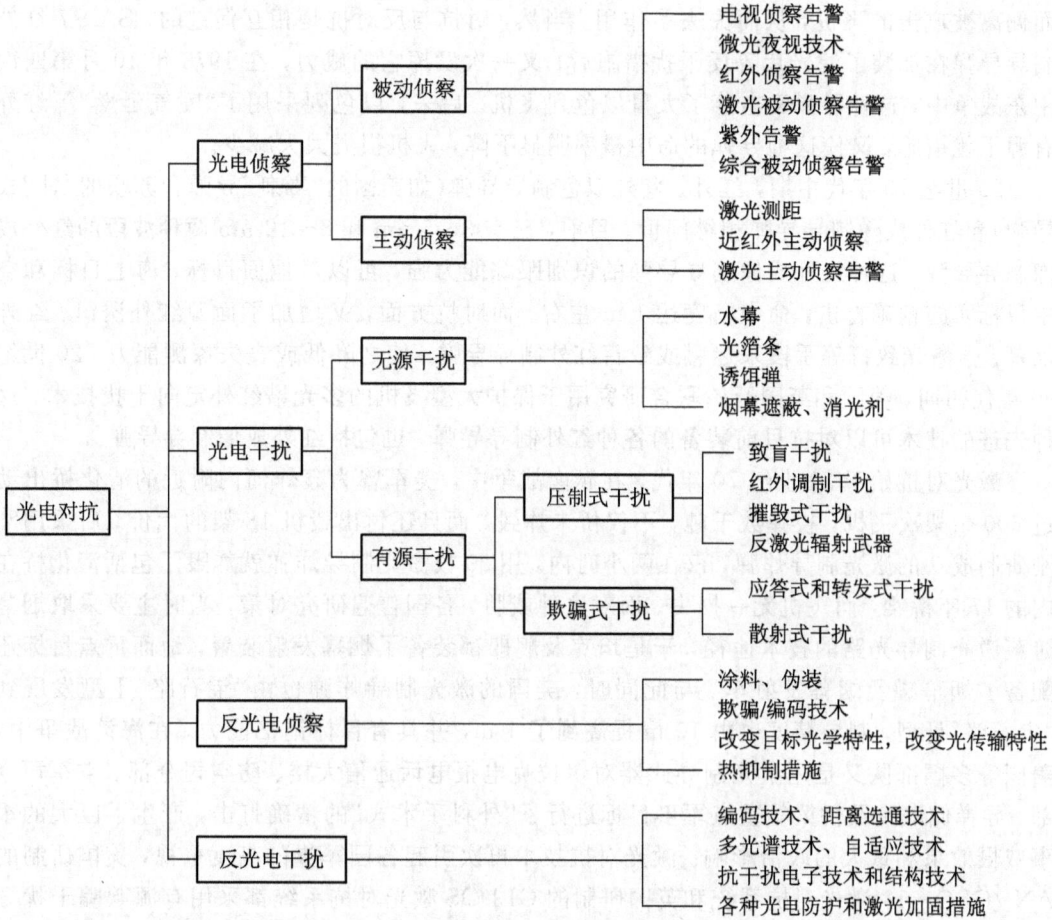

图 1.2 光电对抗技术体系

1.2　光电对抗与现代战争

现代局部战争首先是电子战，即争夺电磁频谱使用权和控制权，并主要通过隐身突防、精确攻击及夜间作战迅速摧毁敌方军事指挥机构、C^4I（Command、Communication、Control、Computer、Information）系统设施、交通枢纽及其他重要军事目标，破坏敌方防空体系的指挥通信控制系统，掌握制空权。这时，没有电磁频谱使用权和制空权的作战体系就会失去有效的作战能力，变得不堪一击。

光电对抗是随着光电技术的发展而发展起来的。20 世纪 50 年代中期，工作波段为 $1\sim3~\mu m$，不用致冷的硫化铅（PbS）探测器件问世，空对空红外制导导弹应运而生。20 世纪 60 年代中期，随着工作于 $3\sim5~\mu m$ 波段的锑化铟（InSb）器件和致冷的硫化铅器件的相继问世，光电制导武器进一步发展，地对空和空对空红外制导导弹又获得成功。20 世纪 70 年代中期，光电探测器件的性能有了较大的提高，空中作战飞机面临更加严重的威胁。在 1973 年春的越南战场上，越南使用苏联提供的便携式单兵肩扛发射防空导弹 SA－7 在三个月内击落了 24 架美国飞机。这促进了对抗措施的研究。美国针对 SA－7 的威胁，研制出了与飞机尾喷口红外辐射特性相似的红外干扰弹，使来袭的红外制导导弹受红外诱饵欺骗而偏离被攻击的飞机,从而失去了作用。当然,对抗与反对抗是相互促进的。SA－7 红外制导导弹在加装了滤光片等反干扰措施后,又一次发挥它的威力,在 1973 年 10 月第四次中东战争中,这种导弹又击落了大量以色列飞机。后来,以色列采用了"喷气延燃"等红外有源干扰措施,又使这种导弹的命中概率明显下降,飞机损失大大减少。

20 世纪 70 年代中期,红外、紫外双色制导导弹(如美国的"毒刺"导弹和苏联的"针"式导弹)和红外成像制导导弹相继问世。目前,已有 $3\sim5\ \mu m$ 和 $8\sim12\ \mu m$ 两种波段的红外成像制导导弹,这种红外成像制导导弹的识别跟踪能力强,可以对地面目标、海上目标和空中目标实施精确打击,命中精度达 1 m 左右。而对抗方面,又增加了面源红外诱饵、红外烟幕、强激光致盲等手段来迷惑或致盲红外制导导弹,使之降低或丧失探测能力。20 世纪 90 年代初期,美国和英国开始联合研究用于保护大型飞机的多光谱红外定向干扰技术,这种先进的技术可以对抗目前装备的各种红外制导导弹,也包括红外成像制导导弹。

激光对抗始于 20 世纪 70 年代,在越南战争中,美军曾为轰炸河内附近的清化桥出动过 600 余架次飞机,投弹数千吨,不仅桥未炸毁,而且还付出毁机 18 架的代价。后采用刚刚研制成功的激光制导炸弹,仅在两小时内,用 20 枚激光制导炸弹就炸毁了包括清化桥在内的 17 座桥梁,而飞机无一损失。面对这种威胁,各国普遍研究对策,当时主要采取烟幕遮蔽激光制导光路的技术途径,于是坦克及舰船都装备了烟幕发射装置,地面重点目标还配备了烟幕罐及烟幕发射车。与此同时,美国的激光制导炸弹也由"宝石路"Ⅰ型发展到"宝石路"Ⅲ型,制导精度也由 10 m 提高到了 1 m,并具有目标记忆能力。在海湾战争中,美国等多国部队又是用激光制导武器对伊拉克电报电话通信大楼、防空司令部、空军司令部、导弹储藏室及桥梁等重点军事目标进行了"外科手术式"的精确打击,产生了巨大的军事威慑效果和重大的政治影响。激光对抗技术再次引起各国军界的高度重视,美国研制的 AN/GLQ-13 激光对抗系统和英国研制的 GLDOS 激光对抗系统都采用有源欺骗干扰方式,可将来袭激光制导武器诱骗至假目标;美国研制的"魟鱼"车载强激光干扰系统可致盲来袭激光制导武器导引头的光电传感器,使之丧失制导能力。

随着高分辨率超大规模 CCD 摄像器件的发展,出现了电视制导武器及各种光电火控系统,对抗这种可见光波段的光电武器目前主要采用烟幕遮蔽干扰方式,使之无法跟踪目标,并逐步发展采用强激光干扰手段致盲其光电传感器,使之丧失探测能力从而降低作战效能。

光电子技术的发展,带来了光电制导技术的发展。光电制导武器精确的制导精度和巨大的作战效能,促进了光电对抗的形成。光电对抗技术的发展又导致光电制导技术的进一步发展与提高,从而又促进光电对抗技术在更高水平上不断发展。

1.3　光电对抗的应用

现代战场的光电威胁主要来自光电制导武器和光电侦察告警装备,而光电干扰主要包括应用于各种作战平台的光电有源干扰和光电无源干扰装备,光电对抗效果的评估与仿真是光电对抗装备研制、试验必不可少的环节。

1. 光电制导武器

不论是陆战、空战还是海战,光电精确制导武器都是一种主要进攻手段。海湾战争中,伊拉克的重点军事目标大部分是被光电精确制导武器摧毁的。美国成功地运用隐身突防、夜间作战及精确攻击战术，充分地发挥了先进的光电技术及优异的光电武器装备的优势。

光电制导武器主要包括红外制导武器、激光制导武器、电视制导导弹和光纤制导导弹等。

空对空光电制导武器有点源红外制导导弹(如美国"响尾蛇"AIM-9L 导弹)、红外成像制导导弹(如多国合作的 AIM-132 导弹)、雷达和红外复合制导导弹(如苏联 AA-3 导弹)等。

空对地(舰)光电制导武器有激光制导导弹(如美国"幼畜"AGM-65E 导弹)、激光制导炸弹(如美国"宝石路"GBU-Ⅰ～Ⅲ炸弹)、电视制导导弹(如美国"秃鹰"AGM-53A 导弹)、电视制导炸弹(如美国 AGM-130 炸弹)、红外成像制导导弹(如美国"幼畜"AGM-65D 导弹)、点源红外制导导弹(如挪威"企鹅 3"空舰导弹)、雷达和红外制导导弹(如美国 AASM 导弹)等。

地(舰)对地(舰)光电制导武器有巡航导弹(如苏联 SS-N-19 炸弹)、激光制导导弹(如以色列炮射激光制导导弹)、激光制导炮弹(如美国"铜斑蛇"激光制导炮弹和美国 5 in/8 in 制导炮弹)、红外制导导弹(如美国"龙"式导弹)、红外成像制导导弹(如国际合作舰对舰导弹 ASSMⅡ)、激光驾束制导导弹和光纤制导导弹(如美国 FOGMS 系统)等。

地(舰)对空光电制导武器有电视制导导弹(如英国"标枪"防空导弹和苏联 SA-N-6 防空导弹)、红外和紫外双色制导导弹(如美国"毒刺"防空导弹)、雷达和红外制导导弹(如美国"西埃姆(SIAM)"导弹)、点源红外制导导弹(如美国"小榭树 MIN-72A/C 导弹)、红外成像制导导弹(如法国 SADRAL 导弹)和激光驾束制导导弹(如瑞典 RBS-70 防空导弹)等。

2. 光电侦察告警装备

光电侦察装备主要包括空中光电侦察装备、陆基光电侦察装备和舰载光电侦察装备。

空中光电侦察告警装备有卫星光学侦察、战术航空侦察(如美国 TARPS 系统)、激光测距机(如美国 AN/AVQ-26)、激光目标指示器(如美国 AN/AVQ-27)、前视红外系统(如美国 LANTIRN 吊舱)和微光夜视(如美国 ZRVS-606)等光电侦测设备。

陆(岸)基光电侦察装备有激光测距机(如英国 LV-5 型)、激光目标指示器(如英国 LF6 型)、红外热像仪和微光夜视仪等光电侦测设备。

舰载光电侦察装备有激光测距机(如英国 908 型)、激光目标指示器(如法国 TMY185 型)、红外和电视搜索跟踪系统等光电侦测设备。

3. 光电干扰装备

1) 光电防御

空中作战平台主要包括歼击机、强击机、轰炸机、军用运输机、预警机、侦察机、电子干扰飞机以及军用直升机。在现代战争中，这些作战飞机将面临来自空中、海上和陆地的光电制导武器的攻击。因此为了自卫，各种作战飞机都已加装了红外或紫外导弹来袭告警设备、光电对抗控制系统、红外干扰机和红外有源干扰机，以对抗制导导弹的攻击。例如，美国和英国联合研制的多光谱红外定向干扰机，用于对抗包括红外成像制导导弹在内的各种红外制导导弹。这种红外定向干扰机可用于保护包括预警机、轰炸机和大型运输机在内的各种作战飞机。

对低空作战的武装直升机，除加装红外对抗设备外，为对付激光驾束制导导弹等地空导弹的威胁，还加装了激光告警设备、烟幕发射装置和干扰源。

海上作战平台主要包括护卫舰、驱逐舰、巡洋舰、航空母舰、战列舰、导弹艇和登陆舰艇等。在现代战争中，这些海上作战平台将受到空对舰、舰对舰和岸对舰等光电制导的反舰导弹的攻击。因此，国外多数舰船都装备了红外告警设备、光电对抗控制系统、红外干扰发射装置及干扰弹、烟幕发射装置及烟幕弹和强激光干扰系统，用于对抗来袭的红外制导导弹、激光制导导弹和炸弹及炮弹、电视制导导弹和炸弹等光电制导武器。

对于地面主战坦克和装甲车等作战平台，目前主要加装激光告警、红外或紫外告警、烟幕发射装置、红外干扰弹发射装置和红外干扰机等光电对抗设备，用于对抗来袭的红外反坦克导弹、红外成像制导导弹、电视制导导弹、激光驾束制导导弹、激光半主动制导导弹和炮弹。另外，对于导弹发射车等重要作战平台，可配置具有随队防护能力的专用光电对抗系统，以对抗光电制导武器的攻击。

地面指挥所、机场、导弹发射阵地、交通枢纽及 C^4I 为重要设施，是现代防空体系中最重要的军事目标，也是敌方重点攻击的对象，必须重点防护。而这类目标，因其电磁特性的特殊性，又成为光电制导武器的主要攻击对象。对这类重点目标，采用单一手段的光电对抗设备对抗多种光电制导武器是难以奏效的，通常需用以激光对抗、红外对抗和可见光对抗为主体的光电综合对抗系统，以对抗来袭的激光制导炸弹、激光制导导弹、电视制导炸弹、电视制导导弹和红外成像制导导弹等光电制导武器。所以，精确制导武器光电综合对抗系统已成为现代防空体系的重要组成部分。

2）光电进攻

对空中作战平台的光电进攻以大功率激光系统为主，如美国研制的机载"罗盘锤"高级光学干扰吊舱和机载"贵冠王子"光电对抗武器系统，可侦察敌方光电装置的光学探测系统，并发射强激光致盲敌作战平台光电装置的光电传感器。

另外，美国正在研制高能激光武器系统，并准备加装在 C-130 大型运输机上。该系统可摧毁包括来袭导弹在内的敌武器装备，引爆敌来袭导弹的战斗部，烧穿来袭导弹导引头的整流罩以及敌作战飞机的燃料舱。

陆基作战平台和海上作战平台的光电进攻模式基本相同，主要有以下三种模式：

（1）采用高能激光武器系统，将敌作战飞机或来袭导弹直接摧毁。如美国研制的舰载高能激光武器系统（HELWS），采用 40 万瓦的氟化氙激光器，可以攻击高度从几米到 15 千米、以任何速度或加速度来袭的各类目标。

（2）采用大功率激光干扰系统，致盲或致眩敌方作战平台光电装置的光电传感器。如美国车载 AN/VLQ-7"缸鱼"激光干扰系统，可破坏 8 km 远处的光电传感器；美国陆军在车载 AN/VLQ-7"缸鱼"激光干扰系统的基础上，研制了"美洲虎"车载激光致盲武器和"骑马侍从"车载激光致盲武器；英国在 T-22 型护卫舰、"考文垂"号护卫舰和"海狸"号护卫舰上加装了大功率激光干扰系统，每舰有两台激光器，安装在舰桥两侧，在英国与阿根廷马岛之战中取得了较好的作战效果，使阿根廷的"天鹰"、"A-4B"和"A-4"等三架攻击英舰的飞机坠入海中或偏航。

（3）采用激光弹药致眩干扰，即采用炮射方式将激光弹药发射到敌方阵地，激光弹药爆炸后产生的强烈闪光，使敌作战平台光电装置的光电传感器丧失探测能力。如美国陆军研制的 40 mm"闪光"炮弹以及美国海军的 127 mm 炮射激光弹药都属于此类。

4. 光电对抗效果的评估与仿真

光电对抗效果指光电对抗技术和装备在规定的环境条件下和规定的时间内，与光电制导武器和光电侦察系统进行对抗的能力，包括侦察告警能力、干扰能力以及光电对抗装备响应能力等。评估是指对给定的光电对抗装备，在规定的环境条件下和规定的时间内，充分考虑影响它的效能的各种因素，给出能够成功地对抗某种光电制导武器能力的综合评价和估计，它是定量评估，用概率来表示。

光电对抗效果的评估可使用仿真模拟试验方法进行。仿真模拟试验就是对光电制导武器、光电对抗装备、被保护的目标、光电对抗的环境进行仿真模拟，逼真地再现战场上双方对抗的过程和结果。

仿真模拟试验分为全实物仿真、半实物仿真和计算机仿真等几种类型。全实物仿真就是参加试验的装备(包括试验装备和被试装备)都是物理存在的、实际的装备，试验环境是模拟战场环境；半实物仿真的被试装备是实际装备，部分试验装备、试验环境由模拟产生；计算机仿真的试验环境和参试装备的性能和工作机理都是由各种数学模型和数据表示的，试验的整个过程由计算机软件控制，并通过计算得到试验结果。

1.4　光电对抗的发展趋势

在现代和未来战争中，光电制导武器及其配套的光电侦察设备的应用越来越普遍，对重要军事目标和军用设施构成严重威胁。因而，光电对抗技术的发展和光电对抗装备的研制受到世界各军事大国的广泛重视。例如，美国从 20 世纪 90 年代以来，用于光电对抗研究的投资超过了对射频对抗研究的投资。在未来战争中，光电对抗将显示出更大的作用。在人们所熟悉的海湾战争中，精确制导武器特别是光电精确制导武器大出风头，充分展现了其巨大威力。精确制导武器也是现代高技术战争的重要标志之一。在当今世界上的精确制导武器中，光电制导武器占多数，并且原有的许多导弹，如"捕鲸叉"、"飞鱼"、"迎伯列"、"企鹅"、"响尾蛇"等都改用了红外成像制导、激光制导或者红外与雷达复合制导方式。根据现代高新技术的发展和现代高技术局部战争战例，可以预见光电对抗将有长足的发展，并将向综合化、多光谱和全程对抗的趋势发展。

1.4.1　多层防御与全程主动对抗

光电对抗采用单一对抗，如红外干扰弹和激光角度欺骗干扰等，效果十分有限。现阶段新型光电制导武器的不断增多和不断改进完善，促使光电对抗技术必须相应地发展和提高。双色制导、复合制导、综合制导武器的出现，使得光电对抗必然向多层防御全程主动对抗发展，从而提高对光电精确制导武器整体作战的效能。例如，由美国国防部先期研究计划局领导、美国空军研究实验室负责的美国飞机多功能光电防御(MEDUSA)项目通过采用先发制人的多层次对抗方法，可有效提高对抗成功率。

MEDUSA 项目的目标是开发并演示战术飞机光电对抗能力，它能够主动探测并摧毁各种地面或空中光电威胁。MEDUSA 将在现有导弹告警与对抗功能基础上增加新的 3 层防御。第 1 层防御是在飞机进入敌导弹发射范围以前就探测并避免导弹威胁。MEDUSA

是利用搜索激光器扫描关注的区域来对光电威胁进行探测的。由于能够较早发现威胁，飞行员可以改变飞行路线，规避威胁。第 2 层防御是在敌导弹发射之前摧毁其搜索与跟踪传感器。第 3 层防御是在导弹发射后摧毁其光电/制导传感器。这 3 个防御层并不影响现有使用诱饵或干扰机的能力，现有防御构成了飞机的第 4 层防御。

若单层防御的对抗成功率为 70%，则多层防御实施全程对抗的对抗成功率将可达99%。可见，多层防御全程对抗是对付光电精确制导武器的有效途径。

先发制人对抗中，发展大功率固体激光技术，特别是 YAG 激光技术用于软杀伤，压制和干扰电视制导及激光制导武器也是重要的发展方向之一。激光硬杀伤摧毁也是必然的发展趋势。激光硬杀伤武器是一种利用高能激光束直接杀伤目标的定向能武器，属于一种新概念武器。它在对付精确制导武器，特别是拦截巡航导弹和掠海飞行的反舰导弹方面可发挥独到的作用。

1.4.2　多功能综合一体化技术

现代战场上的电磁（光电）威胁环境日趋复杂多样，武器平台人员要应对这些威胁并采取有效对抗措施已变得越来越困难。因此，光电对抗系统的综合一体化和智能化就成为必然的发展趋势。

光电对抗系统综合化，一是指各光电对抗的子系统，包括探测、告警、干扰等子系统综合；二是指光电对抗系统与电子对抗系统综合，如红外告警接收机、激光告警接收机与雷达告警接收机综合成一体；三是光电对抗系统与机上的航空电子系统或舰上的舰船电子系统综合，形成一体化的大网络系统，该系统能迅速适应变化的威胁环境，快速、可靠地识别多种威胁，对多种威胁迅速反应。

光学技术、计算机技术（包括硬件和软件）和高速大规模集成电路技术的飞速发展，为光电对抗系统综合一体化奠定了基础。例如，美国 INEWS 系统是为美国 F-22A 飞机装配研制的，它将多种电子战功能集成到一个系统中，该系统包括光电侦察告警、雷达告警、电子支援和电子对抗等，然后使用综合处理器将由光电和雷达波段的多个传感器获取的信息进行数据融合，并采用实时的 Ada 软件进行处理。这样使机械电子战系统的作战能力大大提高，满足了现代高技术战争的需求。

光电对抗系统的综合一体化依靠光学技术、高性能探测器件、数据融合技术等的发展，将信息获取、数据处理和指挥控制融为一体，进而采用智能技术、专家系统等，使光电对抗系统成为有机的整体，从设备级对抗发展为分系统、系统和体系的对抗，提高了战场作战效能。

实现综合一体化要有一个从低级到高级、从局部到全部的发展过程。首先是光电侦察告警综合化，进而是光电侦察告警与雷达、雷达告警及光学观瞄系统等的综合，最后将多个平台获取的信息进行综合，再指挥引导不同平台上的对抗措施、实时检测、闭环控制，以实现更大范围和更高层次上的系统综合。

为使未来的光电对抗设备能满足不同的应用要求，灵活安装在海、陆、空三军的各种平台上（三军可以通用），最大程度地减少重复设计，一种发展趋向是研制以一组核心模块为基础的特征任务系统，以另外增加特殊应用模块的方式来满足特定的任务要求，这就是模块化系统。

1.4.3 多光谱一体化新技术

随着光电技术的发展，多光谱技术、背景与目标鉴别技术、光学信息处理技术等新的科技成果不断涌现并被广泛应用。在光电对抗领域中，多光谱技术也得到了更加广泛的应用。

多光谱成像就是在普通二维图像基础上多了一维波长信息，因为每一种物质的光谱特性是一定的，所以多光谱成像技术对目标鉴别、识别伪装有着重要作用。多光谱成像一般划分为几个至几十个波段，每段的宽度约 $0.05\sim0.1~\mu m$；而高光谱成像波段则为几百个，段宽约 $0.01~\mu m$；超光谱成像的波段划分更细，有几千甚至上万个波段。超光谱成像是当前遥感技术的热点之一。

多光谱对抗改变了以往的单一波长或单一光频段的状况，而向着紫外、可见光、激光、红外全光波段发展。

美国洛拉尔（Loral）防御系统公司和美国空军怀特（Wright）实验室共同研制了世界上首套机载激光干扰系统，该系统号称多光谱干扰处理机，能自动分析、跟踪和对抗空中和地面发射的各种红外制导导弹。该处理机系统已经进行了 25 次野外试验，取得了令人满意的试验结果，并且美国海军还将该系统纳入其多波段反舰巡航导弹防御电子战系统中，且进行了成功的对抗试验。

美国、英国的多家公司共同开发研制的 AN/AAQ-24（V）定向红外对抗系统（DIRCM），亦称为多光谱对抗系统，采用紫外导弹逼近告警和 $1\sim3~\mu m$ 及 $3\sim5~\mu m$ 的红外干扰，也可采用激光干扰。

数据融合技术和人工智能技术的进步，促进了多光谱一体化新技术的发展，也满足了未来光电对抗系统综合化、一体化和网络化的要求，最大限度地减轻了工作人员的监视和控制任务负担，可自动完成最佳对抗措施。

综上所述，光电对抗系统将从被动防御发展到先发制人的主动进攻，多层次积极防御和多功能是其主要特点。光电对抗系统的综合化、一体化和智能化已刻不容缓，发展多光谱一体化数据融合技术是其关键。此外，光电对抗领域的一些研发热点技术，包括导弹逼近告警、高精度激光告警、定向红外对抗、干扰、激光硬杀伤摧毁武器以及全波段烟幕和红外隐身等，也是光电对抗技术的重要发展方向。

第2章　光电制导技术

光电制导武器是光电对抗的主要对象之一，因此，研究光电对抗之前，首先要了解光电制导武器的基本原理。

光电精确制导武器是一种命中精度高、杀伤威力大、效费比高，可以改变坦克、飞机、军舰等大型常规兵器传统军事价值的低代价威慑力量。精确制导武器是当代高新技术成果的综合运用，是一个国家科学技术水平的重要标志之一。未来高技术条件下的局部战争，就是应用精确制导武器，并通过指挥、控制、通信、情报等系统实现"大纵深、立体化"的现代战争。未来战争中的战场将是空地、远近结合的一体化战争，要求既能重视"前沿阵地"，又能实现"纵深打击"，充分发挥高技术优势，实现精确打击。

随着现代军事技术的进展，目标特性和战场环境特性发生了很大变化，特别是反辐射导弹技术、目标隐身技术、超低空突防技术和电子战技术的进展和应用，对微波频段的制导武器系统构成了严重的威胁，使其命中率和作战效能大大降低。解决精确制导武器制导精度和抗干扰问题的根本途径是提高其工作频率。工作频率大大高于微波的红外、激光、可见光及光纤技术的发展和应用，为精确制导技术开辟了一个崭新的领域，光电制导技术应运而生并获得了长足的进展。

光电制导是将由光电传感器所获取的目标特征信息经过信息处理后形成指令，控制弹体击中目标的一种导引手段。根据所用传感器的不同，光电制导可分为红外制导、激光制导、电视制导和光纤传输制导等基本类型。若按制导方式划分，光电制导又可分为指令制导和寻的制导两类，其中寻的制导包括主动式、半主动式和被动式三种。加之各种制导方式的复合，可组合成多种多样的制导体制。

光电精确制导武器在最近几次局部战争中显示出令人瞩目的实战威力。海湾战争中，多国部队使用了大约20多种精确制导武器，如"战斧"巡航导弹、"爱国者"防空导弹、"斯拉姆"空地导弹、"哈姆"反辐射导弹、"海尔法"反坦克导弹、"响尾蛇"和"麻雀"空空导弹及激光制导炸弹等，其平均命中率在90％以上，而其使用量仅占总弹药量的9％左右。1999年科索沃战争中，精确制导炸弹占了总投弹量的35％。在马岛战争中，英"海鹞"式飞机共发射27枚"响尾蛇"红外寻的导弹，除3枚因发射系统故障失效外，其余24枚全部命中阿根廷飞机。阿富汗战争中，精确制导炸弹占了全部投弹量的56％。同样，在第二次车臣战争中，俄军吸取第一次车臣战争血的教训，在战场上大量运用光电制导武器，对目标进行了高精度、远距离的精确打击，使战场局面陡转。在2003年伊拉克战争中，美英联军在空袭中使用的光电制导武器占总投弹量的68％。今天，光电精确制导武器不但是新军事技术革命的产物，并且正在引领未来高技术战场的主旋律。

综上所述，光电制导武器将成为现代战争的优选武器装备。现代战争的需求推动了光电制导技术的发展，而光电制导武器的发展又将影响世界战略和战争的模式。未来高技术战争形态的变化对现代精确制导武器系统提出了很高的要求，归纳起来有以下几点：

（1）作用距离远。增大射程是各种精确制导武器在发展过程中一直追求的重要目标。现代精确制导武器的射程因型号而异，例如反坦克导弹，轻型系统射程可达 2～3 km，重型系统射程可达 5 km，乃至 10～15 km。

（2）高制导精度。自寻的精确制导武器最本质的特征就是通过高精度命中来提高武器系统的作战效能，这是提高现代武器系统生存能力和作战能力的关键。

（3）多功能化。当代战争是系统对系统的战争，精确制导武器必须具备对付多种目标的能力。新型的精确制导武器应遵循多功能化发展原则，使武器系统适用于各种不同的战争目标环境，以提高杀伤效果和自我生存能力。

（4）自动寻的能力。自动寻的精确制导武器要成为有效的武器，除了高精度外，还必须实现自动捕获、自动识别目标要害部位的能力，这是保证高效摧毁目标的必要条件。

（5）高抗干扰能力。现代战争最大的特点之一就是对制电磁权的激烈竞争，敌对双方都竭力采用各种电磁对抗手段，如主动的、被动的和隐身技术等。因此，武器系统必须具有良好的对抗能力，在复杂的战争环境条件下，导引武器精确命中目标。

（6）全天候、全天时作战能力。全天候作战能力主要取决于武器系统的目标侦察、探测和识别的精确系统以及导弹本身的效能，并且是武器系统在不良的气候条件（雾、雨和雷电等）下以及夜间攻击敌方目标能力的综合表现。

（7）高效费比。战争不仅是军事力量的较量，也是经济实力的较量，所以武器制导系统不仅要具有先进性能，而且要成本低、适合批量生产。效费比是精确制导武器发展和生存的关键因素之一。

精确制导系统的复杂程度、先进性和成本直接影响武器的作战效能和应用范围。成像探测可直接获取目标外形或基本结构等丰富的目标信息，抑制背景干扰、识别目标和目标的要害部位。多模复合制导可以充分发挥各频段或各制导模式的自身优势，互补对方的不足，极大地提高武器系统在未来信息化战争中的作战能力。因此，除了在开拓精确制导技术新频段（如红外多光谱、超长波红外、亚毫米波等）和新体制（如精确坐标攻击体制、激光主动成像制导体制等）研究方面取得突破之外，成像制导（含红外成像和毫米波成像）、多模复合制导技术将继续成为精确制导技术发展的主攻方向。同时，由于高新技术的大量涌现及其在制导技术中的广泛应用，这类先进的制导技术将不断提高信息化含量和智能化水平。

2.1　红　外　制　导

红外制导由于具有制导精度高、抗干扰能力强、隐蔽性好、效费比高、结构紧凑、机动灵活等优点，已成为精确制导武器的重要技术手段。红外制导技术的研究始于第二次世界大战期间。经过几十年的发展，红外制导技术已广泛用于反坦克导弹、空地导弹、地空导弹、空空导弹、末制导炮弹和末制导子弹药以及巡航导弹等。目前，红外制导导弹已发展到 70 多种，尤其是红外空空导弹，几经改进，其发展型、派生型在美国等国家已发展到 17 种以上，历经 40 多年长盛不衰。发达国家已完成 3 代红外空空导弹的研制生产，现已进入第四代更先进的红外空空导弹的研制阶段。红外制导技术的进步和实战的需要，推动了红外制导武器的飞速发展。红外制导分为红外点源寻的制导和红外成像制导。在军事需求的牵引和红外热成像技术发展的推动下，红外成像制导技术已成为光电制导技术发展中的热点。

2.1.1 红外点源寻的制导

红外点源寻的制导是一种被动寻的制导，它是利用弹上设备接收目标辐射的红外能量，实现对目标的跟踪和对导弹的控制，使导弹飞向目标的一种制导技术。红外点源寻的制导导弹的出现有三个重要的原因：不要求发射平台装备专门的火控系统，不需要目标的特殊射频辐射，能够截获足够远的目标。

红外点源寻的器由光学系统、孔径光阑、探测器、信号处理电路及平台电路组成。光学系统可以是折射式或折反式。目标的红外辐射由主反射镜或物镜收集，同中间光学元件一起将辐射成像在系统焦平面上。孔径光阑通常是调制盘，也就是孔径框，有时则是探测器本身的敏感面。已聚焦的辐射由半导体材料做成的探测器变换成电信号。这种转换是通过改变电阻率(光导器件)或产生电流(光伏器件)来实现的。电信号由一组电路进行处理，用以提高信噪比并确定相对于给定基准坐标的目标位置，以便提供一种驱动光学系统的手段。光学系统在空间的稳定性则通常用陀螺来实现。

红外点源寻的器对红外辐射的利用受限于目标的辐射波长、大气传输和探测器的响应度。例如飞机的辐射与大气传输结合起来仅有几个窗口可以利用，即 $1.5 \sim 1.8\ \mu m$、$2.0 \sim 2.5\ \mu m$、$3.5 \sim 4.2\ \mu m$、$4.5 \sim 4.8\ \mu m$ 和 $8.5 \sim 12.5\ \mu m$。

红外点源寻的器对目标红外辐射的利用还受限于它所采用的失调角信号产生方法。这些方法有采用调制盘的"中心零"系统、采用调制盘的圆锥扫描系统、像点扫描系统、采用调制盘或像点扫描的双色系统、调制盘光敏面系统等。各种系统对红外辐射有不同的利用率。

1. 制导原理

红外点源导引头(红外非成像导引头)技术产生于20世纪40年代中期，经过几十年的发展，它在探测波段及信息处理方式上发生了很大的变化。世界各国已分别研制出了不同工作模式的红外点源导引头。点源探测尽管有其局限性，但作为一种导引技术，由于其具有效费比高、被动方式工作、能在夜间和不良气象条件下工作、能探测低空目标等优点，目前仍应用于空空、地空、反舰、反坦克等80多种导弹上，被各国军队广泛装备。根据红外点源导引头扫描方式的不同，可把目前仍在使用的红外点源导引头分成如下5类：旋转扫描导引头、圆锥扫描导引头、四象限探测导引头、玫瑰线扫描导引头和十字形探测器导引头。

1) 旋转扫描导引头

旋转扫描导引头通常由一个同心扫描光学系统和置于光学系统焦平面上的调制盘组成。调制盘随着陀螺扫描并对目标信号进行调制。经典的旋转扫描调制盘(旭日升型调制盘)如图2.1(a)所示。这种调制盘的一半刻有半圆环，其透射比为50%(灰体区)，以提供指示目标方位的相位调制。目标像点在调制盘上成一弥散圆，它的大小大致与某一半径处的调制盘辐条宽度相匹配，这样既能有效地调制，又能滤除大面积的背景干扰。图2.1(b)为一个点源目标像点经调制后的波形。

(a)

(b)

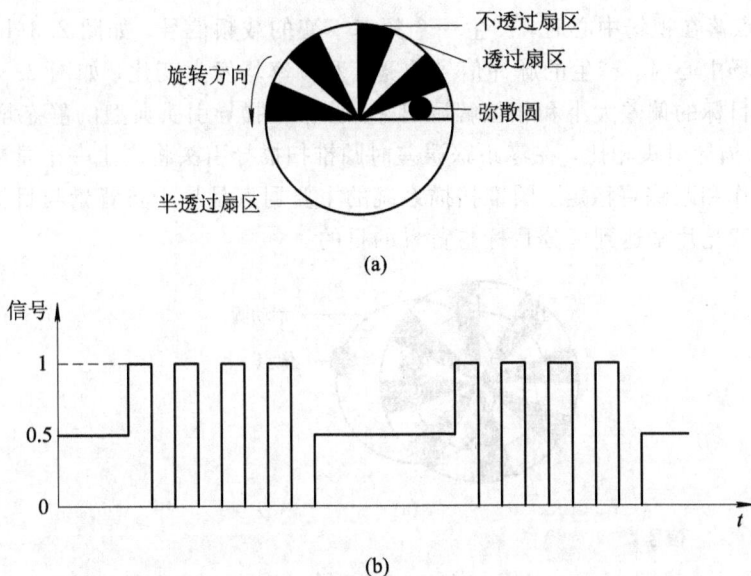

图 2.1　旋转扫描调制示意图

（a）旭日升型调制盘；（b）点源目标像点经调制后的波形

旋转扫描导引头的调制盘多数设计成调制后为调幅信号，调制度表示目标的偏差大小，相位表示目标的方位，经信息处理电路可将目标的偏差大小和相位解调出来，使导弹跟踪目标，即使目标像点接近调制盘中心。

旋转扫描导引头的典型静态增益曲线（目标相对于导引头光轴的偏离角与输出信号的关系曲线）见图 2.2。调制盘盲区是该系统所固有的，它直接影响系统对目标的跟踪精度；线性区是调制曲线的关键区域，其范围由系统跟踪误差所确定，在这一区域，目标对光轴的偏离角与调制盘输出电压成正比；饱和区为不稳定区，它对系统的固定误差和随机误差起缓冲调节作用，对稳态误差不起作用；边缘区需要考虑到捕获目标的需要，从调制盘中心到边缘区最边沿处构成系统的捕获视场。

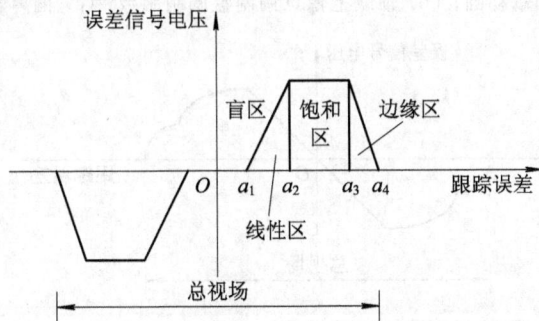

图 2.2　旋转扫描调制盘系统的典型静态增益曲线

本跟踪系统的一个缺点是当像点向调制盘中心移动时，调制效率减弱，在中心处变为零，载波信号消失，难以实现自动增益控制。

2）圆锥扫描导引头

在圆锥扫描系统中，调制盘是静止的，通过随着陀螺仪扫描的锒子或倾斜的反射镜使目标像点在调制盘上章动。典型的调制盘做成一个辐条轮或类似的变体，如图 2.3（a）所示。当目标像点落在视场中心时，产生一个频率不变的载频信号，如图 2.3(b)所示；当目标像点偏离视场中心时，产生的脉冲信号的宽度和频率均发生变化，如图 2.3(c)所示，根据此变化可将目标的偏差大小和相位解调出来。圆锥扫描导引头典型的静态增益曲线见图2.4。和旋转扫描导引头相比，在零跟踪误差时圆锥扫描导引头将产生一个常幅载频，使自动增益控制工作和跟踪更稳定。圆锥扫描系统的主要弱点是易于将背景与目标相混淆。可通过使用双色滤光片来达到区分目标与背景的目的。

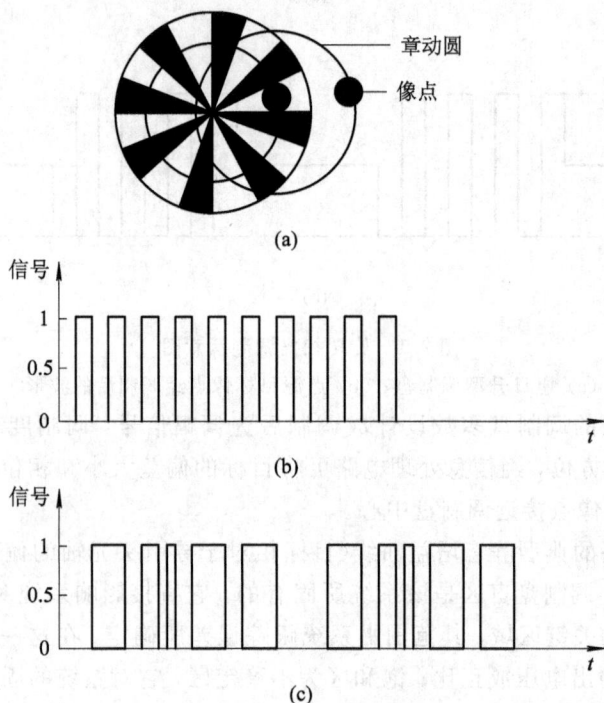

图 2.3　圆锥扫描调制示意图

(a) 辐条轮调制盘和章动圆；(b) 轴线上像点调制盘调制函数；(c) 偏离轴线像点调制波形

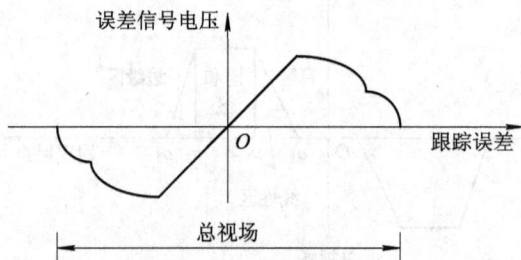

图 2.4　圆锥扫描导引头的典型静态增益曲线

3) 四象限探测导引头

四象限探测导引头使用 4 个分别分布在四个象限上的探测器，目标被适当聚焦后，在探测器单元上形成一个弥散圆，如图 2.5(a)所示。每个单元探测器探测到的信号强弱正比于弥散圆在其上的大小，通过计算 4 个单元探测器的信号来获得跟踪误差。跟踪误差是弥散圆的偏移量的函数。如图 2.5(b)所示，垂直方向上的跟踪误差为

$$\varepsilon_y = \frac{(s_1 + s_2) - (s_3 + s_4)}{\sum\limits_{i=1}^{4} s_i} \qquad (2-1)$$

其中，s_i 为第 i 象限元素所探测到的信号。类似地，水平方向上的跟踪误差为

$$\varepsilon_x = \frac{(s_2 + s_3) - (s_1 + s_4)}{\sum\limits_{i=1}^{4} s_i} \qquad (2-2)$$

同圆锥扫描导引头类似，由于没有使用调制盘，四象限导引头也易于将背景同目标相混淆。此类跟踪方式一般在激光制导武器中运用较多。

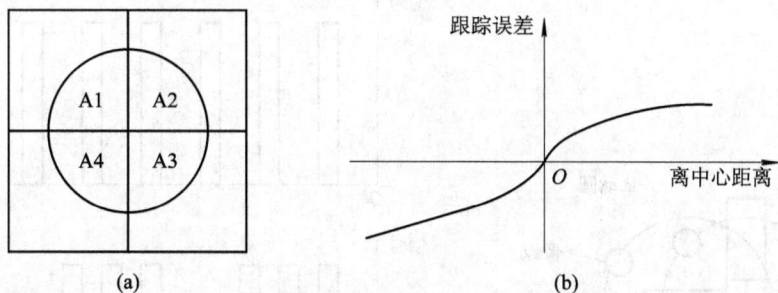

图 2.5　四象限探测跟踪
(a) 四象限探测器和目标像点；(b) 跟踪误差

4) 玫瑰线扫描导引头

玫瑰线扫描导引头以玫瑰图案扫描目标空间。玫瑰图案由许多闭合线（或称玫瑰花瓣）组成，如图 2.6(a)所示。这些图案可通过两个反向旋转的光学元件来实现。如果两个元件的旋转频率比率合理，则图案是闭合的。

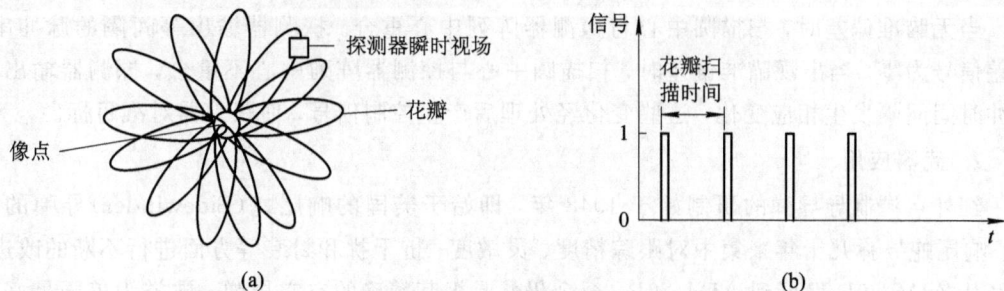

图 2.6　玫瑰线扫描
(a) 玫瑰线扫描图案示意图；(b) 轴上像点归一化脉冲系列波形

这种图案的一个突出特点是每次扫描一个花瓣，每扫描一个花瓣通过一次中心。实际上，这种图案可以被认为是在中心跟踪目标像的信息，每扫描一次，就更新一次。扫描时间门可以优化为不包括规定图案半径以外跟踪得来的信号。因为它的瞬时扫描视场很小，玫瑰线扫描导引头能够解决总视场内的多目标问题。而且每次扫描，探测器在目标上的滞留时间相对较短。在目标上的滞留时间 T_d 近似为

$$T_d = \frac{2\theta_i}{\pi(f_1 + f_2)\theta_1} \qquad (2-3)$$

其中：θ_i 为瞬时视场角（单位为 rad），θ_1 为总视场角（单位为 rad），f_1、f_2 为两个扫描元件

的扫描频率。若取 $\theta_i=2$ mrad，$\theta_1=36$ mrad，则因为通过每个花瓣的时间是 $1/(f_1+f_2)$，滞留时间对花瓣扫描时间的百分比为

$$T_d(f_1+f_2)=\frac{2\theta_i}{\pi\theta_1}\times100=3.5\% \qquad (2-4)$$

即 T_d 只占花瓣扫描时间的很小一部分。

5）十字形探测器阵列导引头

十字形探测器阵列导引头采用 4 个正交成十字形的探测器，置于光学系统焦平面上，光学系统采用圆锥扫描方式。图 2.7 为十字形探测器阵列及误差信号形成示意图。

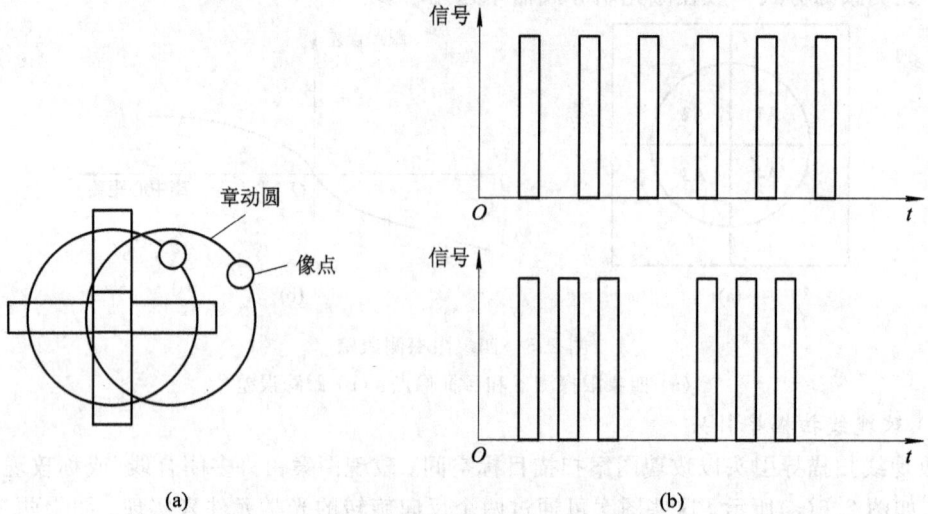

图 2.7　十字形探测器阵列及跟踪误差信号形成示意图

当无瞄准偏差时，扫描圆中心与探测器阵列中心重合。探测器输出等间隔的脉冲串，误差信号为零。当出现瞄准偏差时，扫描圆中心与探测器阵列中心不重合，探测器输出的脉冲时间间隔发生相应变化，这些变化经处理后产生控制信号，使跟踪器对准目标。

2. 武器应用

红外点源制导导弹的研制始于 1948 年，即始于美国的响尾蛇（Sidewinder）导弹的研制。响尾蛇导弹几十年来集中对跟踪精度、灵敏度、抗干扰和封装等方面进行不断的改进，已经从 AIM-9L 发展到 AIM-9P，至今仍然是极其精确的空空导弹，被誉为美国最好的武器之一。采用红外点源寻的制导的导弹还有美国的小槲树、红眼睛及其改进型尾刺（Stinger POST）、法国的西北风、原苏联的萨姆（SA-7、SA-9、SA-13）等。由于红外点源寻的空空导弹未能实现真正的全自主攻击，不能满足实战的需要，因此美国、德国在 1989 年、日本在 1992 年都已先后停产这类导弹（如响尾蛇 AIM-9L）。AIM-9L 改进型的探测器采用闭环式制冷技术，虽然其截获目标和抗干扰的能力均有明显提高，但还是满足不了空战的需要。红外空空导弹正在向红外成像方向发展。

2.1.2　红外成像制导

红外成像制导是红外成像接收设备接收由于目标体表面温度分布及辐射的差异而形成的目标体"热图"。信息处理器对目标体"热图"进行处理与分析，给出导弹飞行的控制信

号，控制导弹飞向目标。

红外成像导引技术在精确制导技术领域中占有极为重要的地位，它具有制导精度高、隐蔽性好、抗干扰能力强、"发射后不管"、全天候作战和可选择攻击目标要害部位等优点，是单模制导体制中重要的发展方向之一。根据成像方式的不同，红外成像导引头可分为扫描成像和凝视成像两种。

典型的红外成像导引头有如下显著特点：

（1）集高灵敏度、高空间分辨率及大动态范围于一身，尤其适用于探测微弱目标信号和鉴别多目标。

（2）能在各种复杂的人为和背景干扰下，实现对目标的自动识别和命中点的选择，具有较强的抗光电干扰能力。

（3）具有自主捕获目标的能力、复杂情况下自动决策的能力以及被动测距功能，是一种"发射后不管"型系统。

（4）利用高度发展的计算机技术处理目标图像信息，模拟人对物体的识别功能，实现了制导系统的智能化。

（5）可昼夜工作，烟雾穿透能力强，是一种准全天候的制导系统。

（6）只需改变制导系统的识别和跟踪软件，就可在不同型号的导弹上使用，具有很强的型号适应能力。

1. 制导原理

下面分析一下对导引头性能具有至关重要影响的环节，这些环节涉及光学系统、探测器、信号处理模块等，可以体现出当前红外成像导引头的发展水平。

1）光学系统

整流罩是光学系统的一个关键部分。它不仅要保护导引头系统不受恶劣的气流环境的影响，而且还必须允许特定波段的红外能量穿透。导弹高速飞行时，在头罩上产生严重的气动加热现象，其驻点温度可达 3000 K，所以要选择耐高温并且具有良好光学特性的材料。人造宝石就是一种优等窗口材料。有的导引头设计避开导引头头部的高温区域，采用侧开窗方式，而且为保证视场的大小，窗口是可滚动的。不管是头开窗，还是侧开窗，制冷措施都是必需的。气动光学效应可能会导致对目标的成像产生像偏差、像抖动和像模糊等，严重影响导引头对目标的探测和跟踪能力，变帧频变积分时间技术可以较好地校正气动光学效应。光学系统设计的难点在于：可供选择的红外光学材料非常有限，而且导弹中的可用空间有限，严重地限制着光学系统的尺寸，使红外光学系统设计的灵活性很小。光学系统的总体趋势是向着孔径共享和多波段方向发展。另外，处理非球面整流罩的能力将为减小空气动力阻碍的尖拱形设计提供支持。

2）探测器

红外成像探测器技术是整个导引头中发展最快的技术领域之一，其趋势是体积更小、功效更强和更加集成化。凝视红外焦平面阵列探测器相对扫描型探测器，其技术更为复杂，难度更大。红外探测器按照制冷与否可分为制冷型和非制冷型两种，常见的探测器材料有碲镉汞（HgCdTe）、锑化铟（InSb）、硅化铂（PtSi）、量子阱（QWIP）、微热辐射计、铁电体等。尽管碲镉汞探测器具有很多优点，诸如高灵敏度、低噪声和 $1\sim15\,\mu m$ 波段的响应范围等，但要使其进一步发展，必须克服其固有特性限制。以色列的半导体设备公司开发了一系列数字化的 FPA 探测器，其最新产品是 480×384 元的锑化铟探测器。和传统的 320×256 元模拟的 FPA 探测器相比，该探测器具有非常明显的优势，如探测距离增加了 $22\% \sim 35\%$，更容易集成和进行功能定制等。未来红外传感器值得注意的是使用 QWIP，这种红外传感器的波段可以在包括长波段在内的较宽波带范围内选择，而且与长波段传感器碲镉汞相比，该探测器具有更容易制造的优点。非制冷导引头是一个值得注意的发展方向，由于它不需用制冷器，因此结构简单、轻便、价廉，更适合于导引头这种"一次性消费"应用。但是，非制冷导引头的性能目前还不足以与制冷型的相媲美。已有的非制冷型探测器多为热探测器，其响应速度慢、灵敏度低，不能满足高速高灵敏度探测的需要，但其探测波段宽、无选择性。

探测器的发展是与军事需求紧密联系的。弹道导弹防御要求红外焦平面阵列必须具有如下特性：高灵敏度、大规模、高帧频和低温工作性能，这对当前的探测器技术是极大的挑战。

3）信号处理模块

导引头的信息处理建立在高速硬件和高效算法的基础上，以保证系统的实时性。首先，需要帧成像积分时间、帧图像传输时间和帧图像处理时间在帧周期之内完成；其次，自动目标识别是实现智能寻的制导的关键，涉及到预处理、图像处理、目标特征提取和分类处理等技术；最后，由于弹载空间的限制，要求处理器必须轻、小型化。

2. 典型武器应用

1）红外成像制导技术在空对空导弹中的应用

第四代近距格斗导弹采用了扫描成像和凝视成像的红外成像导引头。目前，积极发展红外成像制导空对空导弹的有美国、法国、英国、德国、俄罗斯、以色列、南非等国家。主要代表性型号有：美国的"响尾蛇"（AIM - 9L/X）、法国的"红外型米卡"（MICA - IR）、英国的先进近程空对空导弹（ASRAAM）、德国的尾翼控制型红外成像系统（IRIS - T）导弹、南非的"空中射水鱼"（A - Darter）和以色列的"怪蛇"（Ⅳ/Ⅴ）等。这些导弹中的大部分已服役，小部分还处在研制和试验阶段。其中，英国的先进近程空对空导弹（ASRAAM）、德国的 IRIS - T 导弹是最有代表性的产品。

英国 MBDA 公司研制的先进近程空对空导弹（ASRAAM），是一种典型的高速、低阻第二代红外成像制导导弹系统，能在较远的距离上截获目标。其制导与控制系统包括成像导引头捷联式挠性陀螺系统、燃气舵偏转执行机构等。红外成像导引头采用工作在 $3 \sim 5 \mu m$ 中波红外波段的 128×128 元（或 64×64 元）探测器面阵和蓝宝石整流罩，探测距离为 5 km。凝视阵列与数字信号处理技术、专用成像软件相结合，使该导弹具有高目标截获能力，能跟踪作大机动飞行的目标，从而提高了格斗性能，使导弹成为一种先进的格斗导弹。其导引头能显示目标图像，并允许大离轴角（±90°）发射。当与适当的瞄准系统（如头盔瞄准具）配合时，飞行员可进行导弹越肩发射。该导弹于 2002 年装备英国皇家空军，被西方公认为第 4 代空对空导弹。

德国迪尔 BGT 公司研制的 IRIS - T 导弹，是一种近程空对空红外成像制导导弹。该导弹的高分辨率扫描式红外成像导引头采用工作在 $3 \sim 5 \mu m$ 中波红外波段的 128×4 锑化铟探测器阵列和数字信号处理部件，可以发现目标并瞄准目标的某个部位，离轴发射角达 ±90°。该导弹 1995 年开始研制，2003 年服役。

2) 红外成像制导技术在空对地导弹中的应用

红外成像制导技术大量用于近程空对地导弹的制导以及中、远程空对地导弹(包括空射巡航导弹)的末端制导。大约 30 余种空对地导弹采用了红外成像制导技术。目前,积极发展红外成像制导空对地导弹的国家主要有美国、俄罗斯、英国、法国、德国、瑞典、意大利、以色列、日本、南非等。

采用红外成像制导技术的近程空对地导弹的典型代表,是美国"小牛"(AGM-65G)空对地导弹。该导弹采用的 WGU-10/B 红外成像导引头,利用 4×4 元碲镉汞探测器,光机扫描成像。美军在 1999 年的科索沃战争中曾大量使用 AGM-65G 型空对地导弹。作战使用中发现的主要问题是偏离目标。改进的 AGM-65G2 型仍采用红外成像制导,但改进了红外导引头及相关软件,提高了全天候"发射后不管"的对地攻击能力。该导引头还被用于其他导弹,如"斯拉姆"(AGM-130C、AGM-84E)和"增强型斯拉姆"导弹。

中、远程空对地导弹的末端制导大量采用红外成像制导技术。例如,英国按照国防部 1991 年提出的远程空对地导弹需求,发展常规装备防区外导弹(CASOM)。包括美国、英国、法国、以色列等国的多家公司参加竞标,提出的竞标方案共有 8 种,包括美国天鹰(Airhawk)、远程斯拉姆、怪兽-36 和英国的"飞马座"、"风暴亡灵"等。其共同的特点是,末端制导均采用红外成像制导模式。最终英国的"风暴亡灵"中标。"风暴亡灵"巡航导弹是 20 世纪 80 年代中期由英国宇航公司和法国马特拉公司开始联合研制的,2002 年装备英国皇家空军。该导弹采用制冷型中波红外凝视焦平面阵列成像导引头。

美国的 AGM-158 型联合空对地防区外导弹(JASSM)是美国空军 2003 年装备的新一代防区外发射的空对地武器。1996 年,美国海军和空军联合启动了该项目,由麦道公司(现波音公司)与洛克希德·马丁公司联合研制。其导引头是在美国陆军"标枪"导弹基础上研制而成的,采用工作波长为 $3\sim5~\mu m$ 的 256×256 元焦平面阵列探测器,具有自主识别目标的能力。美国 2004 年开始批量生产的 AGM-154C 联合防区外武器(JSOW),即"杰索"已采用了非制冷红外成像制导。

15 种以上空射巡航导弹的末端制导采用了红外成像制导技术。这些巡航导弹包括美国的 AGM-84E"斯拉姆"、AGM-84H"增强型斯拉姆"(SLAM-ER)、AGM-158 联合空对地防区外导弹(JASSM)、英国的"风暴亡灵"(Storm Shadow)、"飞马座"(Pegasus)、法国的"反永久设施型阿帕奇"(APACHE-AI)、常规中程空对地导弹(ASMP-C)、远程精确制导武器(APTGD)、德国/瑞典的"金牛座"(Taurus)系列、日本的 ASM-2 等。

3) 红外成像制导技术在地对空导弹中的应用

红外成像制导技术在地对空导弹上的应用相对较少,目前,美国、法国、德国、俄罗斯、日本等国家装备和在研的采用红外成像末端制导的地对空导弹约有十余种,主要是:美国的战区高空区域防御导弹(THAAD)、大气层外轻型射弹(LEAP)、长波红外先进寻的器(LATS)、大气层外拦截导弹(ERIS)以及美国、德国和丹麦联合研制的 RIM-116 Blockl"拉姆"(RAM)舰对空导弹。这些导弹或采用了工作在中波红外波段的 256×256 元硅化铂凝视焦平面阵列,或采用工作在长波红外波段的 128×128 元碲镉汞焦平面阵列,仅有 RIM-116 Blockl 舰对空导弹采用 128×1 元中波锑化铟线阵。

美国的战区高空区域防御(THAAD)导弹武器系统是美国在 20 世纪 90 年代为战区导弹防御计划重点开发研制的第一种可用于大气层内外的动能撞击型导弹武器系统。"直接命中"是其最显著的特征。其导引头采用 256×256 元硅化铂中波红外焦平面阵列和全反射光学系统。利用环形激光陀螺惯性测量装置测量和稳定平台的运动，并作为寻的头的测量基准。近年来，通过发展非常精确的导引头测量装置、处理导引头信息的高速信号处理机、体积小且精度高的惯性测量装置、用于制导计算和飞行路线修正计算的高速数据处理机、控制拦截弹的快速响应控制系统和灵巧的弹体，实现了足够小的"脱靶距离"，可完成直接碰撞杀伤。

4) 红外成像制导技术在反舰导弹中的应用

体积庞大的舰船是雷达波的理想反射体，因此雷达制导反舰导弹曾显赫一时。但是，随着舰船电子对抗能力的提高，雷达制导反舰导弹的作战效能已显著下降。为此，反舰武器专家把目光投向了舰船明显的红外辐射特征上。20 世纪 80 年代初，美军率先在 AGM-65"小牛"空对地导弹上进行反舰作战研究，并开发出 AGM-65F"小牛"空对舰导弹，于 1985 年开始生产并装备海军部队。AGM-65F 型"小牛"导弹优化了跟踪器软件，使导弹能击中舰船的要害部位，并可选择最优的引爆时间，在舰体深处爆炸，给舰船以毁灭性破坏。随后，美国将雷达制导的"捕鲸叉"(Harpoon)反舰导弹的导引头更换成红外成像导引头，改进成"捕鲸叉"Block 1D 型，并于 1996 年 4 月 17 日、18 日进行了海上射击实验，获得成功。美国还将红外成像末制导和先进的高速微处理技术用于海射"战斧 Block4"多任务巡航导弹，提高了其自动目标识别能力，使之能在高威胁区内攻击敌方海上和陆地高价值目标；将红外成像末制导技术用于海射"增强型斯拉姆"导弹，并利用数据传输系统实时传输战场信息。俄罗斯、意大利、法国、以色列、挪威、日本等国及我国台湾地区也将红外成像制导技术用于反舰导弹。海湾战争后，俄罗斯新星设计局设计的 X-35(SS-N-25)"天王星Ⅱ"新型反舰导弹，在导弹一侧的整流罩内安装了红外成像导引头，在导弹的头锥内安装了主动雷达导引头，构成复合制导系统，其红外成像导引头采用了 64×64 元单片式红外焦平面阵列探测器，目前已生产并装备了出口型舰艇。意大利将雷达制导的"奥托马特(Otomat)"反舰导弹的导引头改换为红外成像/雷达复合导引头，改进成"奥托马特 4"型。此外，"飞鱼(Exocet)"、"迦伯列(Gabriel)"、"海鹰(SeaEagle)"、"企鹅(Pengnin)"等著名的西方反舰导弹，其后继型或派生型均采用了红外成像末制导或者红外成像与雷达复合的制导技术。上述导弹大多数是巡航式反舰导弹，如"奥托马特 4"、"捕鲸叉"Block 1D、"战斧"Block4 多任务导弹、海射"斯拉姆增强型"等。

5) 红外成像制导技术在反坦克导弹和多用途导弹中的应用

采用红外成像制导技术的反坦克导弹，属于第三代反坦克导弹，可"发射后不管"。在 1991 年海湾战争中，多国部队的飞机共发射了 5000 多枚"小牛"导弹，其中约有 2/3 是 AGM-65D 红外成像制导的"小牛"反坦克导弹，约占反坦克作战发射导弹总数的 95%。由此可见红外成像制导反坦克导弹在现代反坦克作战中的重要作用。

第一种红外成像制导的反坦克导弹是美国 1975 年开始研制的 AGM-65D"小牛"反坦克导弹。该导弹采用 4×4 元红外碲镉汞探测器光机扫描成像导引头。但后来发展的红外成像制导反坦克导弹，均采用凝视成像的红外焦平面阵列探测器。目前国外装备和在研的红外成像制导反坦克导弹约有 15 种，包括美国的 AGM-65D"小牛"、"标枪"(Javelin)、陶 FF、增强型光纤制导导弹(EFOG-M)，日本的 T-96，以色列的"增程型长钉"(Spike-ER)，印度的"纳格(Nag)"，南非的"莫克帕(Mokopa)"，英、法、德联合研制的远程"崔格特(Trigat - LR)"、德、法、意联合研制的"独眼巨人(Polyphem)"。目前,美国、英国、法国、德国、意大利、以色列、印度、日本、南非等国家均在研制或生产红外成像制导反坦克导弹。

英、法、德联合研制的远程"崔格特"反坦克导弹的红外成像导引头,采用工作在 8~12 μm 波段的 288×4 碲镉汞红外焦平面阵列探测器,用电子扫描代替了光机扫描,采用多模式跟踪,具有目标探测、跟踪和瞄准点选择等功能,可以在发射前锁定瞄准点,实现"发射后不管"。

"标枪"是美国陆军最新一代的单兵便携式全天候中程反坦克导弹,原名"坦克破坏者(TankBreaker)"先进中程反坦克武器系统。"标枪"导弹采用 64×64 元碲镉汞红外焦平面阵列探测器(工作波段为 8~12 μm)凝视成像,信号读取和预处理采用 CCD 方式,是世界上第一种肩射"发射后不管"的红外成像制导反坦克导弹。该导弹系统除配有昼用瞄准具外,还配有夜间用的红外成像瞄准具,瞄准具的窄视场为 2°×3°,倍率为 8 倍;宽视场为 4°×6°,倍率为 4 倍。"标枪"导弹于 1992 年 8 月底进行首次试验,取得成功,1993 年完成导引头研制工作,1994 年 6 月开始小批量生产。

"纳格"是印度动力公司和国防研究与开发实验室联合研制的第三代反坦克导弹,具有全天候、顶部攻击和"发射后不管"能力。该导弹最初计划中段采用无线电指令制导,末段采用可互换的被动红外成像导引头或主动雷达毫米波导引头。目前,该导弹采用被动红外焦平面阵列成像导引头以及工作波段为 8~12 μm 的碲镉汞焦平面阵列探测器。该导弹 1988 年开始设计,2006 年 8 月完成研究工作。

目前处在研制阶段的多用途导弹,如美国的联合通用导弹、精确攻击导弹,除具有反坦克能力以外,还具有攻击其他目标的能力。多用途导弹采用包括红外成像在内的多模制导,如联合通用导弹采用红外成像、激光/毫米波雷达三模制导技术;精确攻击导弹采用非制冷红外成像/半主动激光双模制导技术。

6) 红外成像制导技术在制导炮弹和制导炸弹中的应用

20 世纪 80 年代,红外成像制导技术开始在末制导弹药中应用。瑞典最先开始研究红外成像制导的"林鹗(Strix)"120 mm 末制导迫击炮弹,并于 1994 年将其装备部队。"林鹗"末制导迫击炮弹可用任何制式 120 mm 击炮发射,其被动红外成像导引头可在各种气象条件下昼夜使用,且对主动和被动干扰都有很高的抗干扰能力,使该迫击炮弹的单发命中概率高达 90%。1993 年 10 月,美国进行的国外武器对比试验证明,"林鹗"的红外成像导引头在有/无干扰的情况下,对静止和运动目标均有效。美国已开始了采用半主动激光制导的"铜斑蛇"155 mm 制导炮弹的改进工作。马丁·玛丽埃塔公司研制了采用半主动激光/红外成像双模导引头的"铜斑蛇Ⅱ"155 mm 制导炮弹。该弹采用了 512×512 元硅化铂红外焦平面阵列探测器凝视成像方式。其他处在研制阶段的采用红外成像制导的炮弹有美国的 XM395 式 120 mm 精确制导迫击炮弹、德国/俄罗斯的"标枪(Spear)"制导坦克炮弹以及法国的红外成像/半主动激光双模制导的 Polynege 坦克炮弹。

采用红外成像制导技术的制导炸弹较少,仅有美国的 GBU - 15(V)2/B 和日本的 91 式制导炸弹。GBU - 15(V)2/B 制导炸弹采用 WGU - 10/B 红外成像导引头,即 4×4 元碲镉汞光机扫描成像导引头。

红外成像制导技术还成功地应用于美国的智能反装甲(BAT)子弹药。美国威斯汀豪斯公司和阿连特技术系统公司 1995 年开始为 BAT 子弹药研制和试验红外成像/毫米波雷达复合导引头,以取代原有的双色红外导引头。新的导引头可提高 BAT 子弹药在恶劣气候和干扰条件下的性能,并扩大对付目标的范围,其中包括发动机已熄火的静止目标和地对地导弹发射架。采用红外成像/毫米波雷达复合导引头的改进型 BAT 反坦克子弹药已装备使用。

2.1.3 红外成像制导技术的发展趋势

未来战争要求制导武器能够在复杂地理环境、复杂气象环境和复杂电磁环境下有效作战,因此红外成像制导被认为是当今和未来一段相当长时期内比较理想的制导手段。预计今后红外成像制导技术的发展趋势是:

(1) 将红外成像技术与模式识别、微处理技术相结合,提高制导导弹药的智能化程度。红外成像制导技术与模式识别、微处理技术相结合构成了智能化制导系统的核心。将凝视红外焦平面阵列探测技术与模式识别相结合,形成的自主式的智能红外成像制导系统,将成为 21 世纪制导技术发展的主要方向。智能化红外成像制导系统的核心是发展智能化信息处理技术,使导弹能自主搜索和识别目标,能从多个目标中选择高价值目标,能选择目标的要害部位,抗干扰性强。实现智能化,不仅要发展神经网络、人工智能等各种处理技术,而且要发展高速、大存储量及小型化的弹载信息处理机。

(2) 非制冷型红外焦平面阵列凝视成像制导是未来的一个重要发展方向。非制冷型红外探测器已开始在成像红外导引头中应用。由于其使红外成像系统摆脱了制冷器,有助于成像红外导引头的小型化和低成本化,因此已经受到普遍的关注。随着非制冷型红外探测器的发展,其探测灵敏度会不断提高,将能充分满足红外成像导引头的使用要求,而且成本将进一步降低,更加适合在一次性使用的导弹和制导弹药中应用。

(3) 红外成像制导将成为复合/多模制导技术中的一种重要模式。随着战场环境的日益复杂化,以及对抗技术、隐身技术的飞速发展,要求制导武器具有更高的在恶劣的气候条件下和复杂的战场环境中的目标识别能力、抗干扰能力、"发射后不管"的自主作战能力等。因此,单一的制导模式已不能完全适应未来作战的要求,大力发展复合/多模制导技术势在必行。红外成像/毫米波、红外成像/雷达、红外成像/紫外、红外成像/激光/毫米波雷达等双模或三模导引模式,以及红外成像+中段制导的复合制导模式,已在多种制导武器中应用。被动红外成像制导模式与毫米波制导等主动制导模式、被动红外末制导模式与GPS 等中段制导模式互为补充,将是复合/多模制导武器系统广泛使用的一种制导模式。

2.2 激 光 制 导

激光制导武器具有制导精度高、抗干扰能力强、结构简单、成本低等优势。1965 年美空军资助德州仪器公司把普通炸弹改为宝石路激光制导炸弹(LGB),并于 1968 年开始在越南战场使用,取得了惊人的效果。至此,许多国家开始大力研制或装备这种武器,近几年更是呈现出良好的发展势头。

激光制导的特点是与激光本身的优异特性分不开的。激光制导的特点主要有以下几个方面:

(1) 制导精度高。激光制导武器可用于攻击固定或活动目标,寻的制导精度一般在

1 m 以内，而且导弹的首发命中率极高，是目前其他制导方法难以达到的。

(2) 抗干扰能力强。由于激光是由专门设计的激光器产生出来的，因而不存在自然界的激光干扰。而且由于激光的单色性好、光束发散角小，使得敌方很难对制导系统实施有效干扰。

(3) 可用于复合制导。激光制导与红外、雷达等制导方式复合制导，有利于提高制导精度和应付各种复杂的战场环境。

目前激光制导存在的主要问题是易受气象条件影响，不能全天候使用；因在导弹命中目标之前，激光半主动式制导的激光束必须一直照射目标，其激光器的载体，如飞机、坦克等易被敌方发现和遭受反击。

2.2.1 激光制导的原理

激光制导利用激光作为跟踪和传输信息的手段，是经制导站或弹上的计算机(或计算电路)计算后，得出导弹(或炮弹、炸弹)偏离目标位置的角误差量，而形成制导指令，使弹上的控制系统适时修正导弹的飞行弹道，直至准确命中目标的。

激光制导与雷达制导、红外制导、电视制导寻找目标的工作原理有许多相同或相似之处，都属于武器系统的末制导。

不论是激光制导炸弹(航弹)、炮弹，还是导弹，多数都采用激光半主动寻的制导和激光驾束制导。

1. 激光半主动寻的制导

激光半主动寻的制导的原理是：由弹外激光目标指示器发射的激光束照射目标，弹上激光寻的器接收的目标漫反射的回波信号使制导系统形成对目标的跟踪和对导弹的控制信号，从而将导弹准确地导向目标，如图 2.8 所示。激光半主动制导的特点是目标指示器和弹体可以分置，可以间接瞄准射击，因而隐蔽性较好，通过不同的波束编码不仅可以提高抗干扰能力，而且可以依次照射多个目标，实现对付多个目标的快速连续射击。但在击中目标前必须连续照射目标，使自身生存能力受到限制，而且在分置的情况下，需要增设通信线路，致使全武器系统的可靠性下降。

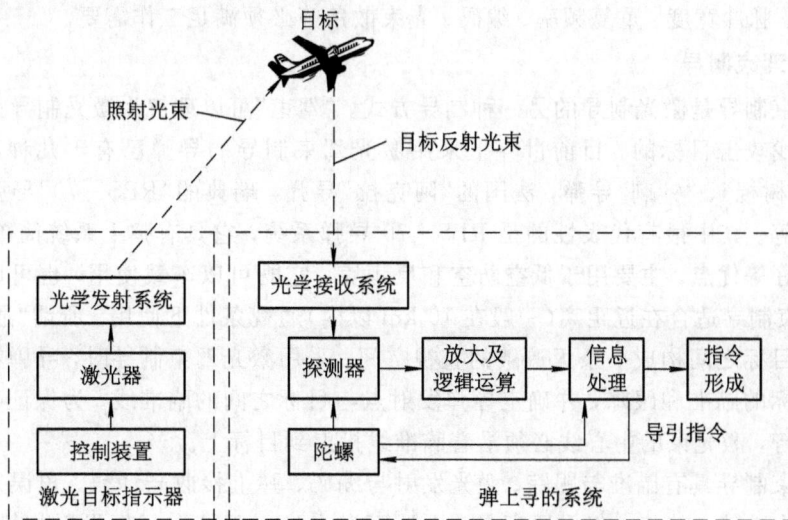

图 2.8 激光半主动寻的系统

1）激光半主动寻的器

激光半主动寻的器也称为导引头，是激光半主动制导武器的核心。它的探测、导引和控制作用使得弹体能准确命中目标。不同的制导武器，如导弹、航空炸弹和炮弹，所用的激光寻的器的结构各不相同。早期的航空炸弹都采用了风标寻的器，但后来的型号趋向于导弹用的陀螺稳定式寻的器。目前已装备的激光半主动寻的器的激光波长均为 $1.06~\mu m$，采用锂—硅光电二极管作激光探测器。为减少大气透过率受气候的影响，现正在研究采用 $10.6~\mu m$ 波长的激光寻的器。

弹上寻的系统一般由光学接收系统、探测器、放大及逻辑运算器、信息处理器、指令形成器和陀螺稳定平台组成。激光探测器用来接收由目标反射来的激光束，从而发现激光束指示的目标并测量目标所处的位置。光学系统汇聚的反射能量，通过探测器转换成电信号；放大器把电信号进一步放大，并经过逻辑运算产生角误差信号；信息处理器依据角误差信号求出导引信息；指令形成器依据导引信息产生导引指令，控制导弹沿着正确的弹道飞向目标。

2）激光半主动寻的目标指示器

图 2.8 左边虚线框内所示为激光半主动寻的制导目标指示器，它是激光寻的系统的一个重要组成部分。目前激光目标指示器已经形成系列产品，虽然使用的激光波长均为 $1.06~\mu m$，但技术性能和系统结构各有所异：有的输出功率大，作用距离远；有的系统结构虽较复杂，但指示精度高；有的可架设在飞机上使用；有的适合在车辆上使用；有的属于便携式类型（如三脚架式、手持式）等。可根据作战需要进行选择。

最简单的激光目标指示器只有一个激光器，由使用者手持瞄准目标。这用于指示近距离的大型低速或固定目标是可行的，但用于指示远程高速运动的目标就不可行了。若在飞机上或车辆上使用，必须选择具有光学瞄准、引导设备和稳定系统的激光目标指示器，这样虽然系统复杂，成本也较高，但能满足特殊作战环境的要求。

为了保证激光制导武器能够精确、可靠地命中目标，对激光目标指示器有一系列的严格要求，例如激光目标指示器的发射功率必须满足作战距离的需要；激光束参数的设计，如激光波长、脉冲宽度、重复频率、编码、光束散角等必须满足工作需要。

2. 激光驾束制导

激光驾束制导是激光制导的另一种制导方式。"驾束"可以理解为激光制导武器是"骑"着光束去寻找攻击目标的。目前世界上采用激光驾束制导的导弹已有十几种，如美制的"龙式"、"橡树棍"、"针刺"导弹，法国的"阿克拉"导弹，瑞典的"RBS-70"导弹和英国的"吹笛"导弹等。其中最有代表性的是 RBS-70 导弹系统，它具有弹上系统简单、精度高、抗干扰性能好等优点，主要用于低空防空和反坦克。它既可以车载使用，也可以由单兵肩射。激光驾束制导适合在近距离（一般在 10 km 以内）通视条件下使用。所谓"通视"，是指从发射点到目标之间构成一条无遮蔽的直视空间。采用激光驾束制导时，导弹在发射前必须完成对目标的瞄准和跟踪，并确定导弹发射点与目标之间的瞄准线。为保证导弹沿瞄准线"轨道"飞行，激光束的中心线必须沿着瞄准线投射到目标上。

激光驾束制导具有瞄准与跟踪、激光发射与编码、弹上接收与译码、角误差指令形成与控制等四大功能。其基本工作原理是：由地面激光发射系统向目标发射扫描编码脉冲，当导弹偏离激光束中心时，由弹上激光接收机和解算装置检测出飞行误差，形成控制信号，控制导弹沿瞄准线飞行，如图 2.9 所示。与激光半主动寻的制导相比，激光驾束制导具有结构简单、造价低的特点。此外，由于制导装置置于弹体尾部，不影响弹的杀伤威力，而且由于弹体在激光束内飞行，制导量较小，弹体可获得很高的飞行速度，因而适于攻击厚而硬的装甲目标，是一种颇有前途的反坦克武器。

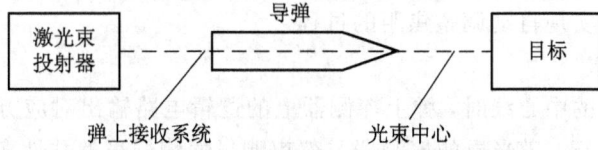

图 2.9　激光驾束制导示意图

　　激光驾束制导系统一般由激光束投射器和弹上接收系统组成。激光束投射器主要包括激光器、光束调制编码器和激光投射系统。弹上接收系统包括光学接收镜头、光电探测器、解码器和信息处理电路。

　　1) 激光束投射器

　　早期近程导弹大多采用波长为 $0.9\ \mu m$ 左右的半导体激光器，如瑞典的 RB5 - 70 和"马帕斯(MAPATS)"用的就是这种激光器，其特点是轻、小、可靠，但大气穿透性较差。近期多采用波长为 $10.6\ \mu m$ 的二氧化碳(CO_2)激光器，如欧洲的第三代反坦克导弹 TRICAT。当接收机(探测器)元件附加冷却时，在 6 km 距离内，有 10 W 平均功率的激光源已能满足制导要求；当用非制冷的热释电探测器时，则需 100 W 的平均功率。目前也有 $1.06\ \mu m$ 的 Nd^{3+}：YAG 固体激光器用于激光驾束制导。

　　调制编码器(见图 2.10)是实现激光驾束制导的核心部件，也是使光束赋予导弹方位信息的主要手段。它利用不同的调制频率、相位、脉冲宽度、脉冲间隔等参数来实现对光束的编码，这些编码统称为光束的空间编码。编码时常用的器件是调制盘，最简单的调制盘是在一块金属板上刻上一些能够透过激光的窗口。根据不同的调制方式，窗口的大小和图案是不一样的。而且要使调制盘进行有规律的转动，并使盘的圆心与波束中心线的垂直投影点重合。

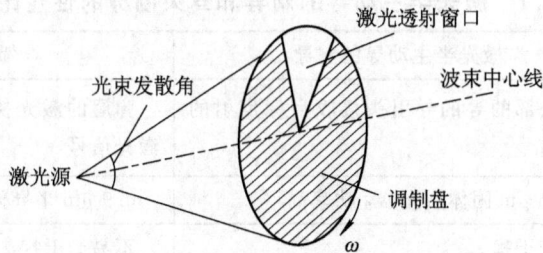

图 2.10　激光驾束制导的调制编码器

　　调制盘转动时对光束进行切割(调制)，没有切割到的光束就通过调制盘上的窗口投射出去，被导弹上的四象限探测器所接收。当调制盘旋转一周后，激光束就会轮流扫过探测器的每个象限一次，弹上的信息处理器就可以获得一次误差信号。调制盘在不停地转动时，激光束围绕光束的中心线(即瞄准线)也在旋转，源源不断地给导弹提供方位信息。导弹从发射到击中目标的飞行过程中，光束的发散角是在变化的。刚发射时，导弹离光束投射器很近，为保证探测器的四个象限都能快速接收到信号，光束的发散角应该大一些；当导弹逐渐远离光束投射器时，光束的发散角也应该同步缩小；当导弹到达目标时，光束的发散角已经很小，使导弹直接命中目标上的光斑。由此可见，在导弹的整个飞行中，激光束在导弹处的横截面是一个固定值。这样做的基本好处是既防止导弹脱靶，又有利于集中光束能量，提高作用距离和抗干扰性。光束发散角的调整过程，实质上是利用程序电路去控制光学系统（透镜）实现自动调整焦距的过程。

2）弹上接收系统

当导弹偏离光束的中心线时，弹上探测器上的逻辑电路输出对应方位误差信号，经信息处理后控制导弹飞行。激光寻的探测器与驾束制导探测器虽然共性多一些，但两者各自的使用持点也很显著。前者是接收从目标上漫反射来的激光信号，信息比较复杂，信息处理器的工作量大；而对于后者来说，由于是直接接收己方事先约定使用的激光信号，信息就比较简单，信号比较强，不易受干扰，特别是光束的调制规律事先已知道，故信息处理器的工作任务比较单纯，因此设备也比较简单。

传统的激光驾束制导有一个弱点，即在复杂的情况下，很难保持瞄准线与光束中心线重合，这对攻击活动的小目标十分不利。为解决这一问题，现在已经在弹上另加一个红外信标机，当导弹顺瞄准线飞行时，信标机不工作；当导弹偏离瞄准线时，它就发出自我指示的信号。装在发射点的热像仪专门接收、跟踪信标信号和由目标热辐射来的信号。一旦波束中心线与瞄准线之间有角误差，热像仪马上向光束调焦装置发出校正信号，激励激光源增大输出功率，使导弹沿正确的光束中心线飞行。

在 20 世纪 70 和 80 年代，先后研制出了一些激光驾束制导型号并且有的已经装备部队，但是由于这种体制的制导精度受到调制编码波形路径畸变的影响，而为了提高制导精度又必须提高激光系统的瞄准精度、波束编码精度、变焦投射精度和探测解算精度，因而使激光系统结构变得复杂，技术难度增大，成本也要相应提高，加之激光制导的固有缺点，这种制导技术的发展受到一定的限制。

激光半主动寻的制导和驾束制导的性能比较如表 2.1 所示。

表 2.1　激光半主动寻的制导和驾束制导的性能比较

性 能	激光半主动寻的制导	驾 束 制 导
激光接收方式	弹头部的寻的导引头接收目标反射的激光信号	弹尾的激光探测器接收地面发射的激光信号
激光发射器	1.06 μm 固体激光器，功率高	0.9 μm 半导体激光器，功率不高
受干扰影响	易受干扰	不易受干扰
发射瞄准方式	间接瞄准，自寻的	直接瞄准，激光束始终照射目标
制导规律	可采用准比例导引法，弹道特性好，对目标机动有一定的适应性	三点式追踪导引法，末段弹道弯曲较大，不适宜攻击大机动目标
适用对象	适用于各种武器，包括激光制导航弹、炮弹、地空导弹、空地导弹及反坦克弹	在地空导弹和反坦克导弹中应用较多
设备要求	目标指示器和弹上设备较复杂	地面和弹上设备简单，操作方便

2.2.2　激光制导武器的应用

20 世纪 90 年代初爆发的海湾战争，是近年来发生的规模最大、影响最广的一场高技术战争。多种先进的武器系统在这里竞相亮相，而激光制导弹药可谓出尽风头。

据 1991 年 4 月的《航空周刊与空间技术》杂志报导，在前 42 天的战争中，多国部队的飞机向伊拉克本土及被占领的科威特境内的目标共投掷了 88 500 吨弹药，其中 7400 吨属于精确制导弹药，而激光制导弹药占精确制导弹药的 60%以上。这些弹药的 90%左右是由美国空军飞机所投掷，比整个越南战争期间所投掷的总量还多 50%左右。

美国中央司令部总司令施瓦茨科普夫回忆沙漠风暴行动头 14 天的总战果时说，空战达到主要目的，几天中攻击了伊拉克领导人的 26 个指挥和控制中心，其中 60%被摧毁或遭到严重破坏；75%的伊拉克指挥、控制和通信设施受到攻击，其中 1/3 左右被破坏或丧失功能。在命中这些高价值目标的过程中，也是激光制导武器发挥了关键作用。

沙漠风暴行动结束后，1995 年 8、9 月间，北大西洋公约组织对波斯尼亚塞族武装力量进行的长达两周的空中轰炸，是 1991 年海湾战争结束以来对西方军事力量一次最大的检验。北约部队取得成功的关键因素之一，便是由于参战的空军广泛地使用了激光精确制导弹药。

1. 典型的激光制导导弹

最具代表性的激光半主动寻的式制导导弹是美国马丁·马丽埃塔公司制造的"狱火"（又名"海尔法"，它是英文名"Hellfire"的音译）式重型远程反坦克导弹，如图 2.11 所示。该弹于 20 世纪 70 年代初开始研制，70 年代后期基本定型，80 年代初做了一系列飞行试验，1982 年开始正式投入生产，1984 年起装备美国陆军，此后又曾不断改进，使其性能得到进一步提高。该导弹的最大特点是采用了模块化设计，可以"一弹多头，一弹多用"。

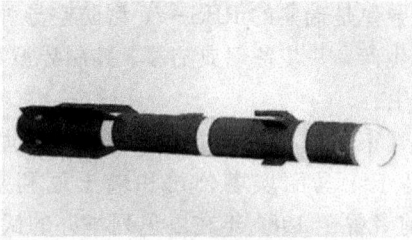

图 2.11　"海尔法"导弹

"海尔法"导弹具有良好的机动性。其动力装置为单级无烟火箭发动机，可使导弹在发射 3 s 后速度超过 1 Ma。导弹采用半主动激光制导，制导系统由激光导引头、自动驾驶仪和动作系统组成。最大破甲厚度可达 1.4 m，最大射程为 8 km，命中概率为 96%。

"海尔法"导弹主要装备于美国休斯公司研制的阿帕奇先进武装直升机，用于攻击各种坦克、战车及雷达站等地面重要军事目标。训练和实战都显示出这种导弹具有强大的威力和较高的性能。

1990～1991 年海湾战争开始后不久的一个夜晚，8 架阿帕奇武装直升机向伊拉克西部两个雷达站发射了 27 枚"海尔法"导弹，并将这两个雷达站彻底摧毁，从而打开一条无雷达监视的通道，使多国部队的飞机得以自由自在地飞往巴格达地区进行轰炸，这对攻击机和轰炸机在这场战争中取得辉煌战果，无疑起了至关重要的作用。

除海尔法导弹外，采用激光驾束主动寻的制导方式的系统有美国的"马伐瑞克"和法国的 AS30 导弹等。AS30 导弹于 20 世纪 80 年代后期研制成功，1987 年 3 月在法国的地中海靶场进行了两枚导弹的齐射试验，试验结果是这两枚导弹双双击中一艘 2700 吨位的已退役阿尤尼斯号舰船。

AS30 导弹是一种用于攻击硬点目标的空对地导弹，其拥有的强有力的 240 kg 高爆炸力弹头，确保了这种导弹甚至可击毁重型装甲目标。此外，由于采用激光制导技术，导弹可以对某一选定舰船进行攻击。即使该舰船混杂在其他舰船之中，或躲藏在无法发射掠海飞行器的狭窄水域，一旦碰上激光制导导弹，也必定在劫难逃。

AS30 导弹主要装备在美洲虎、幻影 F1 和幻影 2000 飞机上。除法国空军外，也有其他一些国家的武装力量装备了这种导弹。法国军方希望为 AS30 型导弹配备一种机动性更强的激光指示器吊舱，确保飞机以 900 km/h 的速度在 300 m 以下低空飞行时仍可在离目标8 km 远处发射导弹。

在 20 世纪 90 年代海湾战争的"沙漠风暴"行动中，法国空军美洲虎战斗机装载 AS30L型激光制导导弹驰骋战场，为多国部队立下赫赫战功。AS30L 型导弹主要用于攻击伊拉克的地面和海上目标，包括空军基地、桥梁、建筑物和油船等。导弹装在执行精确攻击任务的美洲虎飞机的右翼下方，飞机的左翼下装有 1200 升燃料箱，机身下中轴线位置则吊挂机载激光指示系统吊舱，该吊舱提供 AS30L 型导弹所需要的目标捕获、跟踪和激光指示功能。驾驶员通常在距离目标 16～20 km 处开始利用激光指示吊舱对其进行观察和捕捉，当距离达到 8～10 km 时便可发射导弹。

AS30L 型导弹的另一特点是具有目标自动锁定功能。因此，只需向目标的大致方位发射，然后按锁定程序作战，并由吊舱的激光指示器为末端制导照明目标即可。AS30L 型导弹在沙漠风暴行动中表现出非常高的目标命中率，这再一次证明了激光制导导弹的威力。

最早的激光驾束式制导导弹是瑞典的 RBS-70 型防空导弹，它于 20 世纪 60 年代后期开始研制，70 年代中期批量生产，并装备瑞典陆军。其制导波束由工作波长为 0.98 μm 的脉冲砷化镓半导体激光器产生。

另一些有代表性的激光驾束式制导导弹有以色列于 20 世纪 80 年代早期研制成功的"马帕茨"导弹以及由美国马丁·马丽埃塔公司和瑞士厄利空-皮尔勒公司联合研制的ADATS 防空反坦克系统。前者曾于 1984 年在以色列举办的武器博览会上展示；而后者则于 1980 年在美国白沙武器试验场做了首次发射试验，1984 年开始投入生产，随后装备部分北约国家的军队。

除以上所述外，美国陆军使用的"龙(Dragon)"式反坦克导弹和专门用于打击低空飞行目标的肩射式"尾刺(Stinger)"导弹等，也都属于激光驾束式制导导弹。

2. 典型的激光制导炸弹

最有代表性的激光制导炸弹是美国的"宝石路(PaveWay，又称铺路)"系列产品，它在十几年的时间里已两度换代。第一代产品"宝石路" I 型就是把激光制导系统装在普通炸弹上得到的，曾于 1972 年越南战场上使用，据报导，其破坏力高达同类非制导炸弹的 200倍，而成本则只相当于后者的 4～5 倍，具有高精度、低成本(由普通炸弹改装)的特点，显著提高了飞机的作战效能。

"宝石路"激光制导炸弹是目前世界上生产数量最大的精确制导炸弹系列，已发展出

Ⅰ、Ⅱ、Ⅲ三代，其编号 GBU 表示"制导炸弹（Guided Bomb Unit）"。

20 世纪 70 年代中期研制成功的宝石路Ⅱ采用了更加先进的电子元件和折叠式尾翼，从而提高了炸弹的灵敏度和机动性，如图 2.12 所示。

20 世纪 80 年代初期研制成功的宝石路Ⅲ则采用了高升力折叠式尾翼以及先进的微处理技术，使炸弹具备低空寻的和远距离投掷的能力，如图 2.13 所示。

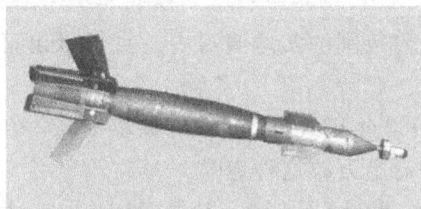

图 2.12　"宝石路"ⅡGBU-12　　　　　　图 2.13　"宝石路"ⅢGBU-24

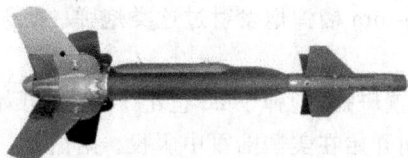

与宝石路类似的装置是俄罗斯的 KAB-500 和 KAB-1500 系列炸弹，弹上配备有电视和激光半主动寻的两种导引头。KAB-1500 的投掷高度为 1~5 km，能穿透 10~20 m 厚的土坯和 2 m 左右的钢筋混凝土结构。500 磅 KAB-500L 激光制导炸弹如图 2.14 所示。

图 2.14　KAB-500L 激光制导炸弹

与常规弹药严重失准形成鲜明对照的是，激光制导炸弹能准确击中并摧毁大量极为重要的攻击目标，对迅速结束"外科手术"式的空中打击起了重要作用。

据 1991 年 2 月 4 日出版的《航空周刊与空间技术》报导，截至到 1991 年 2 月初，对伊拉克使用的最重要的重型精确制导弹药是 GBU-15 型电光制导炸弹和 GBU-10 型宝石路Ⅱ激光制导炸弹（见图 2.15）。这两种"智能化"炸弹的前端和尾翼都装有制导和控制系统，这些正是传统的炸弹所不具备的。

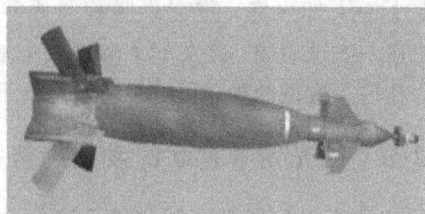

图 2.15　GBU-10 型宝石路Ⅱ激光制导炸弹

据美国军方计划人员透露，到 1991 年 2 月初，美国空军 F-117 飞机投掷的激光制导炸弹破坏了伊拉克首都巴格达大约 95% 的极重要的"沙漠风暴"攻击目标。其中之一便是伊拉克的空军司令部，这是一座多层建筑物，由 F-117 所投掷的激光制导炸弹准确地命中楼顶的正中央，从那里穿入其中，并将大楼炸毁。

位于巴格达附近的由钢筋混凝土建造的伊拉克防空司令部，也是被 F-117 飞机投掷的激光制导炸弹破坏的。战场录像显示，建筑物顶部有 3 个通气烟囱，炸弹在激光束的导引下，钻进其中一个，然后发生爆炸，炸倒了大楼。

3. 典型的激光制导炮弹

激光制导炮弹也是一种重要的激光制导弹药。与激光制导炸弹类似，激光制导炮弹一般采用半主动寻的制导方式，即在标准炮弹头部安装激光导引头。

具有代表性的激光制导炮弹是马丁·马丽埃塔公司制造的"铜斑蛇"炮弹，如图 2.16 所示。这是一种由陆军炮兵所使用的 155 mm 加农炮发射的激光制导弹药。借助于各种型号的地面及机载激光目标指示器，美国曾用不同型号

图 2.16　"铜斑蛇"炮弹

的 155 mm 榴弹炮发射过这类炮弹。据称，它在世界范围的实地演习中一直显示出可靠的性能。

"铜斑蛇"炮弹于 20 世纪 70 年代开始研制，1982 年正式投产，性能逐步提高，80 年代中后期开始在美国陆军中服役。据估计，美陆军中有上万枚这种炮弹。

"铜斑蛇"炮弹长 1370 mm，弹体直径 155 mm，重量 62.4 kg，射程 3～16 km。无论白天或黑夜，其激光制导均可引导炮弹准确击中目标。此外，这种炮弹具有在飞行中转换目标的灵活性，使其能对付战场上情况急剧变化所造成的威胁。用多个指示器则可导引多枚铜斑蛇炮弹射向不同目标。

与铜斑蛇类似的装置是原苏联研制的"红土地"激光制导炮弹，如图 2.17 所示。它既可以由老式的 152 mm 2S3M 自行火炮系统及 152 mm D-20 牵引式火炮发射，也可以适应新式的 152 mm 2S5 及 2S19 自行火炮系统。

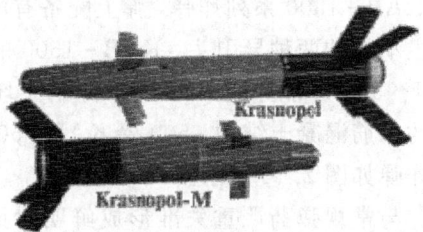

"红土地"的最大射程为 18 km，其主要任务是反坦克，但也可用于对付其他具有较高军事价值的目标，如火炮、防空武器和坚固筑垒的阵地

图 2.17　"红土地"激光制导炮弹

等。在一次试验中，首发 152 mm"红土地"炮弹命中 14 km 远处以 36 km/h 的速度运动的坦克，在另一次试验中，利用一台定位指示器，"红土地"间隔 30 s 相继攻击了 3 个不同目标。

2.2.3　激光制导技术的发展趋势

由于激光制导具有制导精度高、抗干扰能力强和可与其他寻的器复合使用等优点，因而受到广泛重视。激光制导技术的发展有赖于其他相关技术的进步。当前和今后激光制导的重要研究内容如下：

(1) 研制激光雷达制导导弹。激光雷达制导即激光主动制导，由于它具有"发射后不管"和攻击远距离目标的能力，所以日益引起人们的重视。美国空军正在研制激光雷达制导灵巧武器。赖特实验室固态电子分部已研制成功一种新型激光雷达探测器，并由试验证明激光雷达在满足分辨力要求的情况下，探测距离可达 4.8 km。赖特实验室已与 Loral 红外成像系统公司签订了 100 万美元的合同，设计和制造这种新型探测器。由美国洛拉尔·沃特系统公司研制的低成本反装甲导弹(LOCAAS)是一种自主的由激光雷达制导的导弹，能够摧毁先进的装甲目标。这种新型导弹采用激先雷达导引头，可探测、区分各种战术目标，包括坦克、装甲车、卡车及导弹发射架等。使用新研制的算法，激光雷达可以起到寻的传感器和智能战斗部引信两种作用。该导弹可持续飞行 30 min，准确攻击 180 km 远的目标。

（2）发展激光成像寻的器。与毫米波、红外、可见光成像制导技术相类似，采用成像寻的器有利于提高探测和判别多目标的能力，有利于识别目标的要害部位，并进行精确打击，提高导弹的抗干扰能力，有利于实现智能寻的制导。

（3）增大作用距离。现用的激光半主动寻的制导的作用距离一般在 10 km 左右，在现代化武器作战的今天，这一距离是比较靠近目标的，其发射系统的安全性没有得到有力保障，因而增大激光制导武器的作用距离是十分必要的。

（4）减小制导系统的体积和重量。无论是哪一种制导方式，制导系统或多或少都是弹头的一部分，努力减少这一部分的体积和重量有着重要的实际意义，至少有利于提高制导武器的机动能力和作用距离，增大弹头的有效载荷(炸药)，增强武器的杀伤力。

（5）发展复合寻的制导。在现代作战中，由于战场环境千变万化，各种高技术作战手段密集投入应用和恶劣气象等因素的影响，对单一制导方式提出了严峻的挑战。为提高武器系统的可靠性，减少失效概率，大力发展复合制导势在必行。

① 激光与红外复合寻的制导。对于辐射红外线强的目标，可利用红外被动寻的制导，隐蔽接近目标，到了一定距离时采用激光制导，提高突防能力和命中精度；当存在很强的背景干扰或人为干扰时，用激光制导具有好的抗干扰效果；当气候不佳或施放烟幕时，用红外制导的效果较好。

② 激光与毫米波复合寻的制导。由于激光的波束很窄，快速捕获目标有一定困难，可先用毫米波制导，待接近目标后再改用激光制导；当遇到干扰时，应选用激光制导；当遇到气候不好时，改用毫米波制导。总之，根据作战时的实际情况，将两者互为补充，以充分发挥各自的优点。

2.3　电　视　制　导

电视制导具有抗电磁干扰、能提供清晰的目标图像、跟踪精度高、可在低仰角下工作、体积质量小等优点，但因为电视制导是利用目标反射可见光信息进行制导的，所以在烟、雾、尘等能见度差的情况下，作战效能下降，夜间不能使用。

电视精确制导主要有两种方式：遥控式电视制导和电视寻的制导。对于精确制导导弹系统来讲，导引系统的设备位于何处，是区分这两种制导方式的主要依据(控制设备都在导弹上)。

遥控式电视制导导引系统的部分或全部导引设备不在导弹上，而是位于导弹发射点(地面、飞机或舰艇)上，由在导弹发射点的相关设备组成指控站，遥控导弹的飞行状态。导弹在攻击飞行过程中，始终与指控站进行信息的交互，直至导弹准确命中目标。

电视寻的制导导引系统全部装在导弹上。电视摄像机装在导弹的头部，由它摄取目标的图像，经过导引系统的处理，形成导引指令，传送给控制系统以控制导弹的飞行状态。导弹自主地完成目标信息的获取、处理和自身飞行姿态的调整等一系列工作，实现自动搜寻被攻击目标。因而这一制导方式称为电视寻的制导，也就是说，导弹具有"发射后不管"的能力。

2.3.1 电视制导的原理

1. 遥控式电视制导

遥控式电视制导由于弹上的制导设备比较简单、命中精度高和使用方便等优点而受到重视。

在遥控式电视制导系统中,电视摄像机摄取目标的可见光图像,经过传送,显示在指控站中的荧光屏上。控制人员通过观察荧光屏上的目标信息,根据相应的导引规律作出正确的判断,发出导引指令给飞行中的导弹;导弹上的接收装置收到指令后,由导弹上的控制系统根据具体指令内容调整导弹的飞行姿态,直至命中目标。

遥控式电视制导导弹系统在实现上主要有两种类型。一种是将电视摄像机安装在导弹头部,这时制导系统观测目标的基准是在导弹上,例如英、法联合研制的 AJ.168"玛特尔"空对地导弹、美国的"秃鹰"空对地导弹、以色列的"蝰蛇"反坦克导弹等均采用这种方式。另外一种是将电视摄像机安装在弹外的指控站上,这时制导系统观测目标的基准就在指控站上,其典型代表是法国的"新一代响尾蛇"地对空导弹系统。以上两种遥控类型的共同点是:制导指令均在导弹外的指控站上形成,遥控导弹根据指令修正飞行弹道。

2. 电视寻的制导

电视寻的制导作为武器的末制导,是电视精确制导技术的发展方向。制导设备全部安装在导弹上,导弹一经发射,它的飞行状态由它自身的制导系统导引,控制它飞向目标。这种"发射后不管"的特性非常适合于飞机的对地攻击行动,使飞行员有更多的回旋余地作机动飞行,以躲避对方防空武器的攻击。电视寻的制导由于利用的是目标上反射的可见光信息,因此它是一种被动寻的制导。

电视寻的制导以导弹头部的电视摄像机拍摄目标和周围环境的图像,从有一定反差的背景中自动选出目标并借助跟踪波门对目标实施跟踪,当目标偏离波门中心时,产生偏差信号,形成导引指令,并自动控制导弹飞向目标。

电视导引头一般由可变焦距的光学系统、高分辨率 CCD 摄像机、稳定伺服平台、稳定伺服控制器、图像处理模块、接收控制模块、图像传输/指令接收接口模块以及二次电源、舱体结构等部分组成,如图 2.18 所示。

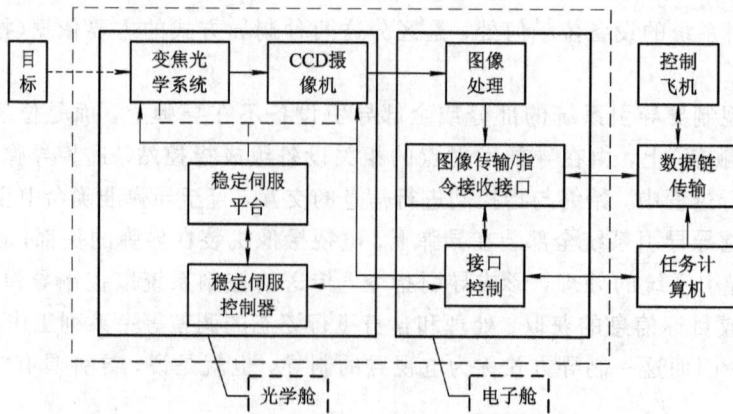

图 2.18 电视导引头的组成

电视导引头完成获取目标图像、向传输系统提供模拟图像(或压缩数字图像)、锁定跟踪目标、向任务计算机(或制导计算机)输出目标角偏差信息(或目标角速度信息)等功能。

早期采用电视制导的导弹和炸弹中，电视导引头用硅靶管摄像机，并大多采用陀螺稳定反射镜方式实现图像稳定。图像处理器多是模拟或半数字的，处理算法为简单的形心跟踪方式。硅靶管摄像机体积大，在导弹的体积限制下很难实现直接稳定，且在强光下易受损伤，现已逐步被 CCD 摄像机取代。目前国外装备的电视制导导弹和炸弹都采用直接稳定的 CCD 摄像机方案，根据使用环境的不同而采用两轴或三轴稳定方式，光学系统为连续或分段变化的变焦距系统。据资料介绍，亦有采用双视场双 CCD 的方案，该方案具有结构简便、视场切换快捷等优点。图像处理器为全数字的，处理算法也实现了包含相关算法在内的复合处理算法，整个电视导引头的作用距离、适用目标种类和跟踪精度都有很大的提高，作用距离达到 15 km 以上，可攻击复杂背景下的有伪装目标，命中精度达到数米的量级。

"发射后不管"方式主要适用于近程对简单背景目标(如海上舰艇)的攻击，该方式又可分为三种使用方法：

(1) 自动捕获。载机(舰)使用雷达、光电指挥仪等探测系统发现目标后为导弹提供航向、航速等信息；导弹转入自导阶段后，电视导引头应进入自动扫描搜索状态，一旦目标出现在视场并满足电视导引头的捕获条件，电视导引头即捕获目标并立即转入跟踪状态，稳定跟踪目标。

(2) 图像预装订。当飞机(舰)上的光电跟踪仪发现和捕获目标时，飞机(舰)上的指挥仪通过导引头的接口系统为导弹提供目标的航向、距离、目标航速和目标图像等信息，电视导引头能自动调整光轴与弹轴的初始俯仰角，并根据光电跟踪仪送入的图像进行目标的特征提取，将此作为后续图像处理的依据。导弹发射并转入自控平飞段后，电视导引头随即进入自动搜索状态，此时导引头根据光电跟踪仪捕获并存入的目标图像信息捕获目标。当导引头经过搜索后发现了与发射前装订的图像相吻合的目标时，导弹进入自动捕获跟踪状态。

(3) 直接瞄准。导弹发射前，目标离发射飞机(舰)较近时，电视导引头在飞机(舰艇)上直接捕获并跟踪目标；导弹发射后，电视导引头应能稳定跟踪已经捕获的目标。

2.3.2　电视制导武器的应用

1. 遥控式电视制导空对地导弹系统

英、法联合研制的 AJ.168"玛特尔(Martel)"空对地导弹是一种比较典型的采用遥控式电视制导技术的导弹系统。这种导弹系统的指控站就设在飞机座舱内，它采用的是追踪导引规律。飞机座舱内的指控人员通过操作(作用于导弹)，使目标保持在电视屏幕的十字线的中央，这时指令装置就根据操作杆的动作转换成指令信号，然后通过数据传递吊舱中的天线发送给导弹，导引导弹对准目标飞行，直至命中目标。这种导弹可在低、中、高空发射，最大射程为 60 km，最大速度超过 1 马赫数(超音速)。若作战距离较远，则导弹会自动进行低空飞行，以防止被敌方雷达发现。当目标进入电视摄像机视界内时，飞行员再将导弹导向目标。这种制导方式的主要缺点是载机在导弹命中目标之前不能脱离战区，易损性较大。

2. 具有遥控式电视制导能力的复合制导导弹系统

法国"新一代响尾蛇"地对空导弹系统是一种全天候机动式低空近程防空导弹系统。其制导系统采用了多传感器方式(包括搜索雷达、跟踪雷达、热成像仪、电视摄像机、红外测角仪等),这些传感器把获得的信息数据全部传入计算机进行处理,高速滤除各种杂波干扰,然后向飞行中的导弹发出控制指令,将其导向拦截点。多传感器的突出优点是抗干扰能力强,可以在背景复杂、电子对抗严重的恶劣条件下使导弹系统全天时和全天候工作。其中,雷达可以在低能见度、弱电子对抗的环境中使用;电视摄像机一般在能见度好、电子干扰严重、隐身攻击的环境中工作;而红外测角仪和热成像仪则在能见度低或夜间、电子干扰严重的条件下工作。由于充分发挥了以上传感器的优点,复合制导导弹的作战性能大为提高。

作战时,火控系统在接收到搜索雷达送来的目标信息后,就使跟踪雷达对准目标方向进行扫描;跟踪雷达在截获目标后即进入自动跟踪状态,并将获取的目标信息数据送入计算机进行计算处理;火控设备依据处理结果适时发射导弹,导弹起飞后进入红外初始制导段;红外测角仪瞬时测出导弹飞行方向与目标瞄准线之间的相对角偏差,并形成控制指令传送给导弹,将导弹引入跟踪雷达波束内以进入雷达制导段;雷达不断测量导弹与目标之间的角偏差,并按"三点法"导引规律形成导引指令,控制导弹命中目标。

在采用热成像仪或电视摄像机进行光电制导时,操作员可通过观测窗口(显示屏幕)观察到由视频自动跟踪器传来的目标、导弹的热成像或可见光图像,并操纵控制手柄使导弹始终与目标重合(在视线上),直至导弹命中目标。

在正常作战条件下,同时采用雷达和光电制导方式,并不断地互相检测。以上跟踪装置均使用同一个观测窗口,在窗口上可显示目标、导弹以及被探测到的假目标。因此,"新一代响尾蛇"导弹系统可以对付包括隐身飞机在内的各种飞机,并可在夜间或恶劣气候下作战,电子干扰对它几乎无效,这就是复合制导方式的优点所在。

3. 电视寻的制导的典型应用

美国研制的"小牛"(Maverick,也译成"幼畜")空对地导弹系列武器,分别采用电视制导、红外成像制导、激光制导等多种制导方式。目前,"小牛"导弹除装备美国空军、海军和海军陆战队外,还装备了一些国家和地区的战斗机,成为世界空地导弹领域中最大的家族。在"小牛"空地导弹家族中,AGM-65A、AGM-65B和AGM-65H这三种型号的导弹均采用电视寻的制导技术。

AGM-65A/B型仅适于白天使用,1984年10月开始加装反辐射导引头。在使用AGM-65A时,飞行员操纵飞机仅用4~8 s就可捕获目标,使目标图像处在光学瞄准具的光环之内。此时待发导弹的陀螺自动开锁,头部的护罩抛掉,摄像机向座舱内的电视监视器传送飞机前方的全景实时视频图像。飞行员从荧光屏上选定目标,并控制导引头锁定目标,发射时最大俯冲角为60°。导弹发射后,载机即可实施机动或发射另一枚导弹。载机暴露在敌火力范围内的时间为10~15 s。

在作战中,首先由导弹载机的驾驶员通过光学系统发现目标(如坦克),随后操纵载机使之对准目标,并进入准备攻击状态。与此同时,驾驶员启动导弹上的摄像机(导弹尚未发射),目标及背景的电视影像出现在载机座舱的显示屏上,驾驶员调节人工跟踪系统,使显示屏上的十字轴线中心对准目标,而后锁定目标,摄像机进入自动跟踪状态,便可随机发射导弹。载机驾驶员在敌方火力圈外发射导弹后，载机应马上脱离战场或继续留在敌方火力圈外观察导弹作战效果或转入攻击第二个目标。发射后的导弹能够自动跟踪发射前锁定的目标并把它摧毁。

30 多年来，美国生产的各类"小牛"导弹达十几万枚，参加过越南战争、中东战争、海湾战争等，取得了可观的战果。在 1973 年 10 月的第四次中东战争中，以色列空军发射了 58 枚电视制导的 AGM－65A"小牛"空地导弹，共击毁埃及 52 辆苏制坦克，成功率达到 90％。在海湾战争中，"小牛"导弹也发挥了重要作用，美国空军共投射精确制导武器 7400 枚，其中"小牛"为 5506 枚（包括非电视制导方式），占总量的 75％。据报道，当时美国空军每天发射的"小牛"导弹就达 100 枚。

洛克威尔国际公司导弹系统分部制造的 GBU－15 滑翔弹采用电视或红外导引头。目标的视频信号可返回到飞机上，并通过飞机的数据传输吊舱发送指令。一旦导引头锁定在目标上，炸弹便自动制导而飞机可飞开不管。AGM－130A 是 GBU－15 的改进型，采用火箭发动机，射程可达 15 英里。此外，AGM－130A 的前舱采用了雷达测高、改进的控制装置和内动驾驶仪等，在低能见度下把电视导引头的视场从 3°扩大到了 6°。

2.3.3　电视制导技术的发展趋势

在电视遥控制导技术方面，由于电视视线制导存在着作战距离近、隐蔽性较差的缺点，目前主要是发展电视非视线制导，尤其是发展非视线光纤指令制导。这是由于光纤制导具有作用距离远、隐蔽性和安全性比较好的优点，而且光纤不向外辐射能量，不易受干扰。同时，光纤传输数据的速率高、容量大，可快速向制导站回传电视图像，因此，导弹的命中精度高。但光纤制导也存在不足的一面，如导弹的飞行速度较慢，可能在中途被敌方拦截。另外，系统比较复杂，因而造价较高。

电视寻的末制导技术已成为电视精确制导的发展热点。其优点是制导精度高，可对付超低空目标（如巡航导弹）或低辐射能量的目标（如隐形飞机）；可工作在宽光谱波段；无线电干扰对它无效；体积小、重量轻、电源消耗低，适用于小型导弹。电视寻的制导的不足之处是对气候条件要求高，在雨雾天气和夜间不能用。此外，由于电视寻的制导属于被动式制导，除非用很复杂的方法，否则得不到目标的距离信息。

发展电视、雷达、红外、激光等制导的复合制导是必然趋势。例如法国的"新一代响尾蛇"地空导弹，就有雷达、电视和红外三种制导方式并存，根据情况需要灵活运用。而美国的"小牛"空地导弹则品种系列化，例如，在晴天，可以挂装 AGM－65B 电视制导导弹；在夜间，可挂装 AGM－65D 红外成像制导导弹；攻击点状小目标时，可挂装 A6M－65C/E 激光半主动寻的制导导弹等。

2.4　光　纤　制　导

光纤制导导弹发展于 20 世纪 70 年代中后期，80 年代初美国开始进行演示试验，1985 年美国陆军首先将光纤制导导弹（FOGM）列入前沿区域的防空系统（FAADS）计划，采用非瞄准线 FOGM 来对付武装直升机和坦克。光纤制导具有导线制导和无线电波、红外、可见光制导及激光制导所不具有的独特优点，是国外广泛用于反武装直升机和反坦克武器的一种制导技术，颇受美国等西方国家陆、海、空军的高度重视。

2.4.1　光纤制导的原理

　　光纤制导导弹的作战过程通常是导弹从不可见目标的发射点垂直向上发射到 100～200 m 高，经光缆将导弹导引头摄取到的包括目标在内的场景图像传送到发射点，射手以此识别、选择和跟踪目标或由火控计算机自动识别跟踪目标，对导弹发出控制指令，再经光缆传送到导弹并控制导弹飞向目标。

　　图 2.19 是光纤制导原理图。光纤制导的原理是：导弹头部的 CCD 摄像机将目标及场景图像变换成电信号，由光发送机中的半导体激光器或发光二极管产生波长为 λ_1 的光信号，经由光纤传至制导站的光接收机，由半导体光电二极管（PIN）或雪崩光电二极管（APD）变换成电信号，形成目标图像，操作者依据图像锁定目标；在计算机作用下形成控制信号，经过光发送机转换为波长为 λ_2 的光信号，并经光纤传回至导弹上的光接收机，变换为电信号输入导弹伺服机构，控制导弹飞行。

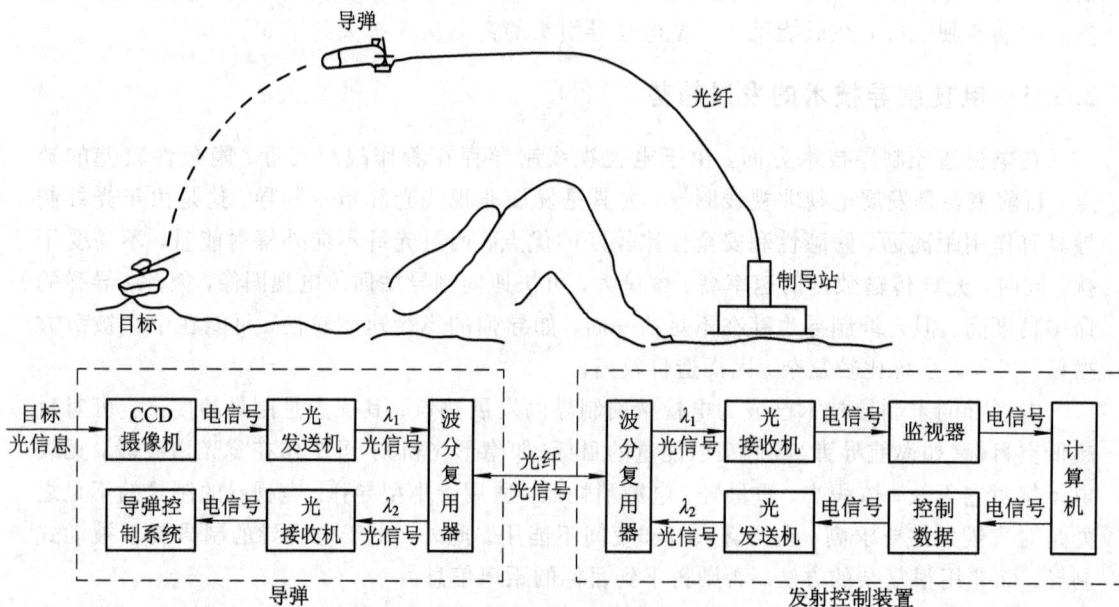

图 2.19　光纤制导原理图

光纤制导导弹系统由发射制导系统、光缆组件和导弹等组成。

1. 发射制导系统

　　发射制导系统由激光发射/接收器、信号处理和指令形成及目标自动跟踪器、目标图像显示器三部分组成，其中激光发射/接收器用于发射、接收 1.5 μm 的上行信号和 1.3 μm 的下行信号；信号处理、指令形成和目标自动跟踪器用于将导弹传送给发射器的目标信息和弹信号进行修正处理后，形成导弹运动控制和弹上探测器的转动控制等指令信号，对目标进行自动跟踪并控制导弹命中目标；目标图像显示器用于实时显示目标的图像和导引头的飞行轴向。

2. 光缆组件

　　光缆组件包括光纤卷盘和光缆两部分，其中光缆是经光纤卷盘连接导弹和地面发射制导系统之间的光导纤维。一条光缆通过两个波分复用器可以同时发送上行 1.5 μm 的光信号和下行 1.3 μm 的光信号。光纤卷盘主要用于释放信息传输和指令制导的光缆。

光缆是传输大容量指令信号和将导弹精确制导到目标的唯一通路,光纤制导体制的保密性、隐蔽性、抗干扰性、精度、信息传输、速率变换、昼夜工作以及机动性等都取决于光缆。而光缆的芯线是光纤(光导纤维),制导导弹的性能直接受光纤制作工艺水平的限制。因此,光导纤维决定了光纤制导导弹的发展前景和应用前景。

目前光纤通信和 FOGM 均采用单模和多模两类光纤。单模与多模光纤相比,频带宽 100 倍,芯径约为多模光纤的 1/10,损耗为多模光纤的 1/2,且传输性能好,抗辐射能力强,抗拉强度高。但单模光纤对耦合器的对接要求严格。光纤本身及所用光电元器件的价格较高。

(1) 抗拉强度。光纤制导的光缆要求任何部位的抗拉强度都大于 246 kg/mm²,即光纤承受的压强为 1.39 GPa 且无任何裂纹。目前美国休斯公司推出的无缓冲层光纤,其玻璃芯径为 6~35 μm。光纤压强可达 4.2 GPa,完全能满足要求,但价格昂贵。

(2) 光纤长度。光纤的长度应满足导弹作战距离如 10 km、15 km 和 30~60 km 的要求,目前生产出的整根光纤的连续长度只有几千米,必须对接(或熔接)后才能制成数十千米长的光缆。

(3) 光纤卷盘的绕线和放线。光纤制导导弹用光缆通常缠绕在专用卷盘上,在导弹制导过程中能顺利地释放,以满足导弹飞行速度的要求。光缆在制造过程中是大批量连续生产和绕制的,而卷盘在光纤制导导弹飞行过程中释放光缆的温度是随导弹的作战环境温度变化的,通常大大低于用卷盘绕制光缆的温度。如何让光缆在高温密绕过程中保持各条光缆的间隔和各层光缆之间的粘合力,以满足 FOGM 释放光缆的速度要求,是一项有待解决的关键技术。德、法、意联合研制的"独眼巨人"导弹,为使光缆从弹尾卷盘释放,采用侧向排气的火箭发动机,从而避免了发动机的气流损伤光缆,保证了导弹的正常作战。

3. 导弹

导弹由导引头、万向支架、惯性测量装置、控制器和激光发射接收器等组成。其中,导引头是导弹探测目标的关键部件,用于实时获取目标图像;万向支架用于控制和稳定导弹的飞行轴向;惯性测量装置用于测量并实时提供导弹运动状态的信息;控制器根据地面发射制导系统的指令信息,来控制导弹的飞行状态;激光发射接收器由向下行(地面)发送光信号的激光发射器和接收来自上行(地面)光信号的接收器以及光导纤维双向耦合器组成,提供电信号与激光信号之间的相互转换。

导引头是决定导弹能否发现、识别、跟踪和命中目标的关键部件。根据其工作原理可知,光纤制导系统是用光纤来传输导引头与地面发射制导系统之间的全部信息的,而光纤具有传输视频图像信号的能力。因此,在光纤制导导弹导引头中可以装可见光摄像机、CCD 摄像机、前视红外成像器和毫米波雷达等,以提供足够分辨率的视频图像来搜索、发现和识别跟踪目标并制导导弹命中目标。

(1) 可见光 TV 导引头。TV 导引头是光纤制导导弹初期试验中装的导引头,因为它结构简单、技术成熟、成本很低。据估计,未来的 FOGM 仍将有 2/3 的导引头装备 TV 摄像机。美国在 FOGM 初期作战鉴定试验(IOE)中用的导引头是仙童公司生产的 CCD 摄像机,阵列像元为 484×510,其灵敏度接近红外波段。

（2）红外成像导引头。红外成像导引头把 $3\sim5~\mu m$ 波段或者 $8\sim12~\mu m$ 波段工作的前视红外（FLIR）阵列或焦平面阵列探测器装于 FOGM 的导引头中，并由探测器转换成视频图像信号，操作手借助视频图像来发现、识别和跟踪目标并控制导弹命中目标。这种导引头不仅能有效地增大探测目标的距离，还能全天候工作，是光纤制导导弹的第二代导引头。目前已研制出高于 1024×1024 探测元的凝视红外焦平面阵列导引头，为 FOGM 的发展和应用开辟了广阔的前景。

（3）毫米波雷达导引头。毫米波位于微波和红外光波之间，大气传输能与微波接近，受烟幕、雾和雨的影响很小，具有准全天候工作的能力；同时又具有红外光波的传输数据容量大，探测、识别和跟踪目标的精度高，图像分辨率接近红外光谱等特点。技术上，目前在阴极摄像管的屏幕上显示毫米波雷达的图像也不存在特殊困难。因此，毫米波雷达导引头是 FOGM 中很理想的导引头，其发展前景相当广阔。

光纤制导导弹具有保密性好，发射点隐蔽，抗电磁、核辐射和化学反应的干扰，制导精度高，信息传输容量大，攻击目标的变换速度快，能昼夜工作以及设备简单、体积小、重量轻、成本低和机动灵活等独特优势，深受各国军方的高度重视，应用前景极为广阔。但光纤制导导弹的飞行速度较慢，光缆长度及其抗拉强度限制了导弹的射程以及易受烟幕和雾、雨等自然环境条件干扰等因素，已成为限制其进一步发展的瓶颈。

2.4.2　光纤制导武器的应用

光纤制导导弹代表了当前先进的导弹技术，对远距离高价值点目标具有"外科手术式"的精确打击能力，因此，光纤制导导弹的发展和使用备受各军事强国的重视。目前，世界上光纤制导导弹具有代表性的有以色列的 NT-S，德、法、意联合研制的"独眼巨人（POLYPHEM）"，美国的 EFOG-M，日本的 XATM-4，巴西的 FOG-MPM 等。但因制导距离受光纤长度、导弹的飞行速度受光纤自身强度和光纤卷盘释放速度的限制，光纤制导导弹目前主要用于复杂地形和复杂环境条件下对付不可直接瞄准的低速运动目标，如武装直升机、地面装甲目标、海上舰艇等。

（1）欧洲的"独眼巨人"。法国宇航公司和德国宇航公司于 1984 年提出研制一种光纤制导导弹"独眼巨人"。2000 年研制方声称要将"独眼巨人"的最大射程增加至 100 km。该导弹最初是作为远程反坦克/反直升机导弹研制的。随着研制工作的进展，目前正向地面发射型、机载反舰型、潜射防空型等多种型号的多用途导弹系列发展。与此同时，德国海军也着手改进"独眼巨人"光纤制导导弹，将其装备在 212 型潜艇和新一代小型护卫舰上，用于反直升机、反舰等，从而有效地减少操作人员的伤亡。

（2）美国的 EFOG-M。EFOG-M 增强型光纤制导导弹是一种超视距远程武器系统，可用于反坦克和反直升机。目前美国的 EFOP-M（射程 15 km）已经完成多次试验，还在发展一种更远射程的 LongFOG-M 光纤制导导弹，可攻击 100 km 以外的目标。美军还要发展一种便携式的 Man NLOS 非视线导弹，射程 5 km，可攻击装甲运兵车和轻型机动车。

（3）巴西的 FOG-MPM。FOG-MPM 多用途光纤制导导弹，可用于攻击直升机、坦克和工事。最初设计射程 10 km，现已达到 20 km，该导弹弹径 180 mm，弹长 1.5 m，发射重量 33 kg，巡航高度 200 m，采用串联破甲战斗部，可侵彻 1000 mm 以上的钢质甲板。该导弹由小型固体发动机助推，固体主发动机续航。在研制过程中，已试射了 15 枚导弹。最初设计为陆地使用，将来可能发展海上使用型号。

（4）以色列的 NT 系列。以色列的 NT 系列光纤制导导弹有 NT - S(SPIKE)和 NT - D (DANDY)两种型号。NT - S 是以色列为取代目前装备的"陶"式反坦克导弹而研制的光纤制导反坦克导弹，射程 4000 m，采用串联战斗部，破甲深度达 1000 mm，可实现高飞弹道。该导弹既可采用工作于 $3\sim5~\mu m$ 波段的红外成像导引头，也可采用电视 CCD 导引头，现已装备部队。以色列的 NT - D 是 NT - S 的放大型，用于直升机发射，射程可增至 10 km。

（5）日本的 XATM - 4。日本 1992 年开始了 XATM - 4 重型反舰/反坦克导弹的研究开发，探讨将红外图像制导和多目标制导应用于反坦克导弹的可能性。20 世纪 90 年代末，日本又相继将小型前视红外仪的高智能、高自主成像技术二维红外 CCD 成像技术、毫米波主动引导技术、主/被动双模制导(红外/毫米波复合制导)、电视制导技术等先进技术全面应用于各类武器系统的研制中。

2.4.3　光纤制导技术的发展趋势

光纤制导技术的发展趋势有以下几个：

（1）随着光电子科学的发展，高抗拉强度、低损耗、抗疲劳及可存储期更长、可放线速度更快的光纤将会研制成功，并投入战场应用，这是解决制约光纤制导导弹发展的硬件瓶颈问题的关键所在。

（2）光纤熔接技术和光纤缠绕释放技术的发展将进一步减少附加消耗，提高导弹的飞行速度和成像质量。

（3）制导光纤将会由多模向单模方向发展。多模光纤传输损耗大，但熔接容易，多用于近程导弹；单模光纤传输损耗小，但熔接难度大，多用于中、远程导弹。随着熔接技术的发展和未来战争对作战距离的要求增大，单模的制导光纤将会取代多模制导光纤，并不断扩展光纤的长度，成为光纤制导导弹的又一个发展方向。

（4）随着材料科学和微电子技术的进一步发展，高密度、高响应率、高工作温度、更小像元及更高灵敏度的红外成像探测器将研制成功，并投人战场应用。这将有助于提高光纤制导导弹的全天候作战能力，使之能在复杂多变的战场环境中更加快速、准确地识别、锁定和攻击目标。

（5）毫米波雷达将取代红外传感器成为未来光纤制导导弹的导引头。虽然红外传感器可用于昼夜作战，但其性能会因浓烟、浓雾、湿度、热度等因素影响而降低；与之相比，毫米波雷达能穿透烟、雾、大雨，适用于各种天候作战。

（6）向通用化、标准化、模块化、小型化方向发展。组件的标准化、通用化、模块化可以提高武器系统，特别是成像系统、制导光纤、跟踪与瞄准系统的通用性和可靠性，并改善武器系统的维护使用条件，降低成本；小型化可以提高武器系统的机动能力，易于远程投放。

2.5　多模复合制导

多模复合制导是指制导武器在整个攻击过程中采用两种以上的制导模式，即将多种制导模式串联或并联起来完成制导过程。多模复合制导技术综合了光学、电子、雷达、传感器等领域的先进技术，可引导精确制导武器在作战中进行精确打击。导引头的多模复合制导技术，综合了多种模式制导体制的优点，比单一模式制导方式更加适应和满足现代战场中复杂环境作战的需求。为了不断提高其先进性，各国在不断开发新的制导频段，提高原有制导方式的分辨率和灵敏度的同时，更加重视多模复合制导技术的研究。

2.5.1　多模复合技术的特点

目前，各种单一模式的导引头都有各自的长处，也有其不足。各种单一模式寻的导引头的性能见表2.2。

表 2.2　各种单一模式寻的导引头的性能比较

导引头	优　点	缺　点
红外点源寻的	角精度高 隐蔽探测 抗电子干扰	无距离信息 不能全天候工作 易受红外诱饵欺骗
红外成像寻的	角精度高 抗各种电子干扰 能目标成像和识别	无距离信息 不能全天候工作
电视寻的	同红外点源寻的	同红外点源寻的
激光寻的	角精度高 不受电子干扰 可主动测距	大气衰减大 可测距离近 易受烟雾干扰

由表2.2分析可知，任何一种模式的寻的技术都有其缺陷和使用局限性。纯粹的单模寻的制导已不适应现代战争的需要。若把两种或两种以上模式的寻的技术复合起来，取长补短，就可以取得寻的系统的综合优势，从而大大提高精确制导武器的突防能力和命中精度。

多模寻的复合制导利用了同一目标的两种以上的目标特性，信息量充分，便于发挥各自优势，解决了单一制导难以解决的难题。复合制导有以下优点：

（1）有效地增大了末制导的作用距离。

（2）提高了导弹的突防能力和生存能力。

（3）提高了导弹战术使用的灵活性，可根据作战需求预编程，自动切换两种导引头的工作状态。

（4）提高了抗干扰能力，能有效地对抗箔条干扰和诱饵干扰。

（5）提高了对复杂战场环境的适应能力，有两个工作波段可相互补充，实现全天候作战。

（6）提高了可靠性。

（7）反隐身能力强，因为目前隐身材料难以覆盖两个工作波段。

多模寻的复合绝不是简单意义上的单模寻的的加减，各种模式复合的首要前提是要考虑作战目标和电子、光电干扰的状态，根据作战对象选择、优化模式的复合方案。从技术角度出发，多模复合方案应遵循以下原则：

（1）多个模式的工作频率在电磁频谱上相距要远。多模复合是一种多频谱复合探测，使用什么频率、占据多宽频谱，主要由探测目标的特征信息和抗电子、光电干扰的性能决定。参与复合的寻的模式的工作频率在频谱上距离越大，敌方的干扰手段要覆盖就越困难。

（2）参与复合的模式制导方式应尽量不同，尤其当探测的能量为一种形式时，更应注意选用不同制导方式进行复合，如主动/被动复合、主动/半主动复合、被动/半主动复合等。

（3）参与复合模式间的探测器口径应能兼容，便于实现共孔径复合结构，这是从导弹的空间、体积、重量限制角度出发的。目前经研究可实现的有毫米波/红外复合寻的制导系统，它利用不同波段的目标信息进行综合探测。

（4）参与复合的模式在探测功能和抗干扰功能上应互补，只有这样才能提高导弹在恶劣作战环境中的精确制导和突防能力。

（5）参与复合的各模式的器件、组件、电路应实现固态化、小型化和集成化，以满足复合后导弹空间、体积和重量的要求。从这个角度出发，最适宜参与复合的模式有主、被动寻的雷达，红外寻的器，激光和紫外光探测系统等。

2.5.2　典型多模复合寻的制导技术

常用双模导引头的导弹有美国的毒刺（Stinger Post）远程地空导弹、俄罗斯的 SA-13 防空导弹以及 3M-80E（白岭）超声速反舰导弹（已经装备部队使用）。大多数多模导引导弹尚处于研制过程中。国外的一些末制导弹药武器也正在逐步采用多模导引头。

目前在武器上采用的或正在发展的多模复合导引头，主要是采用双模复合形式，其中有紫外/红外、可见光/红外、激光/红外、微波/红外、毫米波/红外及毫米波/红外成像等。表 2.3 给出了双模复合寻的导弹一览表。

表 2.3　双模复合寻的导弹一览表

弹　型	类　别	复合方式	国家或地区
毒刺（Stinger Post）	地空	红外/紫外	美国
爱国者 PAC-Ⅲ	地空	主动雷达/半主动雷达	美国
哈姆 Block-Ⅶ	反辐射	被动雷达/红外	美国
鱼叉改进型 AGM-84E	空地	主动雷达/红外成像	美国
哈姆 Block-Ⅵ	反辐射	被动雷达/主动毫米波	美国
海麻雀 AIM-7R	空舰	主动雷达/红外	美国
斯拉姆	反辐射	射频/红外成像	北约
小牛	反辐射	雷达/电视	美国
SA-13	地空	红外双色	俄罗斯
3M-80E	舰舰	主动雷达/被动雷达	俄罗斯

弹　型	类　别	复　合　方　式	国家或地区
RBS-90	地空	激光/红外	瑞典
TACED	反坦克导弹	毫米波/红外	法国
ACED	反装甲炮弹	毫米波/红外成像	法国
ARAMIGER	空地	主动雷达/红外	德国
SMART	灵巧弹药	毫米波/红外	德国
ZEPL	制导炮弹	毫米波/红外	德国
EPHRAM	制导炮弹	毫米波/红外	德国
RAM	舰空	被动雷达/红外	美国、德国、丹麦联合
RARMTS	反辐射	被动雷达/红外	德国、法国联合
魔头狮	迫击炮弹	红外/毫米波	英国、法国、意大利、瑞典联合
雄风Ⅱ	舰舰	主动雷达/红外	中国台湾

从表中所列内容可知，目前主要有以下 3 种双模复合模式：

（1）双模（双色）光学复合导引头。光学双色主要是指红外双色、红外/紫外双色和红外/可见光。双模（双色）光学复合导引头可有效克服老式红外导引头易受红外诱饵和背景的干扰、易丢失目标的缺点，目前许多近程或超近程防空导弹都采用该导引头。前苏联的 SA-13 防空导弹，采用了双色技术改进原弹型，提高了抗干扰能力和低空作战能力，作战距离可达 7.5 km；法国近程 SADRAL 舰空导弹采用了双红外波段的红外自动导引头，可抗击距舰 $300 \sim 600$ m、高度 3050 m 以下、$Ma < 1.2$ 的来袭目标。

（2）毫米波/红外成像双模导引头。这种双模复合导引头是当前发展较快的复合形式。它具有全天候作战能力强、制导精度高和抗干扰能力较强的特点。比较典型的代表有法国的 ACED 制导炮弹等。随着微电子技术的发展，以砷化镓材料为主的单片集成电路使毫米波制导体制可和红外制导一样发展为成像制导。

（3）射频/红外双模导引头。射频/红外双模导引头主要有主动（或半主动）雷达/红外双模和被动雷达/红外双模两种。它能大大提高导弹抗隐身目标的能力。装有该导引头的导弹装备部队后，已成功地拦截了各类带有主动寻的雷达的反舰导弹，如法国的飞鱼反舰导弹、俄罗斯的冥河反舰导弹等。如果这种导引头与人工智能技术相结合，则完全可成为新一代智能化的精确制导武器，这是一个重要的发展方向。

2.5.3　多模复合制导技术的发展趋势

毫米波寻的制导、红外成像寻的制导、激光寻的制导和微波成像寻的制导作为寻的制导发展的基本模式，参与多模复合寻的制导。在保证高制导精度性能、高可靠性的前提下，未来多模寻的制导系统主要向小型化、微型化、智能化、模块化和低成本方向发展。高新技术的大量涌现及其在精确制导技术中的广泛应用，不断在提高精确制导武器的信息化含量和智能化水平，从而带动多模复合制导技术的发展。

多模复合制导技术的发展趋势如下：

（1）成像技术是多模复合制导技术中的关键技术之一。成像制导技术可以直接获取目标外形或基本结构等丰富的目标信息，能抑制背景干扰，可靠识别目标，并在不断接近目标过程中区分目标的要害部位，具有较高的分辨率。其中红外成像技术，尤其是凝视红外焦平面阵列技术，是成像制导技术的发展重点和方向。凝视红外成像制导技术采用了大规模探测单元和凝视工作方式，连续累积目标辐射能量，具有高分辨率、高灵敏度、高信息更新率的优点，适用于对高速机动小目标、复杂地物背景中的运动目标或隐蔽目标的成像，而且能推动精确制导武器向小型化方向发展。激光主动成像制导技术具有主动测距和光学探测两者的优点，因而具有三维成像能力，获得的信息量大为提高，并可全天候、全航程制导。激光主动成像制导也将成为成像制导的发展方向，是发达国家重点技术的发展方向之一。虽然成像技术难度较大，但它的发展可使红外或激光技术越来越先进，用于制导技术中将具有更高的分辨率和灵敏度，与其他模式复合制导将使武器具有更高的打击精度，是多模复合制导技术研究的重点之一。

（2）毫米波/红外制导技术成为各国发展多模导引头技术的重点。红外成像与毫米波主动雷达双模复合制导是一种极为重要的、功能极强的制导技术，也是国外多模复合制导技术优先发展的主要方式。它可以获取更多、更丰富的目标信息，提高目标识别能力及反隐身、抗干扰能力。其优势是：全天候工作能力；抗多种电子干扰、光电干扰和反隐身目标能力；复杂环境下识别目标能力；对快速运动目标精确定位能力。

（3）研制新型三模复合寻的制导技术。双模寻的复合制导技术日趋成熟，未来将出现三模复合寻的制导，如法国新一代"响尾蛇"地空导弹，这种导弹具有更高的命中精度和更强的抗干扰能力。

（4）拓展制导技术的新领域和新的多模复合制导方式。随着高新技术领域的拓展和进步，新的制导技术将不断涌现，发达国家已经开始光学制导技术新频段——红外多光谱、超长波红外、亚毫米波等方面的研究，并取得了一定进展。这些技术将在多模复合制导技术中得到新的突破和应用。

第3章 光电侦察告警技术

光电侦察告警是实施有效光电干扰的前提。根据工作波段属性的不同，一般将光电侦察告警分为激光侦察告警、红外侦察告警、紫外侦察告警等，将各告警系统综合起来就是光电综合告警。光电综合告警能够快速判明目标威胁，并及时发出对抗警报，因此，被誉为战场目标生存的"110"。

顾名思义，光电侦察告警技术包括光电侦察和告警两个方面，侦察是前提和基础，在准确、快速侦察的基础上，才能及时给出可靠的告警信息。光电侦察通常分为两类：光电情报侦察和光电技术侦察。光电情报侦察的主要任务是通过定位、分析、识别光辐射来获得敌方武器与光电设备的类型、用途、数员、方位或位置、编成、部署、武器系统的配置、行动企图等，由此判明敌方的作战动态，为告警提供准确可靠的情报信息。光电技术侦察主要用来查明敌方光电装备的战术、技术性能，如发射的光功率、波长、调制频率与调制方式、光信号特征（光脉冲宽度、脉冲频率、编码）等技术参数，为制定光电对抗措施提供依据。

光电侦察告警的实质就是对敌方光电设备发出的各种光辐射的有效探测和截获。本章从各种环境条件下自然界的背景光辐射以及常见军用目标的光辐射特性入手，介绍和分析光辐射的探测和截获技术，并结合一些光电侦察告警设备，介绍激光侦察告警、红外侦察告警、紫外侦察告警的特点、作用以及在战场上的应用。

3.1 辐 射 源

辐射源大体可分为三类：一类是人造辐射源，如黑体、钠灯、能斯特灯等；另一类是自然辐射源，系统设计中有时称它们为背景辐射源，太阳、月亮、地球、海洋、云等辐射都属自然辐射源；再一类是目标辐射源，这里的目标是指所讨论的目标的核心辐射，例如对于对抗导弹，导弹的辐射就是目标辐射源。本节讨论的主要是后两大类，而自然辐射源中的太阳和月亮辐射在许多书上都能查到，因此不在本节中讨论。

3.1.1 背景辐射源

背景辐射可以是自身辐射、反射或是散射来自天空、陆地、海面的辐射，而且往往是上述几种因素的综合反映。背景辐射理论上的大致特征如图 3.1 所示。

$3~\mu m$ 以下的光谱是以反射和散射太阳辐射为主，此时谱辐射分布可以近似用 6000 K 黑体辐射分布代替。实际辐射分布与构成背景的反射和散射特性有关：$4.5~\mu m$ 以上的光谱分布主要是地球、空气和目标的自身热辐射，其温度在 300 K 左右；$3\sim4.5~\mu m$ 之间光谱的背景辐射处于最低值。

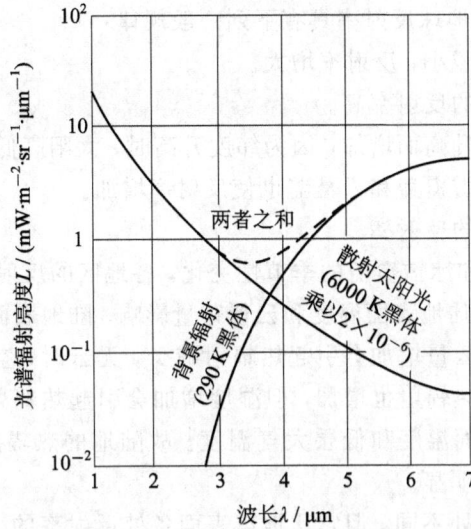

图 3.1　理论上背景辐射光谱的分布曲线

1. 陆地的背景辐射特性

陆地的背景辐射特性主要取决于地表物反射率和地表发射的热辐射。表 3.1 给出地面和云雾的反射率数据，也给出地球的光谱反射特性和反射的角分布。

表 3.1　地面和云雾的反射率数据

反射面	反射率 ρ 的光谱特性	反射率 ρ 的角分布	总反射率 ρ_T
土壤、岩石和沙漠	1 μm 以下增长，2 μm 以上降低	前向散射和后向散射均存在，沙砾的前向散射强，泥土的前向散射弱	数值范围：0.05～0.45。湿度增大使反射率降低；光滑表面反射率大；昼夜变化：太阳仰角小时反射率大
植被	0.5 μm 以下小，0.5～0.55 μm 稍大，0.68 μm 为叶绿素吸收峰，0.7 μm 急剧增大，2 μm 以上又减小。与季节及生长情况密切相关	后向散射强，前向散射弱	数值范围：0.05～0.45。昼夜有变化。太阳仰角小时反射率大，一年四季呈周期性变化
水面	0.5～0.7 μm 最大，与波浪、风、舰船及浮游生物运动的扰动有关	前向散射和后向散射均强	数值范围：0.05～0.20。昼夜变化；太阳仰角小时反射率大；与水波和扰动有关
冰雪覆盖面	与波长稍有关，与雪的纯度、湿度和形状有较大关系	存在漫反射和镜面反射，但入射角增大时镜面反射亦增加	数值范围：0.25～0.80。随地域、污染程度变化
云雾	0.2～0.8 μm 基本为常数，0.8 μm 以上随波长而减小，有强烈水吸收峰	后向散射弱，前向散射强。散射角在 80°～120° 有最小值	数值范围：0.10～0.80。与云的类型、厚度、结构和云底有关

从表 3.1 中可以看出地球反射率具有下列一般规律：

(1) 随太阳高低角的减小，反射率增大。

(2) 陆地通常比海洋的反射率高。

(3) 反射率随纬度的升高而增加，因为纬度升高时，太阳高低角减小。

(4) 地球南北极因冰雪覆盖和云覆盖也使反射率增加。

(5) 浓云覆盖有较高的反射率。

(6) 由于云量、植物和冰雪覆盖的季节性变化，各地区的反射率也有季节性变化。

陆地的热辐射主要受陆地表面温度和云覆盖量影响。陆地表面较温暖地区要比较冷地区发射的热辐射量更多。云量增加会引起热辐射减少。无云时，空气温度和湿度是主要影响因素。空气温度增加使热辐射也增加，但湿度增加会引起热辐射减少。太阳高低角也影响热辐射，因为它影响地面温度和低层大气温度。故陆地的热辐射有昼夜和季节性变化，陆地的辐射昼夜变化特别明显。

陆地上的热辐射虽各处不同，但它比地球表面各处反射率的变化小得多。地球热辐射图形通常与反射率图形相反，有下列特点：

(1) 最大热辐射出现在晴朗的赤道地区，随纬度的增加，地球的热辐射减少。

(2) 在每日不同时刻，陆地和海洋之间的热辐射有明显差异。

(3) 云覆盖使其热辐射减少。

(4) 季节性变化明显，即较暖和的地区有更高的热辐射。

(5) 在海洋，热辐射的昼夜变化不大，而在沙漠地区昼夜变化可达 20%。

白天由于太阳照射的原因，小于 4 μm 波长的太阳光反射占优势。陆地上，地面地物反射率变化很大，3 μm 以下光的反射率从粗糙地面的 0.03 到新下积雪的 0.95。4 μm 以上波段的辐射则是地面地物自身温度产生的辐射。地面地物的辐射率都比较高，尤其是 8～13 μm 微米波段，大部分地面背景的辐射率超过 0.9。根据柯西霍夫定律，地面地物是一个好的吸收体，也是一个好的辐射体。夏日白天地面温度往往可达 40～50℃，夜晚地面地物的冷却速度与物体的热容量、热导和空气热交换有关，同时还与它们的辐射率和大气湿度、云层高度和厚度有关。在非常干旱、天上又无云的地区，地面热辐射很快传向空间，地物温度也下降很快。在植物生长和河湖海附近，由于它们有很大的热容量，因而白天和夜晚的温差相对要小。

1) 植被的光谱反射特性

绿色植被的光谱反射率如图 3.2 所示。其特征是在可见光波段，对于正常的绿色植被，中心波长在 0.45 μm 的蓝光谱带和中心波长在 0.65 μm 的红光谱带的反射率都非常低。这就是叶绿素吸收带，在两个叶绿素吸收带之间，即在 0.45 μm 附近形成一个反射峰，这个反射峰正好位于可见光的绿色波长区域，所以人眼看植被是绿色的。

当植被患病或成熟时，叶绿素和水分含量减少，两个叶绿素吸收带的吸收减弱。在上述红色吸收区的反射率增高，所以患病植物或成熟庄稼呈黄色或红色。从波长 0.7 μm 开始，植被反射率迅速增加，形成近红外反射峰。与可见光波段相比，植被在近红外的光谱特征是反射率很高，透过率也很高，但吸收率很低。大多数植被在近红外波段的反射率和透过率均为 0.45～0.50，但吸收率小于 0.05。

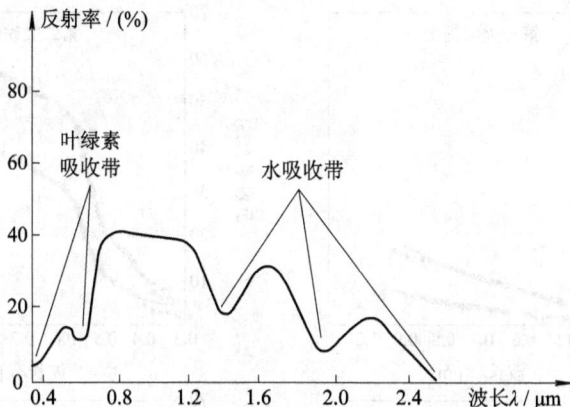

图 3.2　绿色植被的光谱反射率

在波长大于 $1.3~\mu m$ 的近红外区域，植被的光谱反射率主要受 $1.4~\mu m$ 和 $1.9~\mu m$ 附近的水吸收带支配。植被的含水量控制着这个区域的反射率。在这两个吸收带之间的 $1.6~\mu m$ 处有一个反射峰。

2）土壤和岩石的光谱反射特性

在从可见光到近红外的 $0.4\sim2.4~\mu m$ 波段，土壤的反射率与土壤的物理化学性质有密切的关系。反射率取决于土质和土壤水分的含量、土壤中腐殖质和氧化铁的含量以及土壤中可溶盐的含量等。

土壤的颗粒越小，土壤的表面就更趋平滑，反射率增高。随着土壤中水分含量的增加，反射率就下降。土壤中腐殖质和氧化铁的增加，都会降低土壤的反射率。由于中性盐分本身的反射特性，它们一般并不改变土壤自身的光谱特征，但能提高相对反射率，尤其当盐分积存在土壤表面时，除了几个水吸收带之外，土壤的反射率一般随着波长的增加而增加。

岩石在上述波段的光谱反射特性呈现中性，基本不随波长变化，甚至不会由于波长的增加而稍有增加。目前已有专门著作给出土壤、沙砾和火成岩的光谱特性。图 3.3 给出了干湿土壤、沙砾和火成岩的光谱特性的例子。

3）道路、建筑物、油漆或涂料的光谱特性

不同的筑路材料、水泥地面和柏油路面的光谱反射率曲线对识别机场跑道、高速公路和越野车辆行驶的道路具有重要意义。

大多数筑路材料具有与土壤和岩石相似的光谱反射率曲线。在 $0.7~\mu m$ 的红光区，个别的反射率有较大的值。图 3.4～图 3.6 给出不同气象条件下的混凝土跑道、砾石路面和高级沥青路面及其上空背景的光谱特性。纵轴用光谱的视在温度，即等效的黑体辐射温度表示对应的反射特性，图下方表示测量精度。

建筑物的普通建筑材料、外表的油漆或涂料的光谱特性是不同的，这往往是激光和红外成像识别的重要依据。图 3.7 和图 3.8 分别给出一些建筑材料和油漆/涂料的光谱特性。

4）冰雪的光谱反射特性

冰和雪的光谱反射特征基本相同。图 3.9 是雪的光谱反射率曲线。从图中可以看出，在可见光波段，积雪的反射率很高。特别是新雪，几乎接近 1。但在近红外波段，它的反射率明显下降，在 $1.5~\mu m$ 处，差不多降到零。随着积雪的老化，雪的反射率普遍下降。但是降低程度随波长而异，一般可见光波段下降不大，但在大于 $0.8~\mu m$ 的波段反射率明显降低。

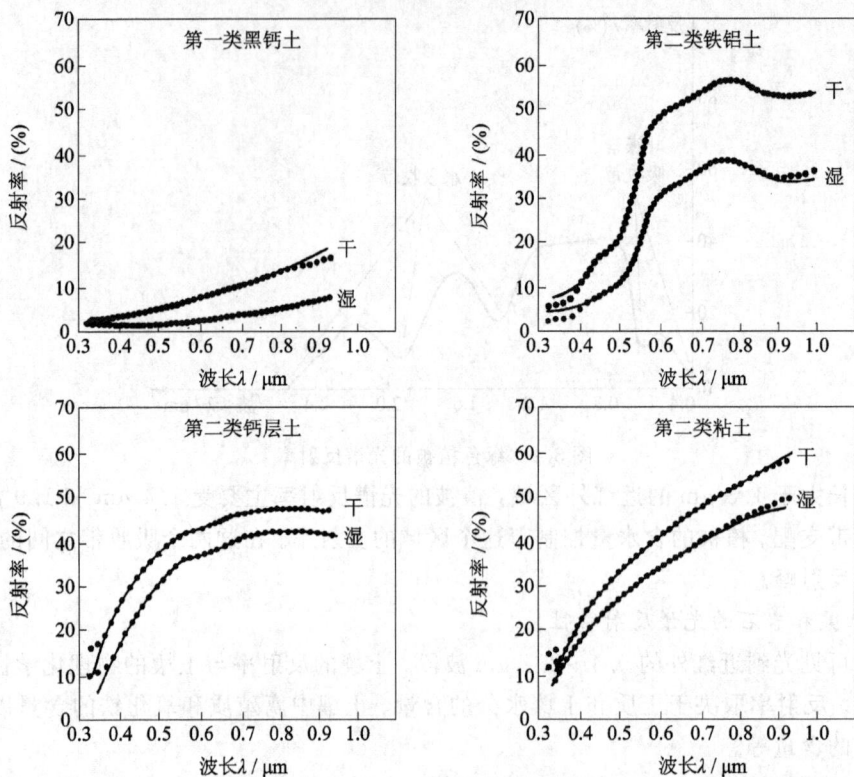

(a)

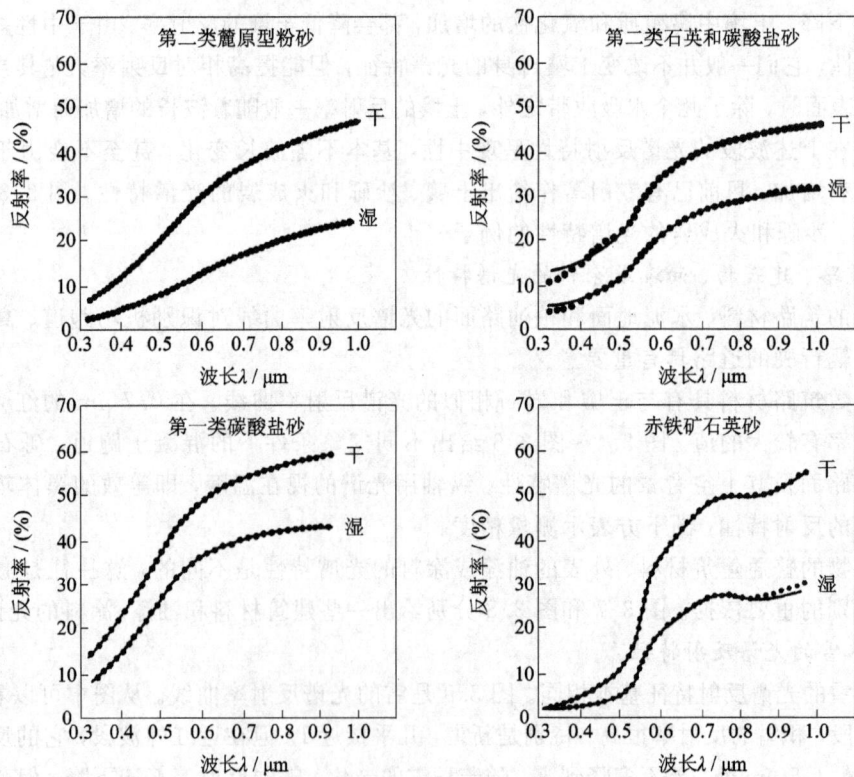

(b)

(c)

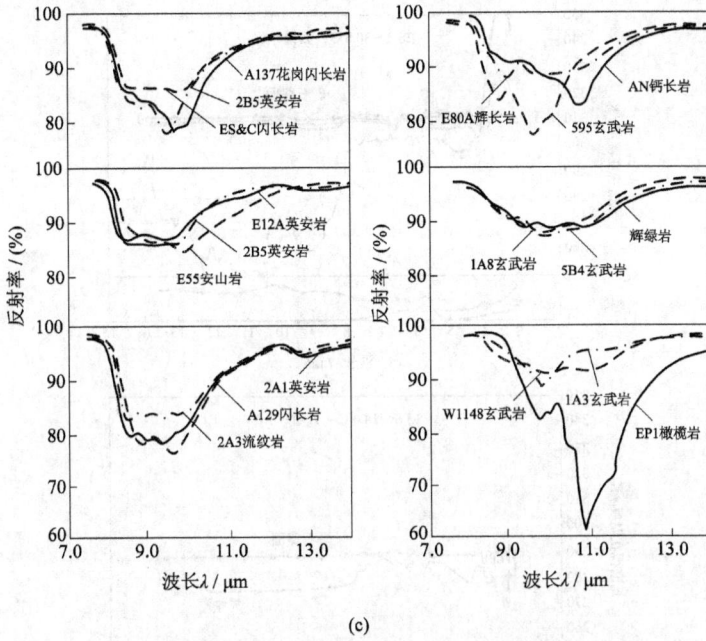

图 3.3 光谱特性例子

（a）干湿土壤；（b）沙砾；（c）火成岩

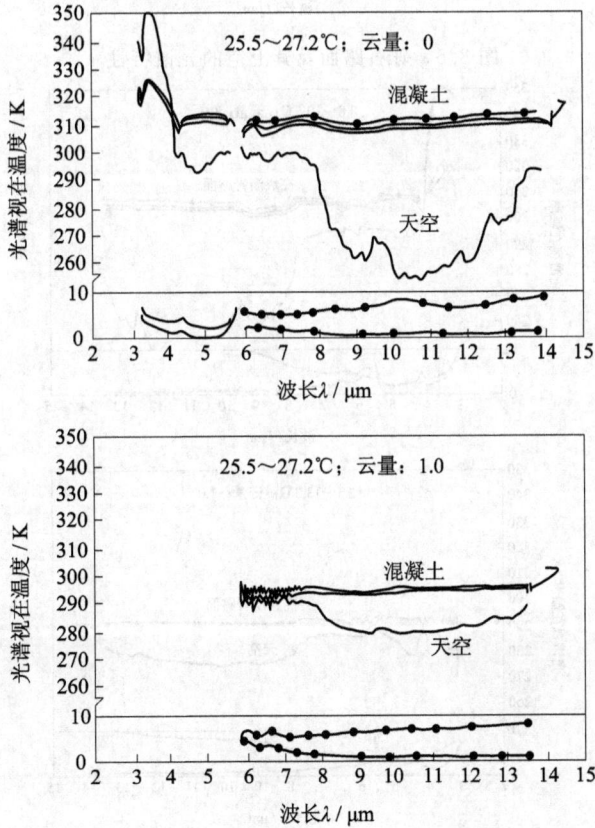

图 3.4 混凝土跑道及其上空的光谱特性

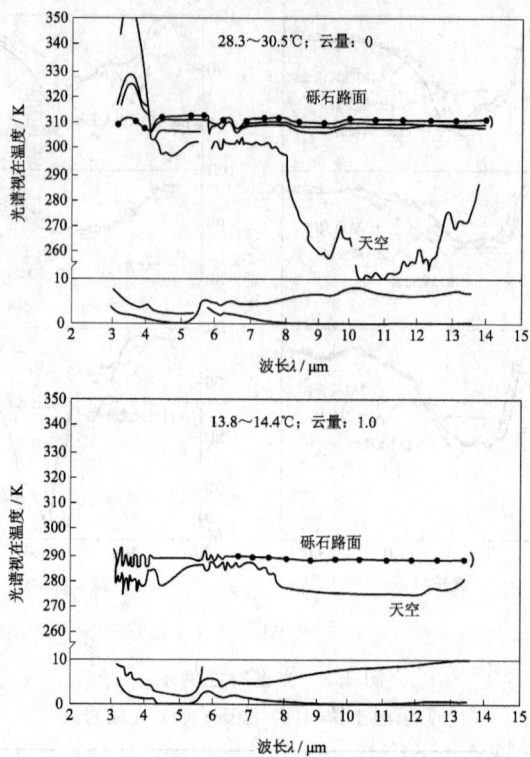

图 3.5　砾石路面及其上空的光谱特性

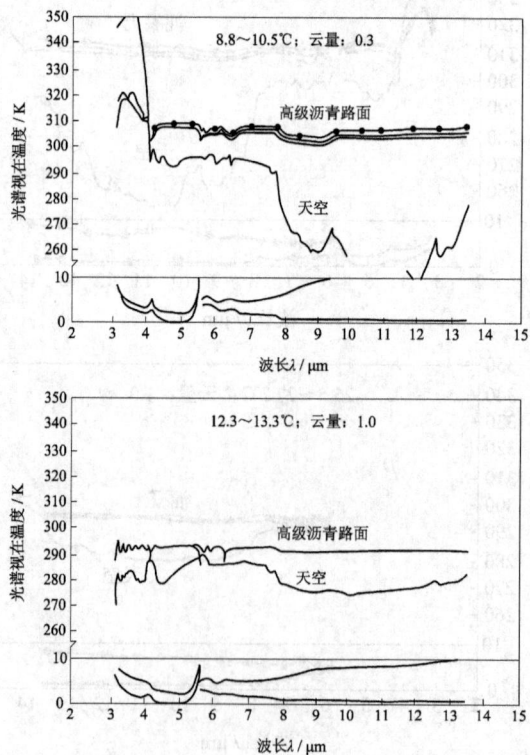

图 3.6　高级沥青路面及其上空的光谱特性

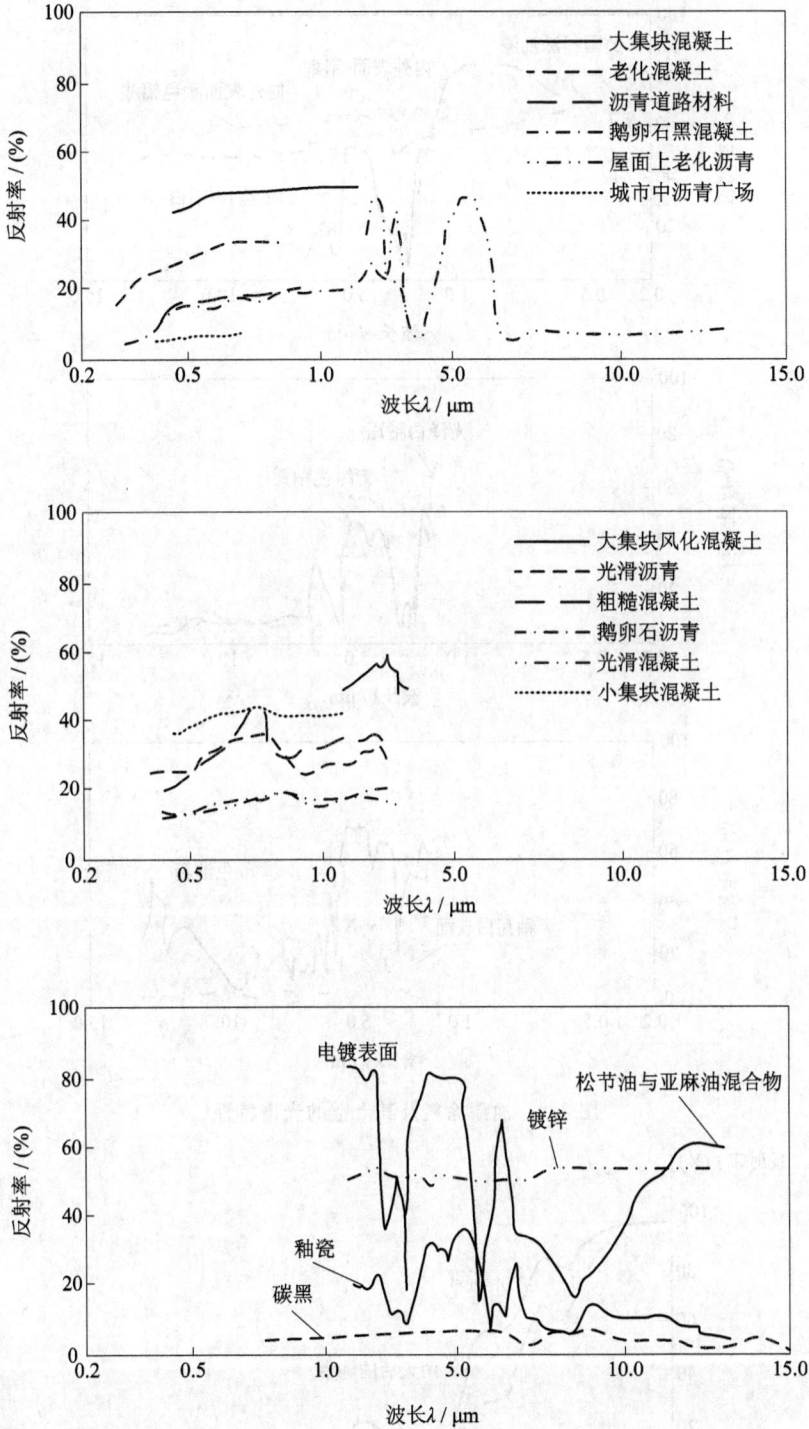

图 3.7　建筑材料及其上空的光谱特性

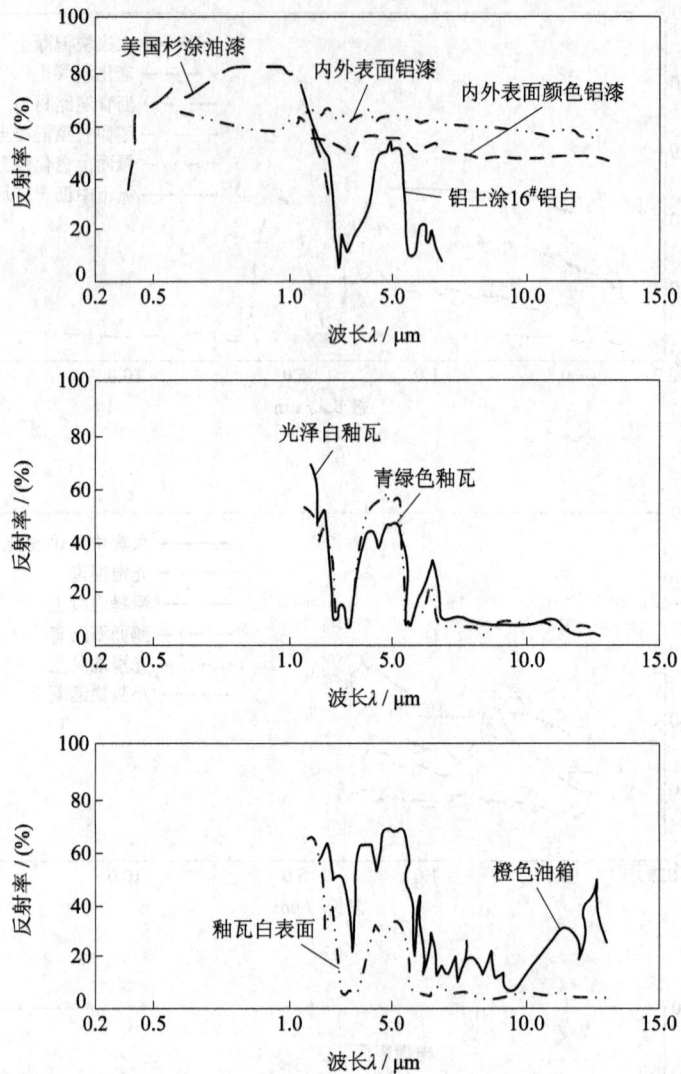

图 3.8　油漆涂料及其上空的光谱特性

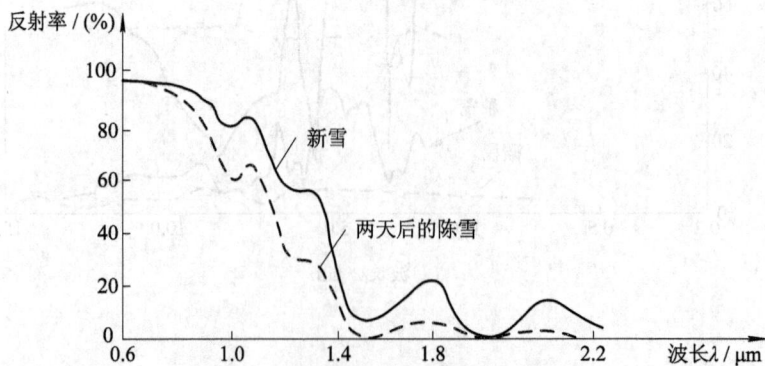

图 3.9　雪的光谱反射率曲线

2. 海洋的背景辐射特性

海洋占地球表面面积的 2/3 以上，在人类经济和社会发展中占有重要的地位。广袤的海洋又是我国国防的天然屏障。光电对抗设备在对海监测时，例如搜索和跟踪水面舰艇、船舶以及在海面上空低空飞行的飞机、巡航导弹时，海洋背景的光学辐射研究和数据是不可缺少的。

海洋背景的光学特征由海洋本身的热辐射和它对太阳和天空辐射的反射组成。确定海洋背景特性的因素有：

（1）海水的光学特性。水对 3 μm 以上的辐射基本不透过。海水的透射率、反射率、发射率、折射率与吸收系数及波长有关。

（2）海面的几何形状和波浪分布。一般海面的反射率是平坦海面的 20%。白天太阳照射的角度不同，反射率也不同，昼夜的海水波浪、风的等级引起的波浪对海水背景都有影响。

（3）海面温度分布。北极和赤道的水温相差近 29～30℃，暖流及其运动对海水背景影响不可忽视。近来发现海水污染后的油膜处温度较未污染区稍低一些。

（4）海洋的浮游生物、藻类悬浮物和腐殖生物分解的黄色物对海水背景辐射也都有影响。沿海和公海、近海和远洋的海洋生物的种类和浓度显然不同，因此背景辐射也不同。近来由于人类造成的污染出现的大面积赤潮，使得海洋背景有较大的变化。

（5）海底物质的分布和海底地质情况。沙砾和岩石的影响较小。

（6）海面油膜的产生和分布。地下石油渗出、海洋石油开采和加工或倾卸废油及舰船事故都使比水轻的石油浮在海面形成油膜，它明显地改变了海洋背景辐射。

图 3.10 表示海洋在白天时的光谱辐射亮度。在 3 μm 波长以下，白天海洋的光辐射主要是对太阳和天空辐射的反射。在 4 μm 波长以上，无论是白天和晚上，海洋的光辐射主要来自海洋的热辐射。

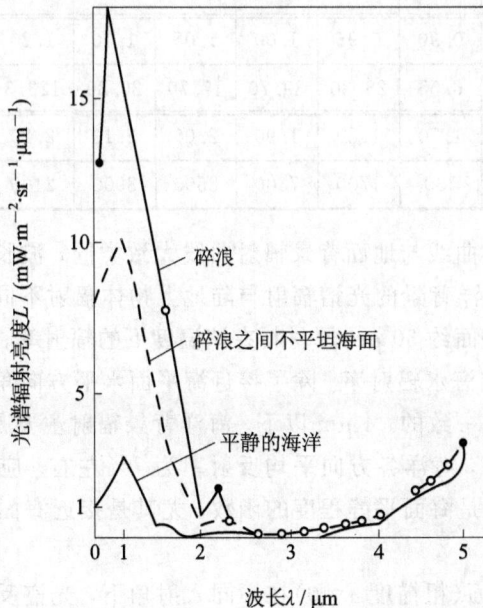

图 3.10　海洋在白天时的光谱辐射亮度

图 3.11 和表 3.2 分别是海水光谱吸收曲线和数据。海水对除了蓝绿光外的激光的传输是不透明的，海面的热辐射主要是海面几毫米厚的海水温度辐射。

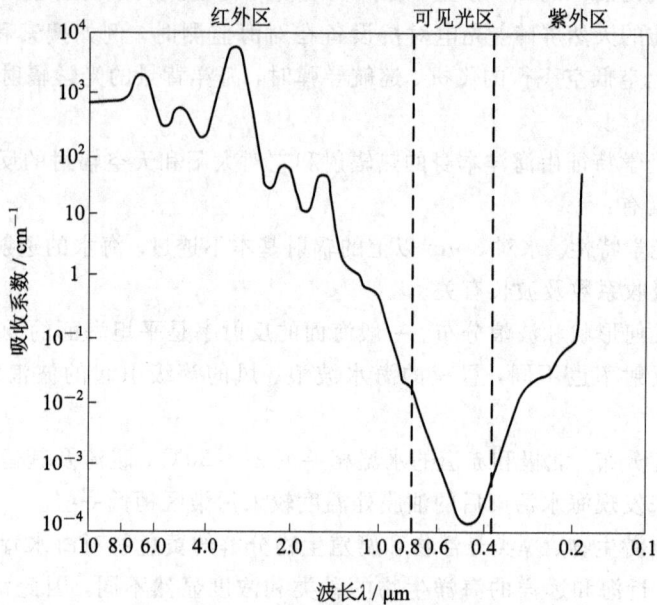

图 3.11　海水光谱吸收曲线

表 3.2　海水光谱吸收数据

波长/μm	0.32	0.34	0.36	0.38	0.40	0.42	0.44	0.46	0.48	0.50
吸收系数/m^{-1}	0.58	0.38	0.28	0.148	0.072	0.041	0.023	0.015	0.015	0.016
波长/μm	0.52	0.54	0.56	0.58	0.60	0.62	0.65	0.70	0.75	0.80
吸收系数/m^{-1}	0.019	0.024	0.030	0.055	0.125	0.178	0.210	0.840	2.72	2.40
波长/μm	0.85	0.90	0.95	1.00	1.05	1.10	1.20	1.30	1.40	1.50
吸收系数/m^{-1}	3.12	6.55	28.80	39.70	17.70	20.30	123.3	150	1600	1940
波长/μm	1.60	1.70	1.80	1.90	2.00	2.10	2.20	2.30	2.40	2.50
吸收系数/m^{-1}	800	730	1700	7300	8500	3900	2100	2400	4200	8500

海洋背景的光谱辐射曲线与地面背景辐射曲线大致类同，波长大于 4 μm 的辐射主要来自于海水自身辐射。海洋背景的光谱辐射与陆地上物体辐射不同的是，陆地物体的辐射取决于物体温度和物体表面约 30 μm 厚材料在该温度下的辐射率；而海面辐射取决于海水表面几毫米厚海水温度和海水辐射率。除了接近海平面水平方向角之外，以任意角度测量的海水辐射率基本上都是一致的。4 μm 以下，海洋背景辐射主要是反射来自天空的辐射。各种卫星测得的数据显示，海洋各方向平均反射率为 7% 左右。应该指出的是，不论是反射率还是辐射率，它们都是海面平静程度的函数，尤其是接近海面的水平方向与海面平静度关系更为密切。

图 3.12 给出平静水面(粗糙度 $\sigma = 0$)在不同入射角下，光谱反射率与波长的关系。图 3.13 是水面反射率和发射率(在 2～15 μm 内的平均值)与入射角的关系。

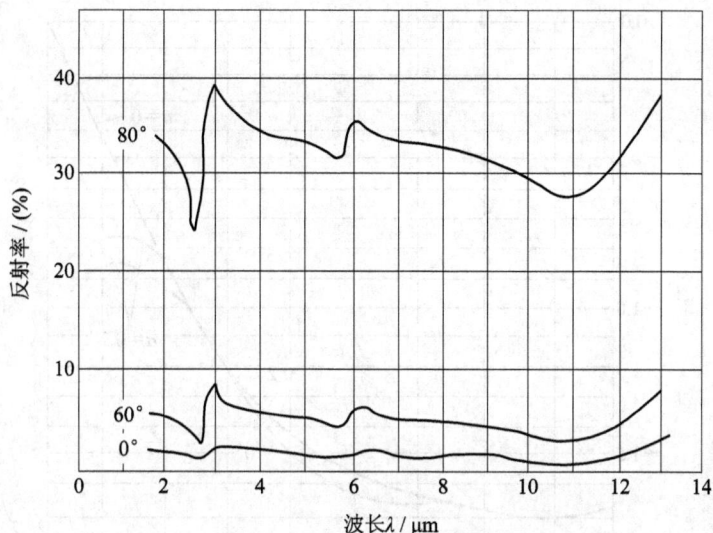

图 3.12　平静水面(粗糙度 $\sigma=0$)在不同入射角下,光谱反射率与波长的关系

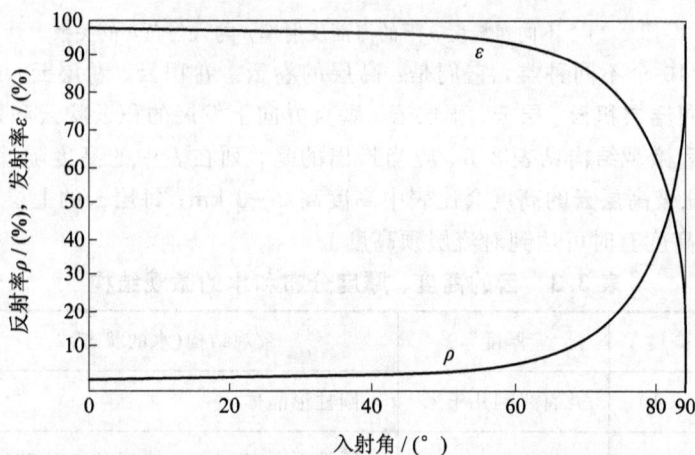

图 3.13　水面反射率和发射率(在 2~15 μm 内的平均值)与入射角的关系

海水的反射率和发射率,尤其在靠近水平方向时,与海面粗糙度有关。图 3.14 给出不同粗糙度 σ 下的海面反射率 ρ 与入射角 θ 的关系。海面粗糙度 σ 与海风风速 v 有如下关系:

$$\sigma^2 = 0.003 + 4.12 \times 10^{-3}\, v \tag{3-1}$$

式中,v 是海风风速(单位为 m/s)。例如 $v=2$ m/s 时,$\sigma=0.1$;$v=17$ m/s 时,$\sigma=0.3$。

3. 云的辐射特性

对于侦察、跟踪空中目标的探测系统来说,对云的辐射特性的了解显得格外必要。在许多系统设计中往往只考虑辐射在大气中传输的影响,其实云的影响绝不可低估。云对探测系统的影响有两个方面:其一是云层或云边缘对太阳反射、散射以及云自身辐射,这些辐射光谱范围很宽,不论设备工作在哪一个波段,都会受到很大干扰,有时可能会严重地影响系统指标;其二是整个云层犹如一个很大的屏障,部分甚至全部遮断来自目标与探测系统之间的辐射,使探测系统侦察不到目标或丢失已跟踪目标。

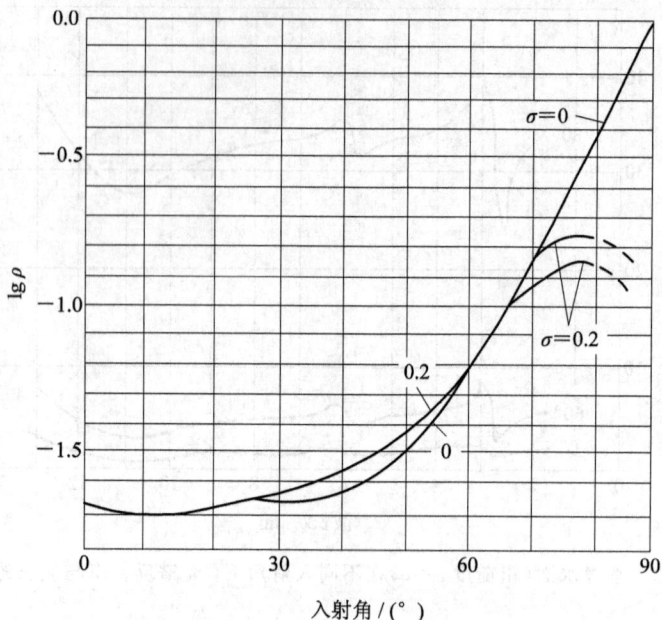

图 3.14　不同粗糙度 σ 下的海面反射率 ρ 与入射角 θ 的关系

云可以分为 10 个不同种类,它们是:高层的卷云、卷积云、卷层云,中层的高积云、高层云,低层的同温层积云、层云、雨层云,垂直方向上发展的积云状云和积雨云。它们的高度分布、厚度和微观结构见表 3.3。应当指出的是,列在表中的高度随纬度不同有些变化,尤其是南、北极高层云的高度会比表中高度高 2～3 km;每层云的上层高度变化更大,尤其是积雨云顶高度有时可达到对流层顶高度。

表 3.3　云的高度、厚度分布和水的微观结构

序号	名称	高度	厚度	微观结构(水的状态)	注
1	卷云	7～10	几百米到几千米	圆柱形晶体	高层云
2	卷积云	6～8	0.2～0.4 km	圆柱形晶体、空心棱镜独立分散或两块、多块结合在一起存在	高层云
3	卷层云	6～8	0.1 km 到几千米	立方体晶体,偶尔有厚冰	高层云
4	高积云	2～6	0.2～0.7 km	极少量晶体,5～7 μm 半径的液滴,半径分布扩展到 3～24 μm	中层云
5	高层云	3～5	1～2 km	冰晶体和水滴混合态,下层部分有雨滴、雪花片	中层云
6	同温层积云	0.6～1.5	0.2～0.8 km	5～7 μm 半径液滴,半径分布在 1～60 μm 范围内	低层云
7	层云	0.1～0.7	0.2～0.8 km	半径为 2～5 μm 液滴,半径分布在 1～29 μm 范围内	低层云

序号	名称	高度/km	厚度	微观结构（水的状态）	注
8	雨层云	0.1～1	0.1 km 到几千米	结晶体混合物，云顶部有柱状晶体，下层为薄晶片，液滴半径约 7～8 μm，半径分布在 2～72 μm 范围内	低层云
9	积云状云	0.8～1.5	几百米到几千米	在云的中部和上部，液滴半径约 11 μm，底部半径小到 6 μm	垂直向上发展云
10	积雨云	0.4～1	0.1 km 到几千米，有时直到对流层顶	在云的下层是液滴，上层是冰晶。如果温度高于 −15℃，冰晶形状为片状；如果温度低于 −15℃，冰晶形状为柱状	垂直向上发展云

　　波长低于 4 μm 的云的辐射主要是云对入射太阳光的反射或散射，其光谱与 6000 K 灰体相似，当然该灰体辐射受大气传输影响需要进行修正。波长大于 4 μm 云的辐射主要是云的自身辐射。由于云的结构十分复杂，它的温度分布也十分不均匀，因此云的辐射很难用统一的数学模型去描述。云的辐射率与波长和组成云面的液滴半径有关，表 3.4 给出了厚云辐射率。薄云有时人肉眼都很难发现它存在，仪器测量显示它在 8～13 μm 也有较高的辐射率。

表 3.4　厚云随波长变化和不同液滴半径的辐射率值

波长/μm	液滴半径/μm	辐射率
4.6	6	0.722
7.0	6	0.809
8.5	6	0.847
10.0	1	0.983
10.0	2	0.939
10.0	6	0.897
10.0	12	0.803
11.0	6	0.960
11.9	6	0.960
13.5	6	0.944

4. 天空背景

　　在非常高的高空，背景辐射源是星光、月亮、太阳和行星，这些辐射源都发射自身辐射，但月亮和行星以反射太阳辐射为主，因为它们自身的温度太低，相当于 3.5 K 的黑体，对应的辐射波长相当于 827.9 μm 的辐射。在卫星对抗中往往要对卫星进行搜索、发现、跟踪，在这个过程中对天空背景的讨论和研究是十分必要的，然而一般对抗空中目标，如飞机、导弹等时，除非光学视角正好对准太阳，一般高空背景的影响略去不计。

　　在探测空中的飞行物，如飞机、火箭和导弹时，主要考虑中、低空背景辐射的影响。此时太阳光和月光的光学特性在大气中的散射和自身的辐射将是不能忽略的影响因素。

　　白昼天空背景辐射是由大气对太阳光的散射和大气成分的自身热辐射引起的。图 3.15 给出的天空背景的光谱分成两个区域：小于 3 μm 的阳光散射区和大于 4 μm 的热辐射区。太阳的散射是晴空无云的散射和日耀云的反射。热辐射可用 300 K 黑体辐射近似表示。它的温度变化范围是 0～40℃，再加一些实际因素予以修正。其中最重要的是 0.94、1.1、1.4、1.9 和 2.7 μm 处的水蒸气吸收带，以及 2.7 μm 的 CO_2 吸收带，如图 3.16 所示。

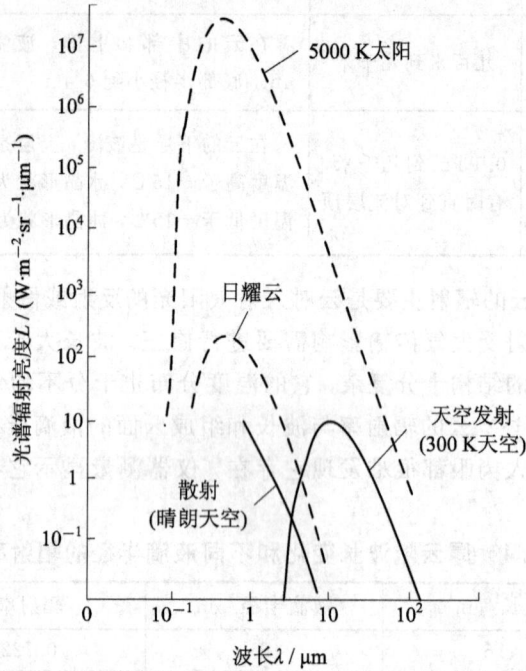

图 3.15　阳光散射和大气自身对背景辐射的影响

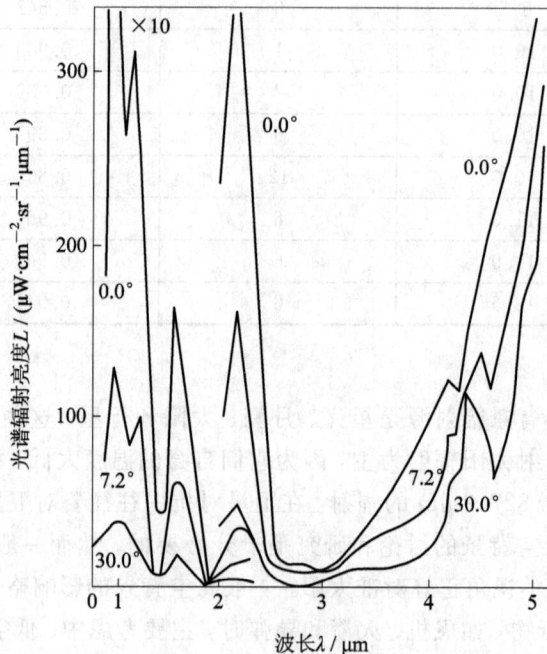

图 3.16　白昼晴朗天空辐射背景（含多个吸收带）

天空背景的热辐射和大气吸收带中的大气组分、大气温度、湿度、地理位置有关，和观测角度也有关，如图 3.17 所示。

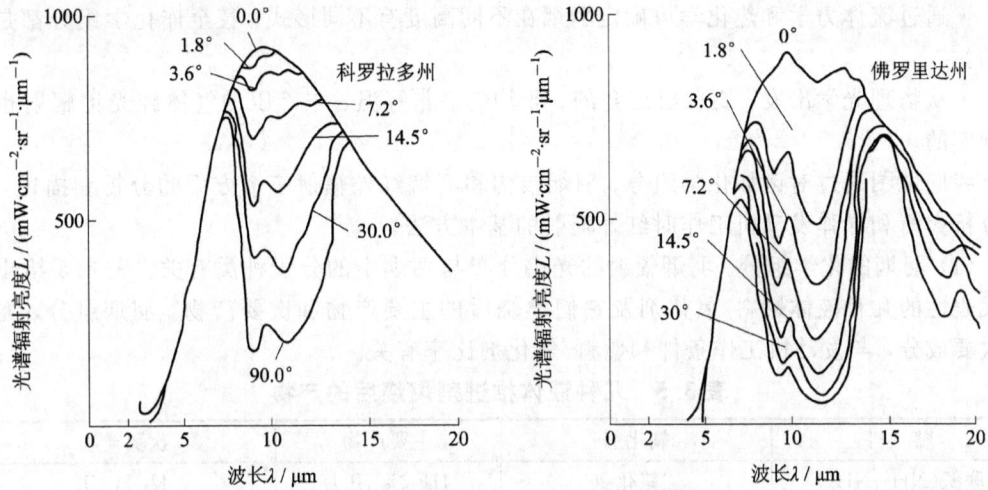

图 3.17　晴朗夜空不同仰角的背景辐射

云层对天空背景辐射有较大的影响，它在近红外区有强烈的前向散射。因此，太阳、激光雷达和云层三者的相对位置就特别重要。在昏暗的阴天，云层的前向散射会减小。浓云应看成良好的黑体。云层的自身辐射范围是 $8\sim13\ \mu m$，但具体的光谱曲线和云的结构、厚度、高低、温度及观测角度有关。过去曾单独对云层进行分析和实验测量，但现在倾向将地球和大气联系起来考虑。

3.1.2　目标辐射源

1. 火箭和导弹

火箭和导弹作为一种红外辐射源，很难笼统地用某一个数学模型表达，应该把它发射后的飞行全过程分为几个阶段来描述。从点火发射到发动机熄火（有时称这一段为初始段或加力段），这个过程主要感兴趣的是尾焰的可见光和红外辐射及羽烟的红外辐射。羽烟结构与环境压力和火箭的速度有关。尾焰及排出后不久的废气团粗略可视为灰体。如果从火箭后面向发动机尾部观察，从火箭发动机的燃烧室及喷口处可直接观察到高温发光体。废气中大量高温固体微粒不但本身是一个红外辐射源，而且它们还反射来自燃烧室内的辐射。机载紫外导弹逼近告警的原理，就是利用大量存在于废气团内固体微粒反射或散射来自高温燃烧室辐射出来的紫外光子，被反射或散射的紫外光子在空中 4π 球面度有一个立体角分布，安装在飞机上的紫外光子传感器，正是因为接收到了前向反射或散射的这部分光子而发出警报信号的（以导弹飞行方向为前向）。火箭熄火后，火箭利用惯性向前运动，此时火箭作为一个红外源主要有两部分辐射：一部分是火箭助推加力往往把火箭加速到超过音速几倍，超音速物体与空气摩擦产生蒙皮的气动加热，它是一个红外辐射源，蒙皮温度高低与火箭飞行速度、飞行高度及加速时间长短有关；另一部分是火箭发动机工作时的高温，使尾管温度也升高，虽然发动机已熄火，但它的温度还是远远高于环境温度，因此尾管及喷口表面也是一个红外辐射源。由于战术导弹一般工作时间为几十秒到几分钟，导弹一旦熄火其红外辐射强度下降好几个量级，因此熄火后的导弹探测的难度可想而知。

这里我们只对废气羽烟辐射进行分析，解决火箭和导弹在初始段的探测问题。

要确定火箭废气羽烟辐射的强度是一个十分复杂的问题，这是因为：

·通过流体力学和热化学可确定羽烟在不同高度有不同形式，甚至连化学组分都是不同的。

·从物理光学出发，要求出综合的、非均匀、非等温、非等压的气体纯光谱辐射也是不现实的。

我们试图通过对诸如化学组分、羽烟结构和羽烟红外辐射三个方面的分析和描述，获得分析火箭和导弹发动机工作时红外辐射的基本方法。

(1) 羽烟的化学组分。羽烟辐射的光谱分布与羽烟中的分子种类有关。表 3.5 给出了有代表性的几种液体燃料/氧化剂及它们燃烧后的主要产物和次要产物。羽烟组分，尤其是次要成分，与发动机工作条件和燃料/氧化剂比率有关。

表 3.5　几种液体推进剂燃烧后的产物

燃　料	氧化剂	主要产物	次要产物
联氨(NH_2-NH_2)	三氟化氯	HF N_2 HCL	H_2 H CL
联氨(NH_2-NH_2)	氟	HF N_2	H_2 F H
联氨(NH_2-NH_2)	过氧化氢	H_2O N_2 H_2	H OH
联氨(NH_2-NH_2)	氧	H_2O N_2 H_2	H OH
氢(H_2)	氟	H_2 HF	H
氢(H_2)	氧	H_2 H_2O	H OH
$RP-1(C_{10}H_{20})$	氧	CO H_2O CO_2 H_2	H OH O O_2
酒精(C_2H_5OH)	氧	H_2O CO CO_2 H_2	H OH O
不对称二乙 ($UDMH(CH_3)_2N_2H_2$)	$HNO_3+NO_2+N_2O+HF$	H_2O N_2 CO CO_2 H_2	H OH O NO HF
五硼烷	四氧化二氮 N_2O_4	H_2 N_2 HBO_2 B_2O_3	H BO H_2O B_2O_2 OH O NO

应当指出的是，为了使发动机高效工作，往往使它工作在富燃料状态下，因此羽烟中含有大量可燃烧物质，这些可燃烧物质一旦得到空气中氧气的补充，会再次燃烧。这个再燃烧过程称为二次燃烧。二次燃烧是火箭发动机在低空工作时的主要特征之一。二次燃烧的温度可达 500 K。随着高度的增加，高空氧气密度降低，二次燃烧程度随之降低。固体燃料的羽烟中含有更多微粒，含有 13% 铝的聚亚胺酯固体燃料，燃烧后的产物重量比如表 3.6 所示。

表 3.6　聚亚胺酯固体燃料燃烧后的产物重量比

成　分	H_2O	CO_2	CO	H_2	HCL	AL_2O_3	N_2
重量百分比/%	4.8	3.8	35.1	3.4	20.2	24.6	8.1

在废气中还可能包含其他成分粒子，这是因为燃烧室高温熔蚀了喷嘴及室内壁材料的原因。了解了燃烧后产物，便可进一步从它们的光谱分布中研究羽烟的的红外辐射分布。

(2) 羽烟结构。了解羽烟结构是分析羽烟红外辐射的重要途径。羽烟结构的研究是一个比较复杂的课题。通常以工作在低空的火箭发动机以液体推进剂为燃料的羽烟结构为典型羽烟结构模型，以发动机喷口出口平面为参考面。出口有一个不受干扰的锤形区，锤形区内的物质是匀质的，温度最高且等温。锤形区外就与大气混合，经过一定距离后才出现二次燃烧区。当火箭工作高度超过设计值时，喷嘴出口处由于环境压力变小而逐渐膨胀，锤形区外部迅速扩大，温度也急剧下降，它的变化可用图 3.18 表示。

　　有趣的是，羽烟内固态微粒按它们的大小分布。一般粒子半径在几微米量级上，但半径大小变化范围会超过一个数量级。羽烟的远场等温线分布图如图 3.19 所示。

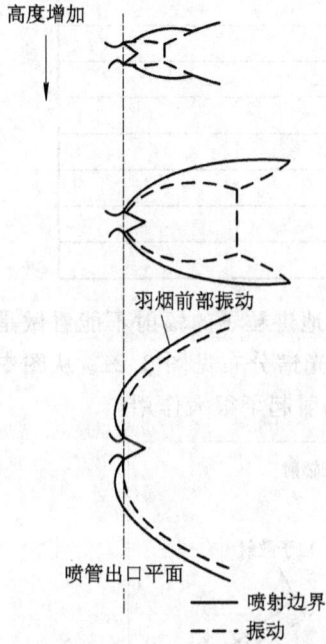

图 3.18　不同高度锤形区变化的示意图　　　　图 3.19　羽烟的远场等温线分布图

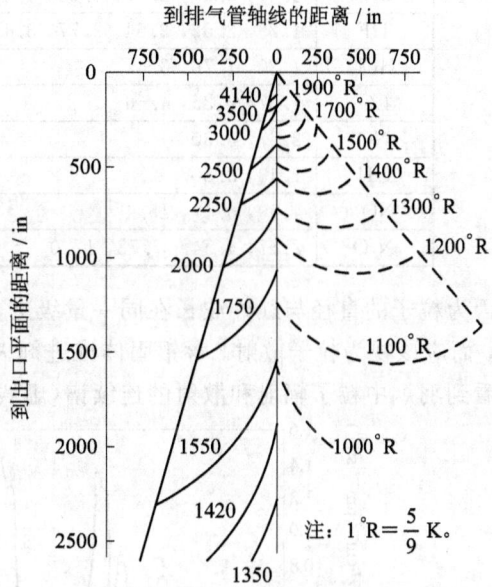

　　图 3.19 中，右边虚线所表示的等温线是羽烟内半径为 $0.79~\mu m$ 粒子流所形成的。而左边实线则是由半径为 $2.94~\mu m$ 的粒子流形成的。半径为 $0.79~\mu m$ 的粒子流形成的羽烟近场等温线如图 3.20 所示。图中，x/r_n 从 32 左右开始发生大量的二次燃烧，使温度骤然升高，比喷口出口处温度要高一倍多。

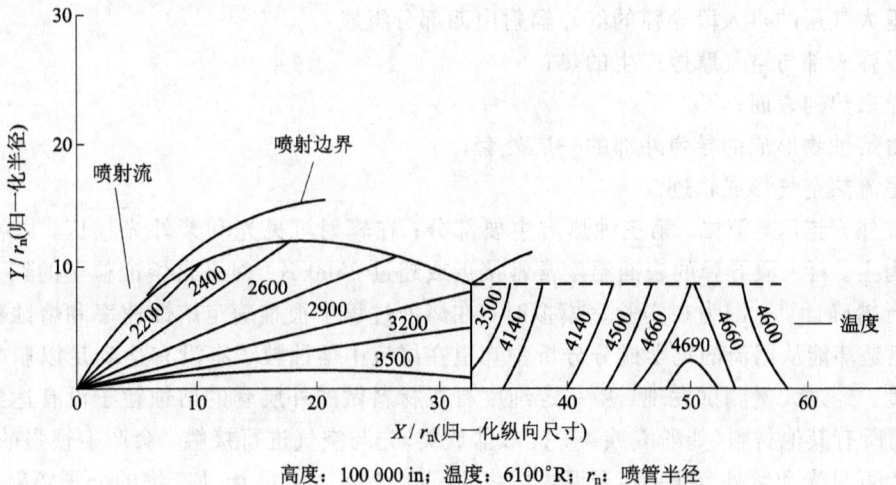

高度：100 000 in；温度：6100°R；r_n：喷管半径

图 3.20　半径为 $0.79~\mu m$ 的粒子流形成的羽烟近场等温线图

（3）羽烟的红外辐射。由于羽烟内存在大量粒子，羽烟的光谱分布是在高温粒子辐射和散射的连续谱上叠加分子带光谱组成的。表3.7给出了通常燃烧产物的主要辐射带的中心波长。

表3.7　燃烧产物的主要辐射带的中心波长

产　　物	辐射带的中心波长/μm
H_2O	1.14，1.38，1.88，2.66，2.74，3.17，6.27
CO_2	2.01，2.69，2.77，4.26，4.82，15.0
HF	1.29，2.52，2.64，2.77，3.44
HCL	1.20，1.76，3.47
CO	1.57，2.35，4.66
NO	2.67，5.30
OH	1.43，2.80
NO_2	4.50，6.17，15.4
N_2O	2.87，4.54，7.78，17.0

因为粒子的直径与红外波长在同一量级上，所以严格地讲粒子的辐射不能看做是灰体辐射，而应该视为粒子散射。含铝固体推进剂火箭的近场光谱分布见图3.21。从图中可以明显看到羽烟中粒子辐射和散射的连续谱（虚线）对整个辐射起了很大作用。

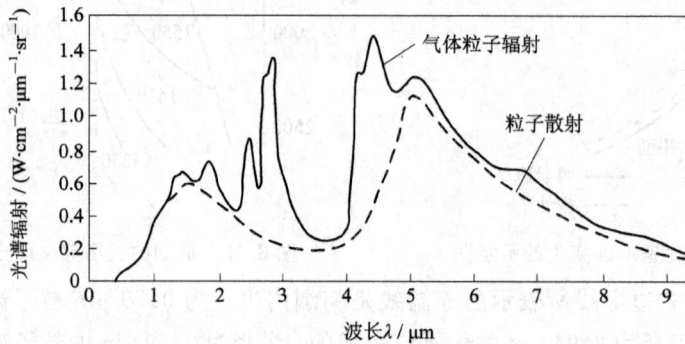

图3.21　火箭近场光谱分布图

2. 重返大气层的再入段导弹

重返大气层的再入段导弹的红外辐射由四部分组成：

- 导弹头部与空气摩擦产生的热；
- 原来热的表面；
- 由熔蚀物形成的导弹外部的一层外套；
- 尾流热空气形成轨迹。

在红外光谱区，第二、第三种热占主要部分；在辐射可见光和紫外光谱区，以被加热的空气为主。再入段导弹的表面温度常常接近或超过 2500 K。对来自熔蚀粒子的红外辐射很难进行精确计算，因为在实验室模拟时，在熔蚀过程中很难确定熔蚀速率和熔蚀粒子的大小，但是却能从尾流的化学成分分析中知道在尾流中熔蚀粒子有没有达到足以影响辐射值的程度。经过大量测试发现，用一定纯度有机材料做的外层套的熔蚀粒子没有达到上述水平，而所有其他材料（如酚醛族类、硅酸盐族类）先与空气进行接触，会产生很强的辐射，其波段为可见光和紫外。进一步升温可以发现 CO、CO_2、H_2O 熔蚀产物的分子辐射。这些辐射的谱分布与导弹燃料燃烧产物的光谱辐射分布一样，但是大小要低几个量级。再入段物体红外辐射的计算是极其复杂的，下面给出计算步骤。

为了计算高超音速物体周围的气动流体力学，首先要了解物体形状。如果物体是圆头的，如图 3.22 所示，那么边界层加热的空气来自图中 A_1 区隔开的空气。过热空气产生的激波的法线通常垂直于物体表面。A_1 区温度往往高达好几千 K，A_2 区要略低一些。如果物体头部尖而细长，则 A_1 区变得越来越小直至消失。虽然现代技术已发展到可以建立各种条件下的空气动力学模型，但是不同高度处由于空气密度和组分不同，应用方法也将随之改变。因此对再入段导弹辐射特性的分析显得格外复杂。边界层流体性质确定之后，物体表面受高温空气的对流和传导影响而加热的参数也就建立了。每种状况的数学关系也可以建立，关系式中主要包括大气密度、物体热导率、最外层保护套在再入段各高度上受热特点和热力学性质等。经过这些计算可得出物体表面的热分布图。为了把计算得到的热图转换成物体表面的红外辐射值，必须把热图划成几个等温区，每一个区在给定方向的辐射值就可以计算出来了。其辐射率往往取 0.9 左右，而且表面一般都被认为是朗伯体，这样再入段物体的辐射角分布曲线也就可以作出来了。

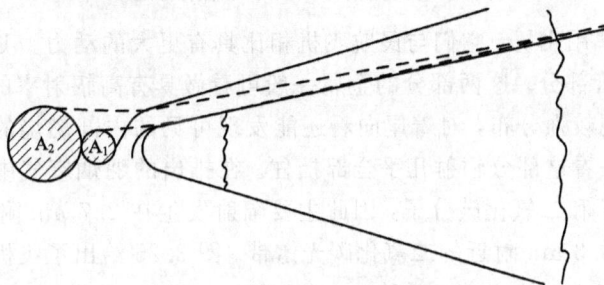

图 3.22　再入段导弹周围结构图

3. 飞机

喷气式飞机主要有四个红外辐射部分：

· 透平发动机罩和尾喷管的红外辐射。

· 排出废气的红外辐射。

· 蒙皮的气动加热红外辐射。

· 反射太阳等外部辐射源的红外辐射。

图 3.23 为几个辐射部分示意图。当飞机速度为 $1.2Ma$（马赫数）时，各种辐射的光谱分布及相对辐射见图 3.24。

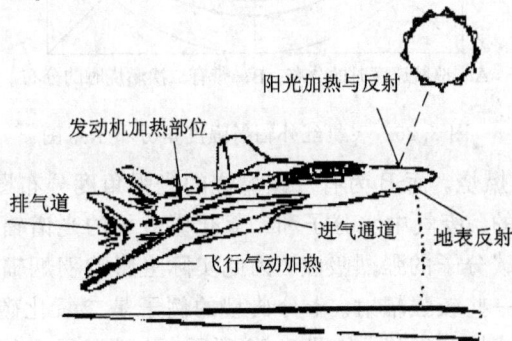

图 3.23　飞机辐射部分示意图

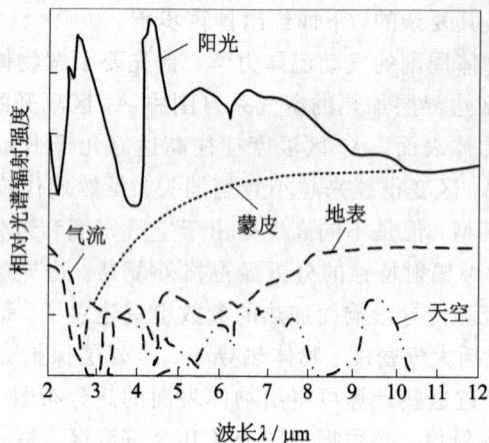

图 3.24　喷气飞机在 90° 方位角、速度为 $1.2Ma$ 飞行时，
各种辐射的光谱分布及相对辐射

　　本节讨论的是军用飞机，它们与民航飞机相比具有更大的动力。飞机的最主要红外源是发动机罩和尾喷管部分。这两部分的金属一般可看做具有高辐射率的灰体。从飞机后侧向看，红外辐射呈现较强分布，对着尾向看还能发现可见的内部燃烧的火焰，然而辐射强度很快跌落，从迎头看这部分辐射几乎全部挡住。在排出的羽烟废气中，由于航空汽油燃烧的产生物为水分子和二氧化碳分子，因此主要辐射发生在 $2.7\ \mu m$ 附近的二氧化碳分子和水分子光谱带及 $4.3\ \mu m$ 附近的二氧化碳光谱带。图 3.25 给出了飞机红外辐射强度角分布示意图。

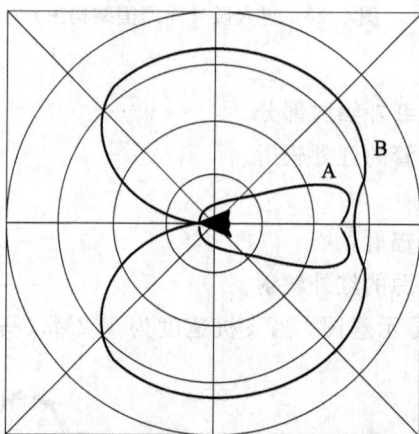

A：巡航速度时的分布；B：带有二次燃烧时的分布

图 3.25　飞机红外辐射强度角分布示意图

　　图中 A 为没有二次燃烧，而 B 为有二次燃烧的光强角度分布图。人们观察、跟踪飞机都是在较远距离上进行的，废气中水分子和二氧化碳分子的光谱辐射又遇到了传输途中大气中的水分子和二氧化碳分子的强烈吸收，因此实际上影响羽烟辐射的水分子和二氧化碳分子吸收带的两侧会有一些较强辐射。十分典型的例子是二氧化碳 $4.3\ \mu m$ 吸收峰附近出现了两个相对强峰——蓝峰和红峰，如图 3.26 所示。人造卫星上的光谱仪通过对这两个峰的光谱探测，可发现机群的航迹和航向。

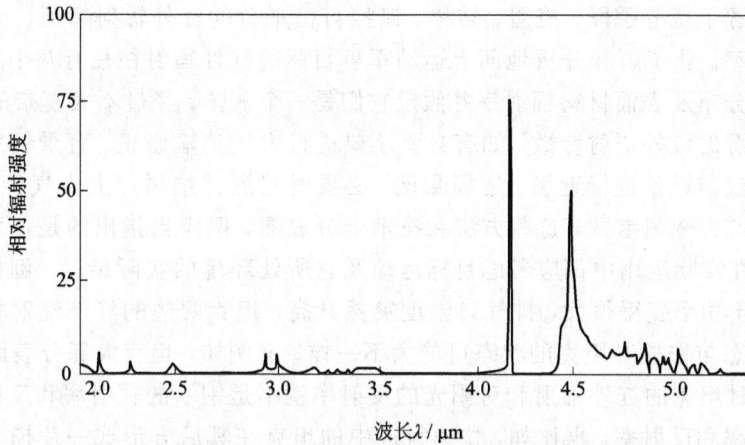

图 3.26　喷气发动机废气的相对辐射谱曲线

飞机蒙皮的气动加热，主要与飞机速度、飞行高度及飞行时间有关。当飞机的速度低于 $0.8Ma$ 时，飞机蒙皮的气动加热所能达到的温度较低，这部分红外辐射与发动机罩、喷口以及尾气辐射相比往往略去不计。然而当飞机的速度增加，蒙皮的温度将与速度成平方关系上升，此时的红外辐射将变得越来越重要了。在 12 300 m 高空，热平衡时蒙皮的表面温度 T（单位为 K）与速度的关系可从以下的经验公式得到：

$$T = 216.7(1 + 0.164M^2) \tag{3-2}$$

其中，M 为飞机的马赫数。表 3.8 为战斗机和轰炸机综合单位立体角 $0.7 \sim 12~\mu m$ 红外辐射强度。

表 3.8　几种飞机在不同状态下的 $0.7 \sim 12~\mu m$ 红外辐射强度

机　型	状　态	方　向	辐射强度/(W/sr)
B-29	巡航	头部	570
		两侧	1050
		尾向	1050
B-17	巡航	头部	610
		两侧	790
		尾向	680
F-80	加力(96%)	头部	77
		两侧	310
		尾向	1240
F-84	加力(96%)	头部	108
		两侧	155
		尾向	770

注：飞行时间半小时以上。

4. 地面上运动（工作）的军事目标源

地面上运动或工作的军事目标主要是指坦克、装甲车及人等，作战时对方通过仪器和设备发现并跟踪对象，因此它们的红外辐射也是需要关注的。在充分了解这些军事目标的红外辐射特性，包括红外光谱和空间角分布的基础上，攻击一方可以利用这些特性制造出诸如红外制导反坦克导弹等武器；而防御一方却可以通过采用诸如伪装、隐身技术、光谱转换技术或无源干扰等手段，掩盖、转移、遮挡自己平台的红外辐射特征，免受或降低被对方摧毁的概率。要了解和分析地面上运动军事目标的红外辐射往往有两个途径：其一是通过了解温度分布及表面材料辐射率并假定它们是一个灰体，经过不太复杂的理论计算就可得到该辐射源的红外辐射参数，如有必要还要进行大气传输修正、背景辐射的修正；其二是利用各种仪器设备进行近场、远场测试，必要时对测试结果加上大气传输理论修正，也可得到所需红外辐射参数。这些方法和技术十分成熟，但应当指出的是，不论哪一种方法得到结果，在实际运用中都应考虑目标运动及它所处环境的实际情况。例如，坦克在全速行进时，由于功率变得很大，排气口温度突然升高，坦克两边的红外辐射相差很大。测试时坦克的状态与作战时坦克的状态可能大不一样。又例如，坦克大部分表面蒙上了一层泥或灰，则此时坦克的红外辐射和对阳光的反射率就不是钢铁的辐射率和反射率了，而是泥或灰的辐射率和反射率。再比如，快速行进中的坦克在其后方形成一片扬尘区，扬尘区本身对红外有很大的衰减，尤其是坦克群作战时，前面坦克掀起的扬尘，对后面坦克群是一个很好的掩护。美国利用这一原理，设计并在坦克上安装了一个设备，该设备的作用是当坦克行进在泥沙地段时，从地上挖取适量沙土，经筛、滤、研粉、干燥等工序把泥沙变为粒径仅几微米的微粒，然后在高压气体作用下向左右两侧前方喷出，使坦克三面处在被大量悬浮粒子包围的状态之中，对可见光、红外、激光制导武器是一种极好的干扰手段。表3.9给出了几种坦克、装甲运兵车和人在0.7~12 μm内的每球面度的红外辐射强度。

表3.9 几种目标在0.7~12 μm范围内的红外辐射强度

目标名称	方 向	辐射强度/(W/sr)	等效黑体温度/℃	国别、型号
坦克	后向	56	100	美国 M-24 停下不运动
	两侧	35	100	
	前向	10	25	
	满载后向	100	100	
	顶部	65	150	
坦克	后向	74	100	美国 M-26 停下不运动
	两侧	48	100	
	前向	12	25	
	满载后向	150	150	
	顶部	68	100	
坦克	后向	320	200	美国 M-46 停下不运动
	两侧	220	200	
	前向	65	150	
	满载后向	1600	600	
	顶部	1000	200	
	满载两测	580	300	
坦克	后向	20	50	俄罗斯 T-34 停下不运动
	两侧	16	50	
	前向	12	25	
	顶部	40	50	
	满载后向	50	100	

续表

目标名称	方　向	辐射强度 /(W/sr)	等效黑体温度 /℃	国别、型号
运兵车 （卡车）	后向	8	25	美国 2.5 t 载重车，停下不运动
	带排气管一侧	42	100	
	不带排气管一侧	16	50	
	前向	16	50	
人	站立	1.4	25	—
	俯伏前向	0.3	25	
	俯伏侧向	0.8	25	
	冬天站立	2.2	25	
机枪	侧向立即测试	134	500	0.50 口径机枪，在 3 分 15 秒内发射 260 发子弹后测试
	侧向冷 2 分钟后测试	70	400	
	侧向冷 5 分钟后测试	56	350	
	侧向冷 10 分钟后测试	34	250	
	侧向冷 20 分钟后测试	16	200	
机枪	侧向立即测试	43	400	口经为 0.30 机枪，在 3 分 15 秒内发射 260 发子弹后测试
	侧向冷 2 分钟后测试	36	300	
	侧向冷 5 分钟后测试	25	250	
	侧向冷 10 分钟后测试	14	200	
	侧向冷 20 分钟后测试	5	100	
冲锋枪	侧向立即测试	3	50	冲锋枪 M1 发射 48 发子弹后测试
炮	停后冷 1 小时测试	320	250	155 mm 炮连续射击

3.2　光辐射的探测技术

对于光电侦察系统来说，能否迅速、准确、灵敏地探测并截获系统周围的光辐射是判断其性能是否优良的关键，也是它能否完成作战使命的关键。因此，要选择性能优良的光辐射探测/截获光电系统。

光辐射的探测/截获实际上就是通过探测器将携带待测目标信息的光辐射转换为电信号，供电子系统进一步处理、检测、控制和输出。而光辐射探测器（简称光探测器）是光电系统中实现光辐射探测/截获的核心部件，其种类很多，目前应用最多的是光电探测器和热电探测器两大类。光辐射探测器的性能直接决定着光电侦察系统对光辐射的探测和截获的能力。

3.2.1　光电探测的物理效应

当光入射到某些半导体上时，光子（或者说电磁波）与物质中的微粒产生相互作用，引起物质的光电效应和光热效应。在这种效应里实现了能量的转换，把光辐射的能量变成了其他形式的能量，光辐射所带的信息也变成了其他能量形式（电、热等）的信息。通过对这些信息（如电信息、热信息等）进行检测，也就实现了对光辐射的探测。

　　凡是能把光辐射能量转换成一种便于测量的物理量的器件都叫做光探测器。从近代测量技术来看，电量不仅是测量最方便，也是最精确的物理量，所以，大多数光探测器都是直接或间接地把光辐射能量转换成电量来实现对光辐射的探测。这种把光辐射能量转换为电量（电流或电压）来测量的探测器称为光电探测器。因此，了解光辐射对光电探测器产生的物理效应是了解光探测器工作原理的基础。

　　光电探测的物理效应可以分为三大类：光电效应、光热效应和波相互作用效应，并以光电效应应用最为广泛。

　　光电效应是入射光的光子与物质中的电子相互作用并产生载流子的效应。事实上，此处我们所指的光电效应是一种光子效应，也就是单个光子的性质对产生的光电子直接作用的一类光电效应。根据效应发生的部位和性质，习惯上又将其分为外光电效应和内光电效应。外光电效应是指发生在物质表面上的光电转换现象，主要包括光阴极直接向外部放出电子的现象，典型的例子是物质表面的光电发射；内光电效应指发生在物质内部的光电转换现象，特别是半导体内部载流子产生的光电转换效应，主要包括光电导效应与光伏效应。光电效应类探测器吸收光子后，直接引起原子或分子的内部电子状态发生改变，即光子能量的大小直接影响内部电子状态改变的大小，因而这类探测器受波长限制，存在"红限"——截止波长 λ_c，其表达式为

$$\lambda_c = \frac{hc}{E} \tag{3-3}$$

式中：c 为真空中的光速；E 在外光电效应中为表面逸出功，在内光电效应中为半导体禁带宽度；h 为普朗克常量，$h = 6.6 \times 10^{-34} \text{ J/s}$。

　　光热效应是物体吸收光，引起温度升高的一种效应。探测元件吸收光辐射能量后，并不直接引起内部电子状态的改变，而是把吸收的光能变为晶格的热运动能量，引起探测元件温度的上升，并进一步使探测元件的电学性质或其他物理性质发生变化。探测体常用 Pt、Ni 和 Au 等金属，还可用热敏电阻、热释电器件、超导体等。光热效应与单光子能量 $h\nu$ 的大小没有直接关系。原则上，光热效应对光波波长没有选择性，但由于材料在红外波段的热效应更强，因而光热效应广泛用于对红外辐射，特别是长波长的红外线的测量，许多激光功率计常用这种类型的探测器。由于温升是热积累的作用，因此光热效应的速度一般比较慢，而且易受环境温度变化的影响。

　　波相互作用效应是指激光与某些敏感材料相互作用过程中产生的一些参量效应，包括非线性光学效应和超导量子效应等。

1. 外光电效应——光电发射效应

　　金属或半导体受光照时，若入射光子能量 $h\nu$ 足够大，它就和物质当中的电子相互作用，使电子从材料表面逸出，这种现象称为光电发射效应，也称外光电效应。能产生光电发射效应的物体称为光电发射体，在光电管中又称之为光阴极。

　　光电发射效应的能量关系由著名的爱因斯坦方程描述，即

$$E_k = h\nu - E_c \tag{3-4}$$

式中：$E_k = \frac{1}{2}mv^2$，表示光电子离开发射体表面时的动能，m 为电子质量，v 为电子离开时的速度，h 为普朗克常量，$h\nu$ 为光子能量，E_c 为光电发射体的功函数。该式的物理意义是：

如果发射体内的电子所吸收的光子能量 $h\nu$ 大于发射体的功函数 E_c，那么电子就能从发射体表面逸出，并且具有相应的动能。由此可见，光电发射效应产生的条件是

$$\nu \geqslant \frac{E_c}{h} = \nu_c \qquad\qquad (3-5)$$

用波长 λ 表示时有

$$\lambda \leqslant \frac{hc}{E_c} = \lambda_c \qquad\qquad (3-6)$$

式中：ν、ν_c 和 λ_c 分别称为产生光电发射的入射光波的频率、截止频率和截止波长。注意到

$$h = 6.6 \times 10^{-34} \text{ J} \cdot \text{s} = 4.13 \times 10^{-15} \text{ eV} \cdot \text{s}$$

$$c = 3 \times 10^{14} \ \mu\text{m/s}$$

则有

$$\lambda_c = \frac{1.24}{E_c(\text{eV})} \qquad\qquad (3-7)$$

式中：λ_c 的单位为 μm。

由式(3-5)可见，当 $\nu = \nu_c$ 时，电子刚好能逸出表面但动能为零，即静止在发射体表面上；当 $\nu < \nu_c$ 时，无论光强有多大，照射时间有多长，都不会有光电子发射。因此，要使频率较小的光辐射产生光电效应，发射体的功函数 E_c 必须较小。

2. 内光电效应

内光电效应主要包括光电导效应和光伏效应两种。

(1) 光电导效应。光电导效应是指光照变化引起半导体材料的电导发生变化的现象。当光照射到半导体材料上时，材料吸收光子的能量，使得非传导态电子变为传导态电子，引起载流子浓度增大，从而导致材料电导率增大。

光电导效应是使用得最为广泛的一种效应。测量材料光电导效应的电路如图 3.27 所示。当光照在半导体材料上时，流过负载电阻的电流将发生变化，这种变化可以通过测量负载电阻两端的电压来观察。

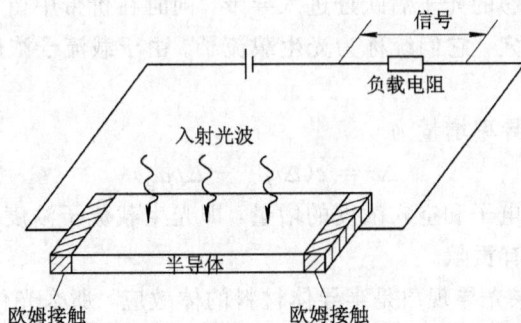

图 3.27　光电导效应的测量电路

在外电场作用下，载流子产生漂移运动，漂移速度 v 和电场 E 之比定义为载流子迁移率 μ，即有

$$\left.\begin{array}{l} \mu_N = \dfrac{v_N}{E} = \dfrac{v_N L}{U} \\[2mm] \mu_P = \dfrac{v_P}{E} = \dfrac{v_P L}{U} \end{array}\right\} \qquad (3-8)$$

式中：U 为外电压，L 为电压方向半导体的长度，μ_N 和 μ_P 分别表示电子和空穴载流子的迁移率，其单位符号是 $cm^2/(V \cdot s)$。载流子的漂移运动效果用半导体的电导率 σ 来描述，定义为

$$\sigma = en\mu_N + ep\mu_P \tag{3-9}$$

式中：e 为电子电荷量，n 和 p 分别表示热平衡电子浓度和空穴浓度，单位为 $(\Omega \cdot cm)^{-1}$。如果半导体的截面积为 A，则其电导（亦称热平衡暗电导）G 为

$$G = \sigma \frac{A}{L} \tag{3-10}$$

式中：G 的单位为 S，即西门子。

光电导效应可分为本征型和杂质型两类，如图 3.28 所示。本征型光电导效应是指能量足够大的光子使电子离开价带跃入导带，价带中由于电子离开而产生空穴，在外电场作用下，电子和空穴参与导电，使电导增加，此时长波限条件由禁带宽度 E_g 决定，即 $\lambda_c = hc/E_g$。杂质型光电导效应则是能量足够大的光子使施主能级中的电子或受主能级中的空穴跃迁到导带或价带，从而使电导增加，此时长波限条件由杂质的电离能 E_i 决定，即 $\lambda_c = hc/E_i$。因为 $E_i \ll E_g$，所以杂质型光电导的长波限比本征型光电导的要长得多。

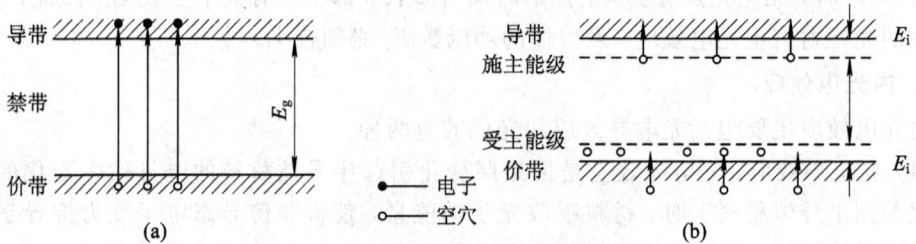

图 3.28　光电导效应
(a) 本征型光电导；(b) 杂质型光电导

对于本征情况，当半导体材料受光照射时，其载流子浓度发生变化，价带中的电子吸收能量 $E > E_g$（禁带能量）的光子后跃迁进入导带，同时在价带中留下一个空穴，从而产生附加导电电子和导电空穴，它们统称为光生载流子。由于载流子浓度增大而产生的电导率的改变就是光电导。

由于光照引起的电导率增量为

$$\Delta\sigma = e(\Delta n\mu_N - \Delta p\mu_P) \tag{3-11}$$

式中：Δn 和 Δp 分别是电子和空穴浓度的增量，即光生载流子浓度。由此可知，光生电子和光生空穴对光电导都有贡献。

（2）光伏效应。如果光导现象是半导体材料的体效应，那么光伏现象则是半导体材料的"结"效应。也就是说，实现光伏效应需要有内部电势垒，当照射光激发出电子空穴对时，电势垒的内建电场将把电子空穴对分开，从而在势垒两侧形成电荷堆积，即形成光生伏特效应。

当无光照时，由于半导体 PN 结区两边的载流子浓度不一致，便引发载流子扩散，扩散的结果在结区形成一个内建电场。内建电场将阻止电子继续向 P 区扩散，阻止空穴继续向 N 区扩散，最后使载流子的扩散运动和漂移运动相互抵消而达到平衡状态。

当光照射 PN 结时，只要光子能量大于材料的宽度 E_g，则无论 P 区、N 区还是结区，

都会产生少数载流子(电子—空穴对)。那些在结附近 N 区中产生的少数载流子由于存在浓度梯度而要扩散，只要少数载流子离 PN 结的距离小于它的扩散长度，就总有一定的概率扩散到结界面处。它们一旦到达 PN 结界面处，就会在结电场作用下被拉向 P 区。同样，如果在结附近 P 区中产生的少数载流子扩散到结界面处，也会被结电场迅速拉向 N 区。结区内产生的电子空穴对在结电场作用下分别被移向 N 区和 P 区。如果外电路处于开路状态，那么这些光生电子和空穴就积累在 PN 结附近，使 P 区获得附加正电荷，N 区获得附加负电荷，使 PN 结获得一个光生电动势。这种现象称为光生伏特效应，简称光伏效应，如图 3.29 所示。这种光生电动势是以光照为基础的，一旦光照消失，光生电动势也不复存在。如果光照时 PN 结是开路的，在结两端可测出开路电压；如果 PN 结外接负载形成回路，则有电流流经 PN 结，方向是从 N 区到 P 区。若负载为 0，测出的电流就是短路电流。

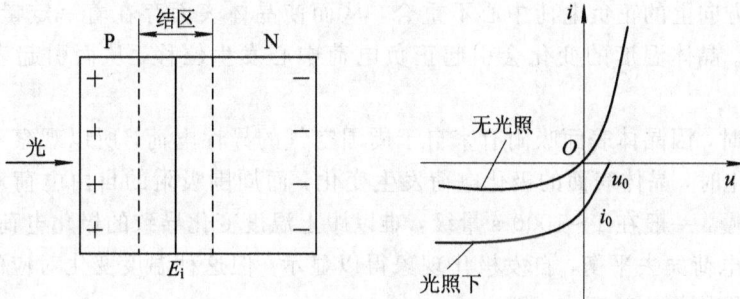

图 3.29　光伏效应

　　根据选用材料的不同，可将光伏效应分为半导体 PN 结、PIN 结、肖特基结以及异质结势垒等多种结构。依据光伏效应制成的光探测器称为光伏探测器。根据光伏探测器外加偏置与否，可分为光电二极管、三极管和光电池等。

3. 光热效应

　　某些物质在受到光照射后，由于温度变化而造成材料性质发生变化的现象称为光热效应。在光电效应中，光子的能量直接变为光电子的能量，而在光热效应中，光能量与晶格相互作用，使其振动加剧，造成温度的升高。光热效应与单光子能量的大小没有直接关系，原则上光热效应对光波频率没有选择性。只是在红外波段上，因材料的吸收率高，光热效应也就更强烈，所以光热效应广泛用于红外辐射探测。因为温度升高是热积累作用，所以光热效应的响应速度一般较慢，而且容易受环境温度的影响。

　　根据光与不同材料、不同结构的光热器件相互作用所引起的物质有关特性变化的情况，可以将光热效应分为温差电效应和热释电效应。

　1) 温差电效应

　　当两种不同的导体或半导体材料两端并联熔接时，如果两个接点的温度不同，并联回路中就会产生电动势，回路中就有电流流通，这种电动势称为温差电动势，这种现象称为温差电效应，又称塞贝克效应。温差电效应示意图如图 3.30 所示。

　　温差热电偶接收辐射的一端称为热端，另一端称为冷端。为了提高吸收系数，热端常装有涂黑

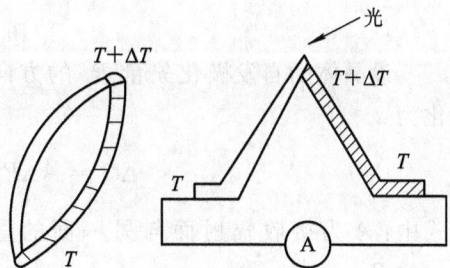

图 3.30　温差电效应

的金箔。如果把冷端分开并与一个电表连接，那么当光照半导体热电偶热端时，吸收光能使电偶接头温度升高，电表就有相应的电流读数，电流的数值就间接地反映了光照能量的大小，这就是用热电偶来探测光能的原理。当冷端开路时，开路电压与温差成正比，即

$$V_{oc} = M\Delta T \tag{3-12}$$

式中：M 称为塞贝克系数，又称温差电势率，单位为 V/K；ΔT 为温度增量。

实际中，为了提高测量灵敏度，常将若干个热电偶串联起来使用，称为热电堆，它在激光能量计中获得了应用。

2）热释电效应

热电晶体的自发极化矢量随温度而变化，从而使入射光引起电容器电容改变的现象称为热释电效应。热电晶体是一种结晶对称性很差（即具有非中心对称性）的压电晶体，在常态下，其某个方向上的正负电荷中心不重合，从而使晶体表面存在着一定量的极化电荷，称为自发极化。晶体温度的变化会引起正负电荷中心发生位移，从而引起表面极化电荷变化。

温度恒定时，因晶体表面吸附有来自于周围空气的异性电荷，所以观察不到自发极化现象；温度变化时，晶体表面的极化电荷发生变化，而周围吸附的自由电荷对面电荷的中和作用十分缓慢，一般在 1~1000 s 量级，难以跟上温度变化导致的极化电荷变化的速度，因而晶体表面电荷失去平衡，自发极化现象得以显示。但这种温度变化对应的面电荷变化过程仅发生在平均作用时间内。即

$$\tau = \frac{\varepsilon}{\sigma} \tag{3-13}$$

式中：ε 为晶体介电常量，σ 为晶体电导率。可见，这种辐射探测方法仅适用于变化的辐射，且辐射调制频率必须大于 $1/\tau$。

热释电效应示意图如图 3.31 所示，图中 T_c 为热电体的居里温度。由图可知，晶体的自发极化矢量 P_s 是温度 T 的函数，T 升高，P_s 减小。当 $T > T_c$ 时，自发极化突然消失。即在温度 T_c 以下，才有热释电现象。

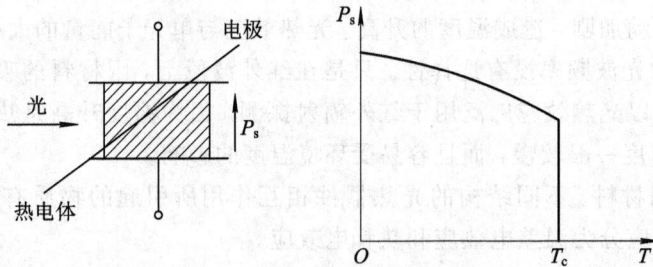

图 3.31　热释电效应

设晶体的自发极化矢量 P_s 的方向垂直于晶体表面，则辐射引起的表面极化电荷变化为

$$\Delta Q = A\Delta P_s = A\left(\frac{\Delta P_s}{\Delta T}\right)\Delta T = A\beta\Delta T \tag{3-14}$$

式中：A 为接收辐射面与另一面的重合部分面积，ΔT 为辐射引起的晶体温度变化，$\beta = \dfrac{\Delta P_s}{\Delta T}$ 称为热释电系数。

如果把热释电体放进一个电容器极板之间，并将一个电流表与电容器极板连接，电流表中就会有电流流过，该电流称为短路热释电流，即

$$i = \frac{\mathrm{d}Q}{\mathrm{d}t} = A\beta \frac{\mathrm{d}T}{\mathrm{d}t} \tag{3-15}$$

可见，当照射光恒定不变时，P_s 与 T 均为恒值，热释电流为零。所以热释电探测器是一种交流或瞬时响应的器件。

4. 光电转换定律

光电探测器在实际应用时，入射光辐射能量，输出光电流。这种把光辐射能量转换为光电流的过程称为光电转换。如果入射光辐射的单色光功率为 $P(t)$，频率为 ν，即单光子的能量为 $h\nu$，光电流 $i(t)$ 是光生电荷 Q 的变量，则有

$$P(t) = \frac{\mathrm{d}E}{\mathrm{d}t} = h\nu \cdot \frac{\mathrm{d}n_{光}}{\mathrm{d}t} \tag{3-16}$$

$$i(t) = \frac{\mathrm{d}Q}{\mathrm{d}t} = e \cdot \frac{\mathrm{d}n_{电}}{\mathrm{d}t} \tag{3-17}$$

式中：$n_{光}$ 和 $n_{电}$ 分别表示光子数和电子数，E 表示入射光能量，式中所有变量都应理解为统计平均值。$i(t)$ 与 $P(t)$ 的基本关系有

$$i(t) = DP(t) \tag{3-18}$$

式中：D 是一个比例因子，称为光电探测器的光电转换因子。把式(3-16)和式(3-17)代入式(3-18)可得到

$$D = \frac{e}{h\nu}\eta \tag{3-19}$$

式中

$$\eta = \frac{\dfrac{\mathrm{d}n_{电}}{\mathrm{d}t}}{\dfrac{\mathrm{d}n_{光}}{\mathrm{d}t}} \tag{3-20}$$

η 称为光电探测器的量子效率，它表示探测器吸收的光子数和激发的电子数之比，它是探测器物理性质的函数。由式(3-18)和式(3-19)可以得到

$$i(t) = \frac{e\eta}{h\nu}P(t) \tag{3-21}$$

这就是基本的光电转换定律。它告诉我们：

(1) 光电探测器对入射光功率有响应，响应量是光电流。因此，一个光电探测器可视为一个电流源。

(2) 因为光功率 P 正比于光电场的平方，所以常常把光电探测器称为平方律探测器。因此，光电探测器是一个非线性器件。

3.2.2　光探测器的性能参数和噪声

1. 光探测器的性能参数

光探测器和其他器件一样，有一套根据实际需要而制定的性能参数。依据这一套参数，人们就可以评价探测器性能的优劣，比较不同探测器之间的差异，从而达到根据需要

合理选择和正确使用光探测器的目的。因此，正确理解各种性能参数的物理意义是十分重要的。

1）灵敏度

灵敏度也常称为响应度，它是表示探测器的光电转换特性、光电转换的光谱特性以及频率特性的量度。定义电压灵敏度 R_u 为探测器输出信号电压(均方根值)U_s 与输入光功率(均方根值)P 之比，即

$$R_u = \frac{U_s}{P} \tag{3-22}$$

式中，R_u 的单位为 V/W。

定义电流灵敏度 R_i 为探测器输出信号电流(均方根值)I_s 与输入光功率(均方根值)P 之比，即

$$R_i = \frac{I_s}{P} \tag{3-23}$$

式中，R_i 的灵敏度单位为 A/W。

由于式中的光功率 P 一般是指分布在某一光谱范围内的总功率，因此，这里的 R_u 和 R_i 又分别称为积分电压灵敏度和积分电流灵敏度。

2）光谱灵敏度

由于入射辐射的波长不同，因此光探测器的灵敏度也不同。灵敏度随波长而变化，这一特性称为光辐射探测器的光谱灵敏度，通常以灵敏度随波长变化的规律曲线来表示。有时只取灵敏度的相对比值，且把最大的灵敏度取为 1，这种曲线称为归一化光谱灵敏度曲线。

3）频率响应和响应时间

频率响应是描述光探测器的灵敏度在入射光波长不变时随入射光调制频率而变化的特性。光探测器的频率响应定义为

$$R_f = \frac{R_0}{\sqrt{1 + (2\pi f\tau)^2}} \tag{3-24}$$

式中：R_f 表示频率为 f 时的灵敏度；R_0 为频率为零时的灵敏度；τ 为光探测器的响应时间，由材料、结构和外电路决定。一般规定，R_f 下降到 $R_0/\sqrt{2}$ 时的频率 f_c 为探测器的截止响应频率或响应频率。由式(3-24)有

$$f_c = \frac{1}{2\pi\tau} \tag{3-25}$$

光探测器的响应时间是表示光辐射到探测器上所引起的响应快慢。在测量过程中，被测的光辐射如果是一个稳定的量或变化很缓慢的量，那么探测器的响应时间并不影响测量结果的正确性，可不考虑响应速度；但如果被测光辐射的大小是一个变化很快的量，那么为了真实反映被测光辐射的大小及其变化规律，探测器的响应时间必须短于光辐射变化的时间。

4）量子效率

光探测器的量子效率定义为每一个入射光子所释放的平均电子数。如果 P 是入射到探测器上的光功率，I_c 是入射光产生的光电流，则 $P/h\nu$ 表示单位时间入射光子平均数，I_c/e

表示单位时间产生的光电子平均数，e 为电子电荷，利用式(3-21)可得量子效率 η

$$\eta = \frac{I_c/e}{P/h\nu} = \frac{h\nu}{e} R_i \qquad (3-26)$$

对于理想的光探测器，$\eta=1$，即一个光子产生一个光电子，但实际的光探测器的 $\eta<1$。显然，光探测器的量子效率越高越好。对于光电倍增管、雪崩光电二极管等有内部增益机制的光探测器，η 可大于 1。

5) 噪声等效功率 NEP

在实际应用中，当探测器上的输入为零时，输出端仍有一个极小的输出信号。这个输出信号来源于探测器本身，这就是探测器的噪声，它随探测器本身的材料、结构、周围环境温度等因素而变化。

由于噪声的存在，探测器的最小可探测功率受到了限制。为此引入等效噪声功率 NEP 来表征探测器的最小可探测功率。它定义为信噪比为 1，即当输出信号电压 U_s(或输出信号电流 I_s)等于探测器输出噪声电压 U_n(或输出噪声电流 I_n)时的入射光功率。当信噪比为 1 时，很难探测到信号。所以一般在信号电平下测量信噪比，再由下式计算噪声等效功率：

$$\mathrm{NEP} = \frac{P}{U_s/U_n} \qquad (3-27)$$

或

$$\mathrm{NEP} = \frac{P}{I_s/I_n} \qquad (3-28)$$

式中各量均取有效值，NEP 单位为瓦(W)。NEP 越小，探测器的探测能力越强。

由于噪声频谱很宽，为减小噪声的影响，一般将探测器后面的放大器做成窄带通的，其中心频率选为调制频率。这样，信号不受损失，而噪声可以滤去，从而使 NEP 减小。在这种情况下，通常定义噪声等效功率 NEP 为

$$\mathrm{NEP} = \left(\frac{U_n}{U_s}\right) \cdot \frac{P}{\sqrt{\Delta f}} \qquad (3-29)$$

或

$$\mathrm{NEP} = \left(\frac{I_n}{I_s}\right) \cdot \frac{P}{\sqrt{\Delta f}} \qquad (3-30)$$

式中：Δf 为放大器带宽，因噪声功率与带宽成正比，而噪声电压(或电流)与带宽的平方根成正比，所以引进因子 $\sqrt{\Delta f}$，此时 NEP 单位为 $W/\sqrt{Hz}$。

6) 归一化探测度

探测器的探测能力由 NEP 决定，NEP 越小越好。这不符合人们希望参量的数值越大越好的习惯，于是定义 NEP 的倒数为探测器的探测度 D(即单位入射功率产生的信噪比)，即

$$D = \frac{1}{\mathrm{NEP}} \ (1/W) \qquad (3-31)$$

理论分析和实验结果表明，NEP 还与探测器接收光的面积的平方根 $\sqrt{A}$ 成正比。为了便于不同探测器间的性能比较，把式(3-29)或式(3-30)所定义的 NEP 除以 $\sqrt{A}$，得到一

个与面积无关的参量 D^*，称为归一化探测度，即

$$D^* = \frac{1}{\text{NEP}/\sqrt{A}} = \frac{\sqrt{A\Delta f}}{P}\left(\frac{U_s}{U_n}\right) \qquad (3-32)$$

或

$$D^* = \frac{\sqrt{A\Delta f}}{P}\left(\frac{I_s}{I_n}\right) \qquad (3-33)$$

D^* 和 NEP 一样，都是波长的函数。由于噪声通常和信号调制频率有关，因此它也是调制频率及测量带宽的函数。

2. 光探测器的噪声

任何一个探测器，都有一定的噪声。也就是说，携带信息的信号在传输的各个环节中不可避免地受到各种干扰而使信号发生某种程度的畸变，在它的输出端总是存在着一些毫无规律、事先无法预知的电压起伏。通常把这些非有用信号的各种干扰统称为噪声，噪声是限制检测系统性能的决定性因素。实现微弱光信号的探测，就是从噪声中提取信号的过程。

依据噪声产生的物理原因，光探测器的噪声大致分为散粒噪声、产生复合噪声、光子噪声、热噪声和低频噪声等。

1) 散粒噪声

光电发射材料表面光电子的随机发射或半导体内光生载流子的随机产生和流动，引起探测器输出电流的起伏，这种由光激发载流子的本征扰动产生的电流起伏称为散粒噪声，又称量子噪声。这是许多光电探测器，特别是光电倍增管和光电二极管中的主要噪声源。散粒噪声的表达式为

$$I_n = \sqrt{2ei\Delta f} \qquad (3-34)$$

式中：I_n 为噪声电流，e 为造成电流流动的粒子带的电荷，i 为探测器的暗电流，Δf 为测量带宽。

2) 产生复合噪声

在没有光照的情况下，在半导体体内的平衡过程实际上是一种动态平衡过程。由于载流子的产生、复合过程的随机性，自由载流子浓度总是围绕其平均值涨落，引起电导率的起伏，因而导致外回路电流或电压的起伏。这种由体内的光生载流子随机产生和复合的过程所引起的噪声称为产生复合噪声。产生复合噪声电流 I_{gr} 的表达式为

$$I_{gr} = \sqrt{4eiM^2\Delta f} \qquad (3-35)$$

式中：M 为光电导探测器的内增益。

3) 光子噪声

当用光功率恒定的光照射探测器时，由于光功率实际上是光子数的统计平均值，每一瞬时到达探测器的光子数是随机的，因此光激发的载流子一定也是随机起伏的，也要产生起伏噪声，即散粒噪声。因为这里强调光子起伏，故称此噪声为光子噪声。不管是信号光还是背景光都要伴随着光子噪声。

对于光电发射和光伏情况，光子噪声电流的表达式为

$$I_{ab} = \sqrt{2ei_b\Delta f} \qquad (3-36)$$

$$I_{as} = \sqrt{2ei_s \Delta f} \qquad (3-37)$$

式中：I_{ab}、I_{as} 分别表示背景光和信号光产生的光子噪声电流，i_b、i_s 分别表示背景光和信号光引起的光电流。

对于光电导情况，光子噪声电流的表达式为

$$I_{ab,\,gr} = \sqrt{4ei_b M^2 \Delta f} \qquad (3-38)$$

$$I_{as,\,gr} = \sqrt{4ei_s M^2 \Delta f} \qquad (3-39)$$

式中：$I_{ab,\,gr}$ 和 $I_{ar,\,gr}$ 分别表示光电导情况下背景光和信号光产生的光子噪声电流，M 表示探测器的内增益。

4）热噪声

由于光电探测器有一个等效电阻 R，电阻中自由电子的随机运动，将引起电压起伏，即形成所谓的热噪声。理论上给出有效热噪声电压 U_n 和电流 I_n 分别为

$$U_n = \sqrt{4kT \Delta f R} \qquad (3-40)$$

$$I_n = \sqrt{\frac{4kT \Delta f}{R}} \qquad (3-41)$$

式中：k 为玻耳兹曼常数，T 为热力学温度。

5）低频噪声

几乎所有的探测器中都存在这种噪声。它主要出现在大约 1 kHz 以下的低频频域，而且与光辐射的调制频率 f 成反比，故称为低频噪声或 $1/f$ 噪声。这种噪声产生的原因目前还不十分清楚，但实验发现，探测器表面的工艺状态（缺陷或不均匀等）对这种噪声的影响很大。$1/f$ 噪声的经验规律为

$$I_n = \sqrt{\frac{Ai^\alpha \Delta f}{f^\beta}} \qquad (3-42)$$

式中：A 为与探测器有关的系数，i 为流过探测器的总直流电流，$\alpha \approx 2$，$\beta \approx 1$。于是

$$I_n = \sqrt{\frac{Ai^2 \Delta f}{f}} \qquad (3-43)$$

一般来说，只要限制低频调制频率不低于 1 kHz，就可防止产生这种噪声。

3.2.3　光电探测方式

光辐射的探测是将光波中的信息提取出来的过程。这里光是信息的载体，把信号加载于光波的方法有多种，如强度调制、幅度调制、频率调制、相位调制和偏振调制。从原理上来说，强度调制、幅度调制和偏振调制（可以很容易地转化为强度调制）可以直接由光电探测器解调，因而称为直接探测方式；频率调制和相位调制则必须采用光外差（相干）探测的方法解调。

在直接探测方式中，光波直接辐射到光电探测器光敏面上，光电探测器响应于光辐射强度而输出相应的电流或电压，然后送入信号处理系统，就可以再现原信息。直接探测是一种简单又实用的方法，但是它只能探测光辐射的强度及其变化，会丢失光辐射的频率和相位信息。

光外差探测的原理和无线电波外差接收的原理完全一样，其中必须有两束满足相干条

件的光束。在光外差探测方式中，光电探测器起着光学混频器的作用，它响应信号光与本振光的差频分量，输出一个中频光电流。由于探测量是利用信号光和本振光在光探测器光敏面上干涉得出的，因而外差探测又称为相干探测。外差探测利用光场的相干性可实现对光辐射的振幅、强度、相位和频率的测量。

1. 直接探测

光电探测器的基本功能就是把入射到探测器上的光功率转换为相应的光电流，即

$$i(t) = \frac{e\eta}{h\nu} P(t)$$

因此，只要待传递的信息表现为光功率的变化，利用光电探测器的这种直接光电转换功能就能实现信息的解调。这种探测方式通常称为直接探测，如图3.32所示。光辐射信号通过光学透镜天线、光学带通滤波器入射到光电探测器表面；光电探测器将入射的光子流变换成电子流，其大小正比于光子流的瞬时强度，然后经过前置放大器对信号进行处理。由于光电探测器只响应光波功率的包络变化，而不响应光波的频率和相位变化，因此直接探测方式也称光包络探测或非相干探测。

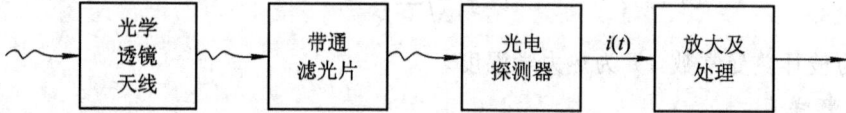

```
      光学          带通          光电      i(t)    放大及
      透镜          滤光片        探测器            处理
      天线
```

图 3.32　直接探测系统

1) 光电探测器平方律特性

假定入射信号光场为 $E_c = A_c \cos\omega t$，这里 A_c 是信号光场振幅，ω_c 是信号光频率，则平均光功率为

$$P = \overline{E_c^2(t)} = \frac{A_c^2}{2} \tag{3-44}$$

光电探测器的输出光电流为

$$i_p = \alpha \cdot P = \frac{e\eta}{h\nu} \overline{E_c^2(t)} = \frac{e\eta A_c^2}{2h\nu} \tag{3-45}$$

式中：$\overline{E_c^2(t)}$ 表示光场的时间平均值，α 为光电变换系数，即

$$\alpha = \frac{e\eta}{h\nu}$$

这里，η 为量子效率。

若光电探测器的负载为 R_L，则光电探测器的输出电功率为

$$S_p = i_p^2 R_L = \left(\frac{e\eta}{h\nu}\right)^2 P^2 R_L \tag{3-46}$$

此式表明，光电探测器的平方律特性包含两个方面：一是光电流正比于光场振幅的平方，二是光电探测器的电输出功率正比于入射光功率的平方。如果入射光是调幅波，即

$$E_c(t) = A_c[1 + d(t)]\cos\omega_c t$$

这里 $d(t)$ 为调制信号，则探测器输出光电流为

$$i_p = \frac{1}{2}\alpha A_c^2 + \frac{1}{2}\alpha A_c^2 d(t) = \frac{e\eta}{h\nu} P[1 + d(t)] \tag{3-47}$$

式(3-47)表明，光电流表达式中的第一项代表直流项，第二项为信号的包络波形。

2) 直接探测系统的信噪比

一个直接探测系统的探测性能好坏要根据信噪比来判断。

设输入光电探测器的信号光功率为 s_i，噪声功率为 n_i，光电探测器的电输出功率为 s_o，输出噪声功率为 n_o，则总的输入功率为 $(s_i + n_i)$，总的输出电功率为 $(s_o + n_o)$。根据光电探测器的平方律特性，有如下关系：

$$s_o + n_o = k(s_i + n_i)^2 = k(s_i^2 + 2s_i n_i + n_i^2) \tag{3-48}$$

式中：$k = \left(\dfrac{e\eta}{h\nu}\right)^2 R_L$，为常数。考虑到信号和噪声的独立性，应有

$$s_o = 2ks_i^2 \tag{3-49}$$

$$n_o = k(2s_i n_i + n_i^2) \tag{3-50}$$

根据信噪比的定义，光电探测器的输出信噪比为

$$\frac{s_o}{n_o} = \frac{s_i^2}{2s_i n_i + n_i^2} = \frac{(s_i/n_i)^2}{1 + 2(s_i/n_i)} \tag{3-51}$$

由此可见，输出噪声包括两项：n_i^2 是噪声分量之间的差拍结果，$2s_i n_i$ 是信号和噪声之间的差拍结果。

若输入信噪比 $\dfrac{s_i}{n_i} \ll 1$，则有 $\dfrac{s_o}{n_o} \approx \left(\dfrac{s_i}{n_i}\right)^2$。此式说明，当输入信噪比小于 1 时，输出信噪比更小于 1，而且下降得更明显。因此，直接探测方式不适宜于输入信噪比小于 1 或者微弱光信号的探测。在实际应用中，在光频区只有背景辐射进入探测器，并且只有背景辐射功率大于信号功率时，才能使输入信噪比小于 1，故欲提高探测器的输出信噪比，主要在于排除背景光的进入。但探测器的光谱响应很宽，不能鉴别出信号光和背景光，它只能截获到达其灵敏面上的光子，而对光子的相位、偏振没有特殊要求。因此，为了减小背景噪声，在探测器之前必须增添一带通滤光器，只允许与信号光频率相当的背景光子进入而滤除其他频率的背景光子。从空间方向上减小背景噪声的办法是减小光学天线的接收视场和采用空间滤波技术。

若输入信噪比 $\dfrac{s_i}{n_i} \gg 1$，则有 $\dfrac{s_o}{n_o} \approx \dfrac{1}{2} \cdot \dfrac{s_i}{n_i}$。此式说明，当输入信噪比大于 1 时，输出信噪比等于输入信噪比的一半，光电转换后信噪比损失不大，在实际应用中完全可以接受。因此，直接探测方式最适合于强光信号探测。这种方法比较简单、易于实现、可靠性高、成本低，在实际中得到广泛的应用。在直接探测方式中，当光信号功率比较小时，光电探测器的电信号输出也相应较小。为了信号处理、显示的需要，必须加前置放大器。但是，放大器的引入对探测系统的灵敏度或探测系统的输出信噪比有一定影响，因为放大器不仅放大有用信号，对输入噪声也同样放大，而且放大器本身还要引入新的噪声。因此，为使探测系统保持一定的输出信噪比，合理设计前置放大器就非常重要。在光电探测技术中，为了充分利用光电探测器的灵敏度，在设计放大器时，总是先满足噪声指标要求，然后再考虑增益、带宽等技术要求。

2. 外差探测

激光的高度相干性、单色性和方向性，使光频段的外差探测成为现实。光外差探测与无线电波外差接收方式的原理相同，因而同样具有无线电波外差接收方式的选择性好、灵敏度高等一系列优点。就探测而论，只要波长能匹配，则外差和直接探测所用探测器原则

上可通用。光外差探测的主要问题是系统复杂，而且波长愈短，实现外差就愈困难。

1) 光外差探测的基本原理

光外差探测系统如图 3.33 所示。与直接探测系统相比较，多了一个本振激光器。其工作过程如下：待探测的频率为 ω_c 的光信号和由本振激光器输出的频率为 ω_d 的参考光，都经有选择性的分束器入射到光探测器表面而相干叠加（混频），因为探测器仅对其差频（$\omega_{IF} = \omega_c - \omega_d$）分量响应，故只有频率为 ω_{IF} 的射频电信号（包括直流分量）输出，再经过放大器放大，由射频检波器进行解调，最后得到有用的信号信息。

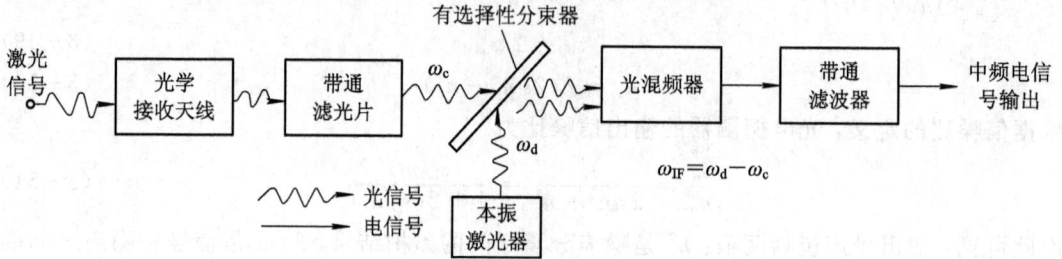

图 3.33　光外差探测系统

假定相同方向、相同偏振的信号光束和本振激光垂直照射到探测器表面，它们的电场分量可分别表示为

$$E_c(t) = A_c \cos(\omega_c t + \varphi_c) \qquad (3-52)$$
$$E_d(t) = A_d \cos(\omega_d t + \varphi_d) \qquad (3-53)$$

根据光电探测器的平方律特性，其输出光电流为

$$i_p = \alpha \overline{[E_c(t) + E_d(t)]^2} \qquad (3-54)$$

式中：α 为一常数，方括号上的横线表示在几个光频周期内的时间平均。这是因为光电探测器的响应时间有限，光电转换过程实际上是一个时间平均过程。将式（3-52）和式（3-53）代入式（3-54），并经展开后得到

$$i_p = \alpha \{ A_c^2 \overline{\cos^2(\omega_c t + \varphi_c)} + A_d^2 \overline{\cos^2(\omega_d t + \varphi_d)}$$
$$+ A_c A_d \overline{\cos[(\omega_c - \omega_d)t + (\varphi_c - \varphi_d)]}$$
$$+ A_c A_d \overline{\cos[(\omega_c + \omega_d)t + (\varphi_c + \varphi_d)]} \} \qquad (3-55)$$

式（3-55）中，前两项表示直流分量，最后一项是和频项，由于其频率 $\omega_c + \omega_d$ 太高，光电探测器根本不响应，也就是说，这部分光波成分与探测器不发生相互作用。而差频项 $\omega_{IF} = \omega_c - \omega_d$ 相对电场变化要缓慢得多，只要 $\omega_{IF} = 2\pi f_{IF}$ 小于光电探测器的截止响应频率 f_c，探测器就有相应的光电流输出。故式（3-55）可变为

$$i_p = \alpha \left\{ \frac{A_c^2}{2} + \frac{A_d^2}{2} + A_c A_d \cos[\omega_{IF} t + (\varphi_c - \varphi_d)] \right\} \qquad (3-56)$$

这个光电流经过有限带宽的中频（$\omega_{IF} = \omega_c - \omega_d$）放大器，滤去直流项，最后只剩下中频交流分量

$$i_p = \alpha A_c A_d \cos[\omega_{IF} t + (\varphi_d - \varphi_c)] \qquad (3-57)$$

这个结果表明，光外差探测是一种全息探测技术。在直接探测中，只响应光功率的时变信息。而在光外差探测中，光频电场的振幅 A_c、频率 $\omega_c = \omega_d + \omega_{IF}$（$\omega_d$ 是已知的，ω_{IF} 是可以测量的）、相位 φ_c 所携带的信息均可探测出来。也就是说，一个振幅调制、频率调制以及

相位调制的光波所携带的信息，通过光外差探测方式均可实现解调。这无疑是直接探测方式所不能比拟的，但它比直接探测方式的实现要困难和复杂得多。

若 $\omega_c = \omega_d$，即待测光频率与本振光频率相等，则式(3-57)变为

$$i_p = \alpha A_c A_d \cos(\varphi_d - \varphi_c) \tag{3-58}$$

这是外差探测的一种特殊形式，称为零拍探测。探测器此时的输出电流与待测光的振幅和相位成比例变化。若待测光是振幅调制(即信息包含在 A_c 中)，则要求本振光波与待测光波相位锁定，即 $\varphi_d = \varphi_c$，此时输出信号电流最大。若待测光波是相位调制(即信息包含在 φ_c 中)，则要求本振光波 $\varphi_d = $ 常数。实际上，不管是差拍光外差探测还是零拍光外差探测，要实现某一信息解调，保证本振光束的频率和相位的高度稳定是十分重要的。激光信号已经能比较好地保证这一条件，所以，激光外差探测得到了迅速发展。

2) 光外差探测的基本特性

从光外差探测的基本公式(3-37)还可看出，光外差探测具有以下优良特性：

(1) 高的转换增益。探测器的电输出功率为

$$P_{IF} = i_{IF}^2 R_L = 2\alpha^2 P_c P_d R_L \tag{3-59}$$

式中：$P_c = A_c^2/2$、$P_d = A_d^2/2$ 分别为信号光和本振光的平均功率。如果以直接探测时的电输出功率为基准，那么外差探测时所能提供的功率转换增益 $G = 2P_d/P_c$。通常 $P_d > P_c$，因此，外差探测能提供足够高的增益。有效的外差探测，要求有足够高的本振光功率。这也说明外差探测方式对弱信号探测特别有效。

(2) 良好的滤波性能。在外差探测中只有那些在中频频带内的杂散光才可能进入系统，而其他杂散光所形成的噪声均被中频放大器滤除。因此，在光外差探测中，不加滤光片也比加滤光片的直接探测系统有更窄的接收带宽。这说明光外差探测对背景光具有良好的滤波性能。

(3) 良好的空间和偏振鉴别能力。由光外差的基本公式(3-57)可以看出，为使光电探测器的输出中频电流达到最大，要求信号光束与本振光束的波前在整个探测器的灵敏面上必须保持相同的相位关系。因为光波波长比光电探测器光混频面积小得多，所以光电探测器输出的中频光电流等于混频面上的每一微分面元所产生的中频微分电流之和。显然，只有当这些中频微分电流保持相同的相位关系时，总的中频电流才达到最大。这说明光外差探测具有良好的空间和偏振鉴别能力。

(4) 光外差探测的信噪比。假定入射到光电探测器的灵敏面上的信号光束中的信号和噪声分别为 s_i 和 n_i，本振光束中的本振信号和噪声分别为 s_L 和 n_L，光电探测器输出为 $s_o + n_o$，n_o 为信号，为噪声，根据探测器的平方律特性有

$$s_o + n_o = k(s_i + n_i + s_L + n_L)^2 \tag{3-60}$$

式中：$k = \left(\dfrac{e\eta}{h\nu}\right)^2 R_L$，为常数。

展开上式并略去 n_L^2、$n_L n_i$、n_i、n_i^2、$s_i n_L$ 以及 $s_i n_i$ 各项，中频放大器又滤掉 s_L^2 和 s_i^2 直流项，最后有

$$s_o + n_o = 2k(s_i s_L + s_L n_L + s_L n_i) \tag{3-61}$$

由信噪比的定义可知：

$$\frac{s_o}{n_o} = \frac{s_i}{n_i + n_L} \tag{3-62}$$

如果本振光不含噪声，即 $n_L = 0$，则

$$\frac{s_o}{n_o} = \frac{s_i}{n_i} \qquad (3-63)$$

该式说明在外差探测中输入信号和噪声同时被放大，输出信噪比等于输入信噪比，没有信噪比损失。在 $\frac{s_i}{n_i} \ll 1$ 时，外差探测较直接探测有高得多的输出信噪比。即在弱信号条件下，外差探测比直接探测有高得多的灵敏度。在 $\frac{s_i}{n_i} \gg 1$ 时，即在强信号条件下，外差探测比直接探测信噪比仅提高一倍。考虑到系统的复杂性，在这种情况下采用直接探测更为有利。

如果本振光含有噪声，即 $n_L \neq 0$，则输出信噪比就要降低。因此，利用较低噪声的本振激光才能体现出光外差探测的优越性。

3.2.4　光辐射侦察的截获方式及其计算

对光电侦察系统而言，截获光辐射的方式有以下几种。

（1）直接截获接收。直接截获接收是指接收器直接接收来自光源的光辐射能量，所以可接收到的能量最强，给出的接收信号也最强，探测距离远，定位精度高。

对于激光辐射来说，由于激光束发散角小，为了要直接截获激光束能量，则要求激光发射器与接收器的光轴同轴或平行，且接收器必须处在光束的截面之内，因而直接截获接收的对准性要求很高。

（2）散射辐射的截获接收。散射辐射的截获接收是指接收器接收光束中被大气分子或气溶胶粒子散射的少量辐射能。这种接收方式探测空域大，对准性要求低，但方向识别能力差，要求有高的接收灵敏度，所接收的信号强度取决于光束和探测器的相对方向及当时的大气条件。

（3）漫反射辐射的截获接收。漫反射辐射的截获接收是指接收器接收的是光束经过目标或其周围的物体一次或多次反射后的光辐射能量。所以这种方式完全与光束发射方向无关。

（4）复合截获接收。复合截获接收是把上述几种光辐射截获接收方式综合起来，实现直接接收和散射接收的复合系统。这种方式综合了各类截获接收方式的优点，并能适应各种复杂条件。

下面结合不同的光辐射截获接收方式，讨论一下光辐射截获接收的理论计算。

1）一般发光目标（非相干光辐射）的直接截获接收

如图 3.34 所示，假设目标是面积为 A_1 的小面源，其光谱辐射亮度为 L_λ，与接收器相距为 R，倾角为 θ_1，接收器入射孔的面积为 A_2，倾角为 θ_2，接收器内探测器的面积为 A_d。于是目标 A_1 向接收器所在方向发射的光谱辐射功率为

$$P_{1\lambda} = L_\lambda \cdot \cos\theta_1 \cdot A_1 \cdot \frac{A_2}{R^2} \cdot \cos\theta_2 \qquad (3-64)$$

到达接收器接收孔 A_2 处的光谱辐射功率为

$$P_{2\lambda} = P_{1\lambda} \cdot e^{-\int_0^R \delta(\lambda \cdot x)\,dx} \qquad (3-65)$$

式中，大气的光谱衰减系数为

$$\delta(\lambda \cdot x) = K(\lambda \cdot x)n_K(x) + \sigma(\lambda \cdot x) \cdot n_\sigma(x) \tag{3-66}$$

其中：$K(\lambda \cdot x)$、$\sigma(\lambda \cdot x)$ 分别为插入大气粒子(大气分子或气溶胶粒子)的光谱吸收截面和光谱散射截面；$n_K(x)$、$n_\sigma(x)$ 分别为大气的吸收粒子浓度与散射粒子浓度。

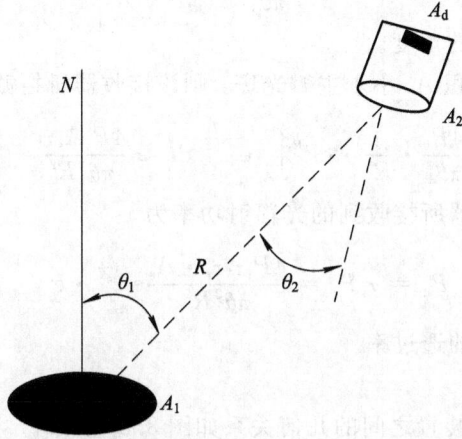

图 3.34　发光目标的直接截获接收示意图

到达光电探测器上的光谱辐射功率为

$$P_{3\lambda} = P_{2\lambda} \cdot \tau_\lambda \tag{3-67}$$

式中，τ_λ 为接收器的光谱透过率。

若接收器的工作波长范围从 λ_1 到 λ_2，则接收器接收到的有效功率为

$$P = \int_{\lambda_1}^{\lambda_2} P_{3\lambda} \, d\lambda = \int_{\lambda_1}^{\lambda_2} P_{2\lambda} \tau_\lambda \, d\lambda$$

$$= \frac{A_1 \cdot A_2}{R^2} \int_{\lambda_1}^{\lambda_2} L_\lambda \cos\theta_1 \cos\theta_2 \cdot e^{-\int_0^R \delta(\lambda \cdot x)\,dx} \, d\lambda \tag{3-68}$$

若光电探测器的电压响应度为 R_u，则探测器的输出电压为

$$U = P \cdot R_u \tag{3-69}$$

2) 激光束(相干光辐射)的直接截获接收

设激光在大气中传播时遵守几何光学规律，大气是均匀的、各向同性的，接收器与发射源的主光轴相互平行且靠近。若激光器输出的光功率为 P_t，则经过发射光学系统后的辐射强度为

$$I = \frac{4P_t}{\pi \theta_t^2} \tau_t \tag{3-70}$$

式中，θ_t 为光束的发散角；τ_t 为发射光学系统的透过率。

与激光源相距为 R 远处的接收器上的辐照度为

$$E = \frac{dP_t}{dA} = \frac{I_t \tau_R}{R^2} = \frac{4P_t}{\pi \theta_t^2} \tau_t \cdot \tau_R \cdot \frac{1}{R^2}$$

而 $\tau_R = e^{-\mu R}$，表示 R 这段路程上插入大气的透过率，μ 为其衰减系数。所以接收器处的辐照度为

$$E = \frac{4P_t}{\pi \theta_t^2} \tau_t \cdot \frac{1}{R^2} e^{-\mu R} \tag{3-71}$$

对于按基模或低阶模工作的激光器，可以近似认为光束内的能量分布是相对光轴对称的高斯分布，则在与激光器相距 R 远处像平面上的照度分布为

$$E_t(\theta_1) = \frac{4P_t}{\pi\theta_t^2}\tau_t \cdot e^{-4\frac{\theta_1^2}{\theta_t^2}} \cdot \frac{1}{R}e^{-\mu R} \tag{3-72}$$

其中，θ_1 为偏离光轴方向的角度。

若接收器入射孔的面积 A_s 小于主瓣光斑，则该接收器所拦截的激光功率为

$$P_r = \frac{4P_t}{\pi\theta_t^2} \cdot \frac{1}{R^2} \cdot e^{-\mu R}\int_{A_s} e^{-4\frac{\theta_1^2}{\theta_t^2}}\,ds \approx \frac{4P_t A_s\tau_t}{\pi\theta_t^2 R^2}e^{-\mu R}e^{-4\frac{\theta_1^2}{\theta_t^2}} \tag{3-73}$$

于是，接收器的光电探测器所接收到的光辐射功率为

$$P_d = \tau_r P_r = \frac{4P_t\tau_t\tau_r \cdot A_s}{\pi\theta_t^2 R^2}e^{-4\frac{\theta_1^2}{\theta_t^2}} \cdot e^{-\mu R} \tag{3-74}$$

式中，τ_r 为接收光学系统的透过率。

3）散射截获能的计算

设激光源与告警接收装置之间的几何关系如图 3.35 所示。

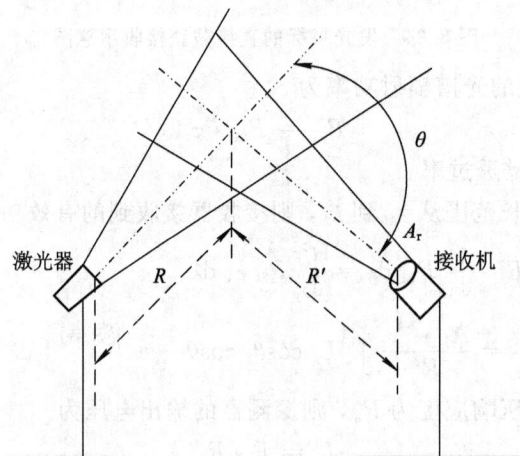

图 3.35　激光源与接收机之间的几何关系

由激光束与接收机瞬时视场相交部分的体积 V 内的介质作为散射体。散射体中心与激光器相距为 R，与接收机相距为 R'，则散射体 V 内的光谱辐照度由式（3-71）可知为

$$E_\lambda = \frac{4P_{t\lambda}\tau_t}{\pi\theta_t^2 R^2} \cdot e^{-\mu R} \tag{3-75}$$

又假定光束在散射体内只有单散射，于是从散射体 V 散射到接收机方向的光谱辐射强度为

$$I_\lambda(V) = E_\lambda \cdot V \cdot P(\theta) = \frac{4P_{t\lambda}\tau_t}{\pi\theta_t^2 R^2} \cdot e^{-\mu R} \cdot V \cdot P(\theta) \tag{3-76}$$

式中，$P(\theta)$ 为散射相角函数，它表示每单位体积、每单位立体角的散射截面，对于瑞利（Rayleigh）散射有 $P(\theta)=\frac{3}{4}(1+\cos^2\theta)$，$\theta$ 为散射角。

接收机截获到的光谱辐射功率为

$$P_{r\lambda} = I_\lambda(v) \cdot \Omega_r \cdot \tau_R = \frac{4P_t \tau_t}{\pi \theta_t^2 R^2} \cdot \mathrm{e}^{-\mu R} \cdot V \cdot P(\theta) \cdot \frac{A_r}{R'^2} \cdot \mathrm{e}^{-\mu R'} \tag{3-77}$$

其中，A_r 为接收机的入射孔的面积。

4）漫反射截获能的计算

激光器发出的激光经过目标漫反射后，有一部分进入告警接收机。

设目标与激光器相距为 R，与告警接收机相距为 R'，目标面积为 A_r，接收机接收孔径面积为 A_s，其他几何关系如图 3.36 所示。

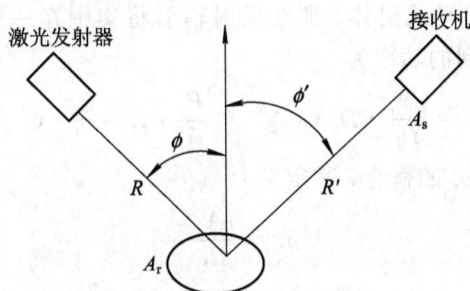

图 3.36　漫反射截获接收图

激光器发射的光功率为 P_t，发散角为 θ_t，于是发射立体角 $\Omega_t = \frac{\pi}{4}\theta_t^2$。设 Ω_r 表示目标 A_r 对激光器伸张的立体角，则目标接收到的光功率为

$$P_r = \begin{cases} \dfrac{P_r \Omega_r}{\Omega_t} \cdot \mathrm{e}^{-\mu R} & (\Omega_r < \Omega_t) \\[2mm] P_t\, \mathrm{e}^{-\mu R} & (\Omega_r > \Omega_t) \end{cases} \tag{3-78}$$

式中，μ 为激光器与目标之间插入大气的衰减系数。于是目标面积 A_r 上的辐照度 E_r 可表示成

$$E_r = \begin{cases} \dfrac{P_r}{A_r} & (\Omega_r < \Omega_t) \\[2mm] \dfrac{P_r}{A_t} & (\Omega_r > \Omega_t) \end{cases} \tag{3-79}$$

式中，A_t 为激光束投射到 A_r 上的光斑面积。设目标 A_r 上的漫反射系数为 ρ（大多数漫反射目标的 $\rho \leqslant 0.2$），于是目标面的漫反射辐射亮度为

$$L = \frac{\rho}{\pi} E_r \tag{3-80}$$

因此，从图 3.36 可知投射到接收机上的漫反射的辐射功率为

$$\begin{aligned} P_p &= L \cdot \cos\phi' \cdot A_r \cdot \Omega_s \cdot \mathrm{e}^{-\mu' R'} \\ &= \frac{\rho}{\pi} \cdot E_r \cdot \cos\phi' \cdot A_r \cdot \Omega_s \cdot \mathrm{e}^{-\mu' R'} \\ &= \frac{\rho}{\pi} \cdot \frac{P_t \Omega_r}{\Omega_t} \cdot \mathrm{e}^{-\mu R} \cdot \cos\phi' \cdot A_r \cdot \Omega_s \cdot \mathrm{e}^{-\mu' R'} \end{aligned} \tag{3-81}$$

式中，Ω_s 为接收机通光孔对目标所张的立体角；μ' 为目标与接收机间插入大气的衰减系数。

把所有立体角的计算公式代入，当 $\Omega_r < \Omega_t$ 时，P_p 可写成

$$P_{p} = \frac{\rho P_{t}}{\pi} \cdot \frac{4}{\pi \theta_{t}^{2}} \cdot \frac{A_{r} \cdot \cos\varphi}{R^{2}} \cdot \frac{A_{s}}{R'^{2}} \cos\phi' \cdot e^{-\mu R} \cdot e^{-\mu' R'}$$

$$= \frac{4\rho P_{t} A_{r} \cdot A_{s}}{\pi^{2} \theta_{t}^{2} R^{2} \cdot R'^{2}} \cdot \cos\phi \cdot \cos\phi' \cdot e^{-\mu R} \cdot e^{-\mu' R'} \tag{3-82}$$

若 $\Omega_{r} > \Omega_{t}$，则 P_{p} 可改写为

$$P_{p} = \frac{\rho P_{t} \cdot A_{s}}{\pi R'^{2}} \cdot \cos\phi' \cdot e^{-\mu R} \cdot e^{-\mu' R'} \tag{3-83}$$

若目标 A_{r} 并非理想的漫反射体，那么反射辐射将集中在一个不太大的立体角 Ω_{f} 之内，于是接收机所能接收到的功率为

$$P_{p} = \frac{\rho P_{r}}{\Omega_{f}} \cdot \Omega_{s} \cdot e^{-\mu' R'} = \frac{P_{r}}{A_{r}} \cdot \Omega_{s} \cdot \sigma_{r} \cdot e^{-\mu' R'} \tag{3-84}$$

式中引入了目标反射截面 σ_{r} 的概念，其定义为

$$\sigma_{r} = \frac{\rho A_{r}}{\Omega_{f}}$$

当 $\Omega_{r} < \Omega_{t}$ 时，有

$$P_{p} = \frac{4 P_{t}}{\pi \theta_{t}^{2}} \cdot \frac{A_{s}}{R^{2}} \cdot \frac{\sigma_{r}}{R'^{2}} \cdot \cos\phi \cdot e^{-\mu R} \cdot e^{-\mu' R'} \tag{3-85}$$

当 $\Omega_{r} > \Omega_{t}$ 时，只要令 $A_{r} = A_{s} = \frac{\pi}{4} \frac{R^{2} \theta_{t}^{2}}{\cos\phi}$，代入上面的 σ_{r} 中即可求出 P_{p}。

3.3　激光侦察告警技术

以激光为信息载体，发现敌光电装备、获取其"情报"并及时报警的军事行为就叫激光侦察告警。实施激光侦察告警功能的装备叫激光侦察告警器。它针对战场复杂的激光威胁源，能够及时准确地探测敌方激光测距机或目标指示器等发射的激光信号，并发出警报。现代激光告警装备正不断向着高精度、低虚警、模块化、小型化、通用化的方向发展，成为激光对抗技术发展的先导。

现有的激光告警器大多装备于车辆、飞机、舰船上，而发展以卫星、潜艇、飞船等为载体的激光告警器无疑是一个重要方向。例如，研制用于潜艇的激光告警器，使之能及时发现敌方的探潜激光，这是潜艇安全的重要保障。如果把这种告警器与释放强吸收剂的无源干扰系统进行组合，就能有效地抗御激光威胁。

近年来，美国制定了 21 世纪"陆战勇士"计划，其综合头盔子系统是整个系统的核心部分，它与计算机以及无线电子系统配合操作，构成了整套士兵装备的单兵激光告警系统。该激光告警系统能探测 360°水平范围内的激光威胁源，并对激光信号的能量、类型、方位以及位置进行分析识别，向士兵提供视频和声音的双重告警，使士兵能够及时采用相应措施，从而大大提高了士兵面对激光威胁的作战能力和生存能力。

3.3.1　激光告警设备的发展过程

激光技术的发展使人们开始研究激光对抗技术。20 世纪 70 年代的初级形式"激光报警器"，只能实时判断激光威胁的存在并粗略判断激光来袭方向；而现在研制的具有多种性

能的高级形式激光告警接收机,不仅能实时报警,而且能探测某些激光参数,包括位置(方向)、激光波长、能量、重复频率及编码等。国外对激光威胁的侦察、探测和告警工作都极为重视,先后研制了多种形式的激光告警接收机。

光电对抗侦察中首先出现的是 20 世纪 60 年代问世的带有威胁探测器的主动防御系统——红外探测器,它安装在主战坦克上。这种探测器在 70 年代得到了进一步的发展,不仅能对抗连续的红外威胁,而且能对抗来自激光测距机、激光目标指示器的激光威胁。据此,美国首先研制出了激光告警接收机(MWR 多传感器警戒接收机),它与烟幕弹发射装置联合使用,形成了早期的对抗手段,至今仍是主动防御系统中广泛使用的对抗方式。其后,法国、英国也先后公开展出了红外和激光警戒接收机、激光与红外探照灯探测器。

在 20 世纪 80 年代早期,激光告警系统曾计划装备"挑战者"坦克,但最终未被采纳。其原因是虽然人们一直认为激光告警接收机主要用来对抗坦克炮的激光测距机,但因为激光脉冲到达和坦克炮发射的时间间隔非常短,所以系统不是很奏效。即便如此,80 年代中期激光告警接收机还是装备到了前华沙合约部队中。几乎与此同时,以色列新开发的"梅瓦塔"坦克也装备了激光告警系统,它比前东德陆军的 T - 55AM2 坦克上的激光告警系统的灵敏度已有了显著提高,不仅能探测激光测距机和激光指示器,还能探测到激光驾束制导导弹系统发出的微弱激光辐射。此时其他许多国家也开始广泛进行激光告警设备的研制,虽然这些激光告警接收机灵敏度还不够高,但是人们认识到了激光告警接收机与烟幕弹发射装置联合使用的潜在优越性,激光告警技术得以发展。美国在 80 年代初开始广泛进行激光告警技术的研究,为其他国家激光告警技术的发展奠定了基础。

1980 年美国电子战中心系统研究实验室研制成功 LARA 激光接收—分析仪,用迈克尔逊干涉仪原理测定激光的到达角度和波长,用二维阵列探测器接收并存储条纹图。

1980 年美国空军赖特航空实验室研制 DOLE(Detection of Laser Evaiuation)激光警戒接收机,并于 1982 年成功进行了战术试验。它是一种机载激光警戒装置,用扫描式法—珀干涉仪探测激光方向和波长。此后由美国空军航空电子学实验室研制的 DOLRAM,是 DOLE 的发展型,能测量激光入射角,并将激光警戒、毫米波警戒装置与 AN/ALR - 46A 雷达警戒接收机相结合。

1983 年美国陆军将 AN/GLQ - 13 车载激光对抗系统编入美军装备,它可探测激光并采取适当的对抗措施,可保卫各种尺寸和形状的区域,保卫地面重点目标。

此时,各国研制的激光告警设备大都能对激光威胁源进行粗略定向,在解决了许多关键技术问题的基础上,采用激光告警先进技术,不断开发研制出能对激光威胁源进行精确告警的小型化设备。

德国在 1989 年提出了一种利用光的干涉原理测量激光波长的方法,与用扫描式法—珀干涉仪探测激光方向和波长相比,它具有结构简单、技术难度小等优点,这在迄今为止的激光告警技术中不能不说是一种创新,它推动了激光告警技术的发展。其他国家也相继研制出多种先进的激光告警设备,如瑞典研制的机载激光告警系统采用了光纤延迟技术,而且在光路中使用分色镜,实现了多波长告警。

美国在 1992 年提出一种袖珍型激光告警接收机,它体积小、重量轻,特别适合在飞机上使用。

1991 年美国陆军通信电子司令部的夜视和电子传感器管理局研制出一种高精度激光接收机（HALWR）。这种高精度激光接收机的视场覆盖为 30°，俯仰 20°，对波长为 0.4～1.1 μm 的激光辐射的灵敏度为 0.28 mW/cm^2，对方位和俯仰到达角（AOA）的测量精度约达 1 mrad(0.06°)，足以支持战车的主炮半自动瞄准发射或实施激光武器的对抗。它由一个指示传感器、一个二维 CCD 焦平面阵列组成的摄像机及一个用于处理和显示的相关电路组成。这种 CCD 以非常规模式操作，可对非同时到达的单脉冲激光进行探测，拦截概率超过 98%，帧速为 10 000～1 250 000/s。最初研究是把 CCD 探测器应用于激光告警器，但是受到诸如要求多脉冲探测或者低灵敏度、有限的频谱范围和低角脉冲拦截概率的限制。1992 年 8 月，试验性的 HALWR 在新泽西州海军空战中心进行了初步试验。该装置利用气溶胶散射能量可探测偏轴约 8 m 的激光辐射；利用出口散射和溶胶散射可探测到偏轴 24 m 的激光辐射。试验中，在偏离主光束 7 m 处，该装置可探测 2.5 km 远的激光目标指示器。此处的激光辐射度仅约为 0.5 mW/cm^2。

在此基础上，美国着手进行"改进型远离轴激光定位系统（FOALLS）"的研制，它可提供偏轴 1 km 的探测距离。这样就可以把它作为一个战场侦测站，在一个大区域范围内精确地对激光威胁源进行定位。远偏轴激光定位系统的灵敏度为 1 μW/cm^2，探测、定位和显示威胁所需时间不足 1 s；可在 8 s 内对至少三个激光源定位。系统的视场覆盖为：方位 75°，俯仰 10°，分为 5 个区。模块固定的下半部包括覆盖整个视场的嵌入式传感器和其他 5 个分配到各个区的传感器。当一个探测器探测到激光时，模块上半部旋转的 CCD 成像仪在该区进行自调整。宽视场的嵌入式视场传感器为系统提供确定 CCD 成像仪前部的窄带谱滤波器的正确威胁波长信息需要 35 ms。

3.3.2　激光告警设备的特点和主要技术指标

1. 激光告警设备的特点

激光告警设备是一种用于截获、测量、识别敌方激光威胁信号并实时告警的光电侦察设备。它通常装载在飞机、舰船、坦克及单兵头盔上，或安装在地面重点目标上，对激光测距机、目标指示器、激光驾束制导照射器、激光雷达、激光制导武器的激光信号进行实时探测、识别和告警，以便载体适时地采取规避机动或施放干扰等对抗措施。

激光告警是一种特殊用途的侦察行为，它针对战场复杂的激光威胁源，能够及时准确地探测敌方发射的激光信号，确定其入射方向，发出警报。相对于其他告警方式而言，激光侦察告警通常具有如下特点：

(1) 接收视场大，能覆盖整个警戒空域；

(2) 频带宽，能测定敌方所有可能的军用激光波长；

(3) 低虚警、高探测概率、宽动态范围；

(4) 有效的方向识别能力；

(5) 反应时间短；

(6) 体积小、重量轻，价格便宜。

激光告警设备主要由激光光学接收系统、光电传感器、信号处理器、显示与告警装置等部分组成。激光光学接收系统用于截获敌方激光束、滤除大部分杂散光后将激光束会聚到光电传感器上，光电传感器将光信号转变为电信号后送至信号处理器，经信号处理器处理后送至显示器，显示器可显示出目标类型、威胁等级以及方位等有关信息，并发出告警信号。还可将来袭目标的威胁信号数据通过接口装置直接送到与其交连的对抗设备中，直接启动和控制这些对抗设备。

为实时识别敌激光辐射源和提供决策信息，激光告警设备一般带有依据平时的情报侦察建立的激光威胁数据库或专家决策系统。前者存放敌激光威胁源的基本参数，后者为决策提供支撑。

2. 激光告警设备的主要战术技术指标

激光侦察告警设备的主要战术技术性能通常包括以下诸项指标：

(1) 告警距离(或作用距离)——当告警器刚好能确认存在威胁时，威胁源至被保护目标的最大距离。

(2) 探测概率——当威胁源位于告警器视场内时，告警器能对其正确探测并发出警报的概率。

(3) 虚警与虚警率——虚警系指事实上不存在威胁而告警器误认为有威胁并错误发出的警报。发生虚警的平均时间间隔之倒数叫虚警率。

(4) 覆盖空域(或视场角)——告警器能有效侦测威胁源并告警的角度范围。

(5) 角分辨率——告警器恰能区分两个同样威胁源的最小角间距。例如，某告警器的角分辨率为 $45°$，这就是说，它只能区分角间距不小于 $45°$ 的两个相同威胁源。换言之，它指示威胁源角方位的精度为 $45°$。

激光告警设备的主要战术技术性能指标范围如表 3.10 所示。

表 3.10　激光告警设备主要战术技术性能指标范围

指标名称	通常取值范围
告警距离	$1 \sim 15$ km
视场角	水平 $360°$，垂直 $180°$
灵敏度	$10^{-3} \sim 10^{-6}$ W/cm^2
动态范围(分析)	$10^4 \sim 10^8$ dB
动态范围(致盲)	$10^8 \sim 10^{12}$ dB
虚警率	$1/(1 \text{ h}) \sim 1/(24 \text{ h})$
探测概率	$0.9 \sim 0.99$
光谱分辨率	0.01 μm
脉宽鉴别	$10 \sim 100$ ns
方位角分辨率	$1° \sim 45°$

3.3.3　典型激光告警设备分析

由于只有对激光告警、侦察接收设备要求有相当宽的动态范围，才能保证高的截获率和低的虚警率，而且还希望能获得足够多的侦察信息，以便识别和采取有效的对抗措施，因此，在设备的研制中采用了多种技术和方案。这些技术和方案的工作原理也截然不同。

激光告警设备按探测工作原理分为主动型和被动型两类，而被动型激光告警设备又分为光谱识别型、成像型、相干识别型、全息探测型四种。

1. 主动式激光侦察告警

1）"猫眼"效应

光电装备的光学系统在受到激光束照射时，由于光学"准直"作用，其产生的"反射"回波强度比其他漫反射目标（或背景）的回波高几个数量级，就像黑暗中的"猫眼"。这就是"猫眼效应"（见图 3.37 ）。

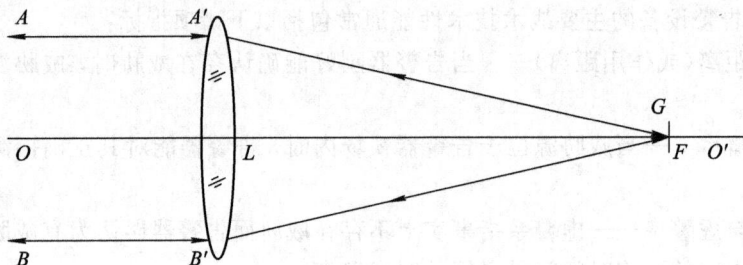

图 3.37　光学系统"猫眼"效应原理示意

图 3.37 中 L 是光学物镜，其像方焦点为 F，焦面上有分划板 G（或光探测器）。若有激光束沿 AA′ 方向射至 L，则 L 使之沿 A′F 射向 G，经过 G 的反射，一部分光能沿 FB′ 返回 L，经 L 后沿 B′B 射出。同理，沿 BB′ 射来的激光束经过光学系统后会有一部分沿 A′A 方向射出。由于透镜 L 的聚焦功能和 G 的镜面反射，系统产生了光学"准直"作用。由于这种作用，反向传播的激光回波能量密度比其他目标（或背景）的回波能量密度高得多。

"猫眼"效应的存在使主动式激光侦察得以成功。我方激光发射系统以扫描搜索方式向一定角空域发射激光束，当激光束射到敌光电装备视场之内时，"猫眼"效应造成的激光回波携带了此光电装备的许多信息。我方接收这些信息并做相应处理后，便得到此光电装备所在方位、距离、探测器种类、工作波长、运动状态等参数，进而依据常设数据库和专家系统，确定敌光电装备的属性（甚至型号），发布指挥决策信息和告警信号，甚至向我火控系统、对抗系统发出指令。

2）系统组成

主动式激光侦察告警系统一般包括高重复频率的激光器、激光发射/接收系统、光束扫描系统、信号处理器、转动机构、声/光/电示警单元等主要硬件和相应数据库以及软件系统。

毫无疑问，主动侦察系统的激光波长应与被侦测对象的工作波段相兼容，否则就不能产生明显的"猫眼"效应。目前，主动式激光侦察主要使用 $1.06\ \mu m$ 和 $10.6\ \mu m$ 两个波长，因而只能探测工作波段也包含这两个波长的光电装备。

3）实用系统

（1）美制"魟鱼"系统。该系统中有激光主动侦察手段。作战时，该系统先以波长为 $1.06\ \mu m$ 的高重频低能激光对其所覆盖的角空域进行扫描侦察。一旦搜索到光电装备，就启动致盲激光进行攻击。故"侦察"是"攻击"的前奏。

（2）美空军的"灵巧"定向红外对抗系统。该系统作战的主要对象是红外制导导弹。使用时，它首先发射激光并接收由导引头返回的激光回波，据此判断敌导弹的方位、距离及其种类等,以确定最有效的调制方式以实施干扰。这就是所谓"闭环"定向干扰技术。

2. 被动式激光侦察告警

1) 光谱识别型激光告警接收机

目前军用激光装备的工作波长仅有 $0.85~\mu m$、$1.06~\mu m$、$10.6~\mu m$ 等几个。若探测装置探测到其中某个波长的激光能量,那就意味着可能存在激光威胁。这就是光谱识别型激光告警接收机的设计依据。

光谱识别型激光告警接收机是比较成熟的体制,它技术难度小、成本低,成为开发种类最多的激光告警器,国外在 20 世纪 70 年代就进行了型号研制,80 年代已大批装备部队。它通常由探测头和处理器两个部分组成。探测头是由多个基本探测单元所组成的阵列,阵列探测单元按总体性能要求进行排列,并构成大空域监视,相邻视场间形成交叠。当某一光学通道接收到激光时,激光入射方向必定在该通道光轴两旁一定视场范围内。当相邻二通道同时接收到激光时,激光入射方向必定在二通道视场角相重叠的视场范围内。依次类推,探测部件将整个警戒空域分为若干个区间。接收到的激光脉冲由光电探测器(一般为 PIN 光电二极管)进行光电转换,经放大后输出电脉冲信号,经过预处理和信号处理,从包含各种虚假信息的信号中实时鉴别有用信号,确定激光源参数并定向。激光威胁源的一些典型特征是:激光武器波长特定、脉冲持续时间较长;测距机脉冲短、重频低;指示器类似于测距机,但重频高;对抗用的激光器类似于测距机,但强度高;通信激光器是被调制的连续波光源或很高重频的脉冲串。对于引导干扰机的激光告警接收机设备,必须给出激光波形的详细特征,包括脉冲重复率、脉冲间隔。

(1) 光谱识别型阵列系统的构成。为了保证覆盖足够大的角空域,通常将多个阵列单元按一定方式组合,使其成为阵列型系统。例如,在水平面内按圆对称方式排布 n 个相同的阵列单元,以确保水平面内具有 $360°$ 的视场角。另在此圆形阵列的中央铅垂轴线上安置一个阵列单元,使其光轴指向天顶,以保证铅垂面内有一定的视场角。

激光告警接收机通过输入孔径探测主光束、出口散射和气溶胶散射的激光辐射。主光束辐射的激光能量呈高斯分布。一般情况下,目标上的光束直径只有几米。例如,当发散度为 $\pm1.5~mrad$ 时,在 $5~km$ 远的目标上形成直径为 $1.5~m$ 的光斑。出口散射是由发射机光学系统的不完善或不洁净,使部分激光能量偏离主光束而带来的散射。激光能量的另外一个组成部分是气溶胶散射,激光通道上的分子和大气微粒也会使部分激光能量落在主光束外,造成局部散射。

按照探测器接收激光能量的方式,光谱识别型激光告警接收机可分为直接拦截探测型和接收大气气溶胶散射的激光能量的散射探测型两种。

① 直接拦截探测型。采用拦截探测方式,可实现对激光源的定位。多探测器拦截警戒就是一种比较简单的、可实现对激光源定位的拦截探测方式,通常由若干个分立的光学通道和电路组成。这种接收机探测灵敏度高,视场大,且结构简单,无复杂的光学系统,成本低,但角分辨率低,只能概略判定结构入射方向。

典型直接拦截探测型激光警戒装置由探测头和显控器两个部分组成。探测头由硅光电二极管探测通道组成,分别接收来自不同方向的激光辐射。假定探测器内有 n 个探测通道均匀分布在水平 $360°$ 方位角的范围内,围成一个圆形阵列,将水平 $360°$ 角均分成 n 个扇形区。若把每个光学聚焦系统都加工成只接收 $540°/n$ 立体角内的激光,再考虑到相邻两区重叠的情况，则在水平方位上探测器的探测精度可达 $180°/n$。也就是说，水平方位复合探测器对激光脉冲的方位角分辨率为 $180°/n$。

以 $n=10$ 为例。单个光学聚焦系统应加工成只接收 $54°$ 立体角内的激光，考虑到视场交叠后的水平方位角分辨率为 $18°$（见图 3.38）。

采用拦截探测型结构的探测器，其方位报警显示器一般都采用编码孔径方式。如上例有 10 个光学聚焦系统时，共有 20 个编码，用 20 个发光二极管围成一个圆形阵列（见图 3.39），进行声光报警。

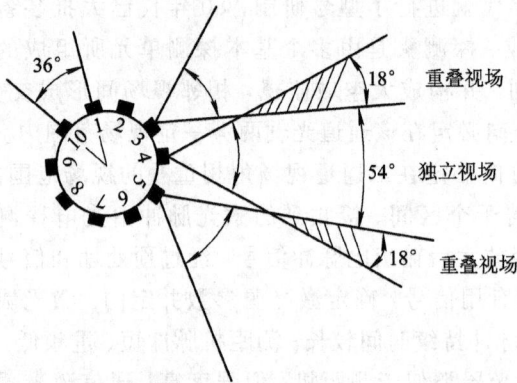

图 3.38　复合探测器中单个探测器的水平方位分布及视场　　图 3.39　显示器示意图

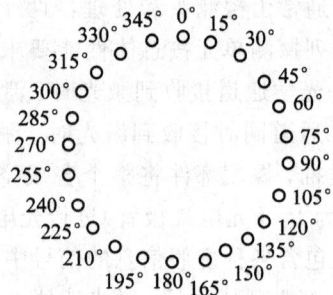

这种接收机要在有各种电磁干扰和背景光干扰的野战环境中长时间警戒 $360°$ 空域而不虚警，往往要求虚警率低到 $10^{-3}/h$ 以下。为此，必须采取有效的抗干扰措施来大幅度降低虚警率。为了排除各种人为和自然背景光源的干扰，除采用窄带滤光片和尽量减小接收视场以外，还可增加特征识别的措施。阳光、雷电、炮火闪光、探照灯光等自然或人为背景干扰远比军用激光脉冲频率低，因而可以采取脉宽鉴别电路来进行特征识别。为了排除电磁干扰，除采用电磁屏蔽、去耦、接地等措施外，一个有效措施是采用多元相关探测技术。多元相关探测技术就是在一个光学通道内，采用两个或两个以上并联的探测单元，并对探测单元的输出进行相关处理。

② 散射探测型。对于激光束不能被探测器直接拦截的情形，可以通过接收目标表面、地面、大气气溶胶等散射的激光辐射来实现激光探测和告警。在协同作战中，探测这种散射光可实现对临近车辆受到激光威胁的告警。其探测器光学系统的典型结构图如图 3.40 所示。光学系统的核心是一个特殊设计的圆锥棱镜，其内有一个下凹的锥形。制造棱镜用的材料可用光学质量好的有机玻璃。棱镜的下方是窄带干涉滤光镜和硅光电二极管探测器。菲涅尔透镜把透过窄带干涉滤光镜的光聚焦在硅光电二极管探测器的光敏面上。有一种通过接收大气气溶胶散射的激光能量而进行警戒、用于装甲车辆的探测器。这种探测器装在车顶，视场向外、向下展开，好像一个锥形的"罩子"，将车辆完

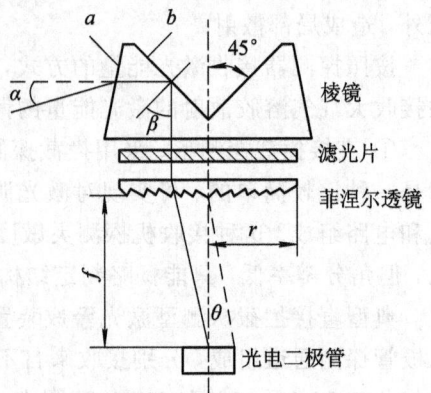

图 3.40　散射探测器光学系统的结构

全"罩住"。它在垂直面上的视场宽度为 6°，范围是 7°～13°；在水平方向上的视场为 360°。来自任何方向、射到车辆任何部位的激光辐射，都必然要穿过这"罩子"。当激光束穿越"罩子"时，大气气溶胶散射的激光能量就能被探测器接收到。这种散射探测方式可以有效地警戒敌方激光束的照明，但不能确定激光源的方位。英国马可尼公司研制的空间散射光探测器，由八个光口围成一个圆形，在入光口中有栅极、折射镜，物镜及探测器等。

散射探测式通常利用接收设备所在平台本身或平台周围大气对激光能量产生的散射进行探测，但若是利用大气散射，则与天气有关，其散射能量与波长的四次方成反比，因而只能用于可见光和近红外探测，对中远红外难以奏效。为了可靠截获激光束，确保不漏警，往往将直接探测和散射探测相结合，这样更为实用。

（2）阵列单元的组成及多元相关探测机理。阵列单元包括激光探测头、信号处理器及报警/显示器等三个主要部件，如图 3.41 所示。其中，激光探测头由物镜、滤光片及光电转换器件组成；信号处理器包括阈值发生器、阈值比较器、前置放大器、主放大器、相关处理器、A/D 转换器及计算机等；报警/显示器则有声/光警示装置、监视器和存储电路。

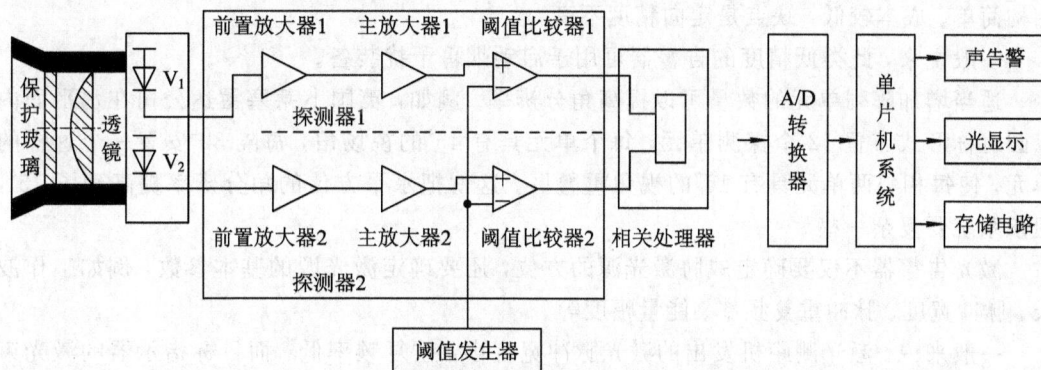

图 3.41　单个探测通道单元的结构

由图 3.41 看出，每个阵列单元物镜焦平面的同一聚焦点上有两个相同的并联探测器，且它们各有独立的前置放大器、主放大器及阈值比较器。当有敌激光进入该阵列单元时，信号经放大后由两阈值比较器进行比较，把低于阈值的噪声滤除，此后送至相关处理器。因为同一单元中两并联探测器同时出现白噪声的概率近乎为零，而敌激光脉冲信号在两探测器中具有相同的振幅和相位，故对二者做相关处理可确保目标信号被顺利提取，而探测器自身的噪声被有效地去除，从而在兼顾探测灵敏度的条件下使虚警率明显下降（探测器自身的白噪声是产生虚警的主要因素之一）。

（3）光干扰的抑制。自然光及灯光、火焰、炮火闪光等都可能对激光告警器构成光干扰。为消除或抑制其影响，可考虑以下措施：

① 光谱滤波。置入探测光路中的窄带滤光片只允许激光威胁信号通过，摒弃其他光辐射，可取得很好的效果。

② 电子滤波。根据威胁激光信号的脉冲特征也可以抑制干扰。例如，敌测距激光的脉冲宽度常为纳秒量级，据此设计滤波器就可减少干扰。

③ 门限控制。威胁激光的幅值通常很高，据此设计阈值比较器就能剔除低于阈值的噪声。

（4）实例。挪威 Simrad 公司和英国 Laser.gage 公司合作研制生产的 RLl 型激光警戒接收机是最先报道且已批量装备部队的阵列型激光告警系统。它包含激光探测传感器和显示控制器两大部件，供装甲车辆使用（激光探测传感器伸出车顶，显示控制器装于车内）。全系统有五个激光探测单元，其中一个指向天空，四个在水平面内对称分布。每个单元的视场角均为 135°（无物镜），相邻单元视场有 45°的重叠区。系统采用了有效的抑制二次反射的技术。其主要性能如下：

探测波段	$0.66\sim1.1\ \mu m$
探测器	硅光电二极管
覆盖空域	水平 360°，铅垂 180°
角分辨力	45°
虚警率	$10^{-3}/h$

属于此类的激光告警器还有英国与挪威联合研制的 RL2 型、英国的 SAVIOUR 型、法国的 THOMSON - CSF 型、以色列的 LWS - 20 型、中国的 LWR - 1 型等。其共同优点是结构简单、成本较低，缺点是定向精度不高。

一般说来，此类低精度的告警器可用于启动烟幕干扰装备。

适当增加阵列单元的数量可以提高角分辨率。例如，英国卜莱塞雷达公司在水平面内以圆对称形式布置 12 个探测单元，每个单元具有 45°的视场角，每隔 30°安置一个这样的单元，使每相邻两单元具有 15°的视角重叠区。这就把水平方位的角分辨率提高到了 15°，但该系统要复杂一些。

激光告警器不仅要确定威胁激光源的方位，还要确定激光源的基本参数，例如工作波长、脉冲宽度、脉冲重复频率、能量幅度等。

一般来说，激光测距机发出的激光脉冲宽度小，重复频率低；而目标指示器的激光束与测距激光相似，但重复频率高；致盲式激光武器的激光也与测距激光相似，但能量密度高；通信用的激光是调制的连续波或重复频率很高的脉冲串；"硬破坏"用的激光武器常采用连续波激光或脉冲宽度较大的脉冲光，其能量密度极高。这些典型特征都是判断威胁种类的基本依据。

2）成像型激光告警设备

光谱识别型阵列激光告警器受传感器数量的限制，角分辨率不可能很高（一般为十几度到几十度），不适于装备在歼击机之类的作战平台上，更不适于用作激光有源干扰装备的配套设施。

（1）成像型激光告警设备的特性。成像型激光告警设备基于广角凝视成像体制而工作，由于利用了鱼眼透镜（或超广角镜头）的超大空域覆盖特性和 CCD 面阵的光电转换/信号处理与传送性能，此类告警器具有如下优点：

① 视场大。采用鱼眼透镜可实现全空域的凝视监测，不需扫描，不存在由扫描而可能引起的漏探测。降低覆盖空域、减小视场后，它可使定向精度达 1 mrad 左右。

② 角分辨率高。采用 CCD 成像器件，像元尺寸小（微米级），为精度定位提供了先决条件，角分辨率比低精度告警器约高一个量级，是一种中精度告警器。

③ 虚警率低。采用双光道和帧减技术，消除了背景干扰，突出了激光信号，大大降低了虚警率。

　　尽管成像型激光告警设备在主要性能上有了很大提高，但仍存在着光学系统复杂，成本高，难以小型化以及只能单波长工作等缺点。

　　此类告警器一般包含摄像探测头、显示/控制器两大部件。前者主要由超广角物镜或鱼眼镜头、CCD 面阵或 PSD（位置传感探测器）器件、窄带滤光片、分光镜、光电转换元件、有关电子线路及计算机组成；后者主要包括激光光斑显示器、警示信号装置、控制部件、指令传送接口以及信息存储单元等。探测部件采用 180°视场的等距投影型广角鱼眼透镜作为物镜，视场覆盖整个上半球，可接收来自任何方向的激光辐射，接收的激光辐射通过光学系统成像在面阵 CCD 上。CCD 面阵产生的整帧视频信号，用快速模—数转换器转换成数字形式，存储在单帧数字存储器中。当包含背景信号和激光信号的一帧写入存储器时，即与仅包含背景信号的老的一帧用数字方法相减。帧减的结果作为一个表示位置（方位角和俯仰角）的亮点，在显示器上显示出来。利用这种数字背景减去法，可以在显示器上清晰地把每个激光脉冲的位置都显示出来，并可以跟踪激光源的位置。而且，由于 CCD 面阵的单个光点的定位精度接近 $0.2~\mu m$，角分辨率通常为零点几度到几度，因此可以实现精确确定辐射源的方位及光束特性（包括光谱特性、强度特性、偏振特性等）、时间特性、编码特性。用鱼眼透镜作为发射和接收激光辐射的飞机碰撞告警系统，用鱼眼透镜接收一个半球空域范围的激光辐射，以检测飞机周围存在的危险目标，并发出告警，以便采取适当的预防措施。

　　（2）鱼眼透镜。普通光学系统的理想成像使无穷远的物体所对应的像高尺寸满足

$$y_0' = f \cdot \tan\omega \qquad (3-86)$$

式中，y_0' 是理想像高度，f 是系统的物方焦距，ω 是左方无穷远物体所对应的视场半角。

　　鱼眼透镜的最突出特征是能凝视半球或超半球空域，相应的视场半角满足

$$|\omega| \geqslant \frac{\pi}{2} \qquad (3-87)$$

　　由式（3-86）可知，当 $|\omega|=\pi/2$ 时，$|y_0'|\to\infty$，即此时不能应用高斯光学讨论问题。在 $|\omega|>\pi/2$ 时，轴外物点的光线自右方射来，不符合高斯光学公式的基本约定。

　　这表明，对于鱼眼透镜，式（3-86）完全失效，需要进行新的研讨。首先是要寻找新的公式取代式（3-86），以正确描述像高尺寸 y_0' 与视场半角 ω 的关系。

　　下列公式（尤其是前两种）已被应用：

$$y_0' = k \cdot f \cdot \omega \qquad (3-88)$$

$$y_0' = 2f \cdot \sin\frac{\omega}{2} \qquad (3-89)$$

$$y_0' = 2f \cdot \tan\frac{\omega}{2} \qquad (3-90)$$

$$y_0' = f \cdot \sin\omega \qquad (3-91)$$

公式中各量的含义与式（3-86）式同（k 是比例系数）。

　　上述公式的选择实际上表示我们对系统成像的一种期望，即希望系统按公式的约定把超大空域的场景投影在焦平面上。可见，式（3-88）～式（3-91）就分别约定了各自的投影关系（成像关系）。

　　式（3-88）、式（3-89）分别叫等距投影公式和等立体角投影公式，实践中使用很多；而式（3-90）、式（3-91）分别叫体视投影和正投影公式。若按式（3-88）设计鱼眼透镜，则

所设计的透镜叫等距投影型鱼眼透镜。其余照此类推。

从像差设计的观点来看，用式(3-88)~式(3-91)中的任一个取代传统的式(3-86)，实际上是故意引入绝对值很大的负畸变，使成像高度极度被压缩，把原本不能成像的空域场景也包容到焦面上有限的范围内来。鱼眼透镜就是能把上述期望变成现实的一种特殊光学系统，它在军事上有重要的应用价值。

水下的鱼能发现水面之上半球空域内一定距离的物体，人们利用光学镜头来模拟这种功能，就把这种镜头叫"鱼眼透镜"。鱼眼透镜是一种特殊的反摄远物镜，它的设计和计算与普通镜头有许多差异。限于篇幅，这里不详细讨论了。

(3) 成像告警器实例。美国早在 1973 年就着手研制成像式激光告警器，1978 年进行了原理实验，1979 年曾有公开报道，这就是美国陆军武器对抗办公室和仙童公司共同研制的激光寻的和警戒系统"拉赫韦斯(LAHAWS)"。它采用凝视 2π 立体角的等距投影型鱼眼透镜收集半球空域内任意方位的来袭激光束，将其成像于(100×100)像元的 CCD 面阵上予以显示。系统采用了一系列抑制干扰的措施，其工作过程为：

鱼眼透镜后面的 4:1 分光镜把入射光能量分送两个通道——80%的能量通过窄带滤光片，经光谱滤波后聚集于 CCD 光敏面，其余 20%的能量又经分光镜和窄带滤光片进入两条通道(能量比例为 1:1)A 和 A′。A 和 A′各自设有一支 PIN 硅光电二极管，但 A 通道中有威胁激光信号和背景信号，而 A′中只有背景信号。A、A′两通道的输出经过相减运算后放大，使背景信号被去除。因此，在没有威胁激光时，相减后输出为零；当有威胁激光时，相减后输出不为零。输出信号经过放大和高速阈值比较器处理，检出威胁激光信号，驱动声/光指示器报警。同时，CCD 面阵输出的视频信号经过 A/D 转换和帧相减运算，也去除了背景，突出了威胁激光光斑影像。此光斑在 CCD 面阵上的位置经过解算，可以准确标示激光威胁源的方位，并由监视器显示出来。

为防止强激光造成器件饱和，系统采用了自动增益控制措施。

LAHAWS 工作波长为 1.06 μm，覆盖空域为半球范围(方位 360°，俯仰 0°~90°)；威胁定向精度为 3°。

3) 相干识别型激光告警设备

激光辐射有高度的时间相干性，相干长度一般在零点几毫米到几十厘米之间，而非激光辐射的相干长度只有几微米。因此，用干涉仪作传感器就可识别激光。激光入射其上便受到调制而产生相长干涉和相消干涉，非激光入射其上则不产生干涉造成的强度调制而表现为直流背景，二者便得以区别开。这就是相干识别型激光告警设备的基本原理。

相干识别是目前测定激光波长的最有效方法。激光辐射有高度的时间相干性，故利用干涉元件调制入射激光可确定其波长和方向。相干识别型激光告警设备用法-珀(Fabry-Perot，简写为 F-P)或迈克尔逊干涉仪光学系统给入射激光造成相干条件，利用形成的干涉条纹间距确定入射激光的波长，利用干涉图的横向位移量确定入射激光方向。其特点是可识别波长且识别能力强，虚警率低，视场大，定向精度高。采用相干识别型激光告警设备，不仅可以区分激光和非相干光，而且可以测出入射激光的参数，如波长、入射方向等。利用法-珀干涉仪和迈克尔逊干涉仪原理的激光告警设备，是目前比较实用的相干识别型激光告警设备。前者用法-珀干涉滤波器和光电二极管作探测器；后者用球面迈克尔逊干涉仪和面阵 CCD 摄像机探测激光产生的同心圆环。它们共同的特点是识别能力强，能探测激光波长和虚警低；不同点是前者视场大、定向精度高。相干识别型激光告警设备的主要缺点是制造工艺复杂，价格昂贵。

（1）F-P 相干识别型激光告警器。F-P 相干识别型激光告警器基于 F-P 标准具的多光束干涉原理而工作。其主要部件有：可摆动的 F-P 标准具、透镜、探测器、鉴频器、计算机、警示装置、记录设备等。图 3.42 可说明其工作原理。

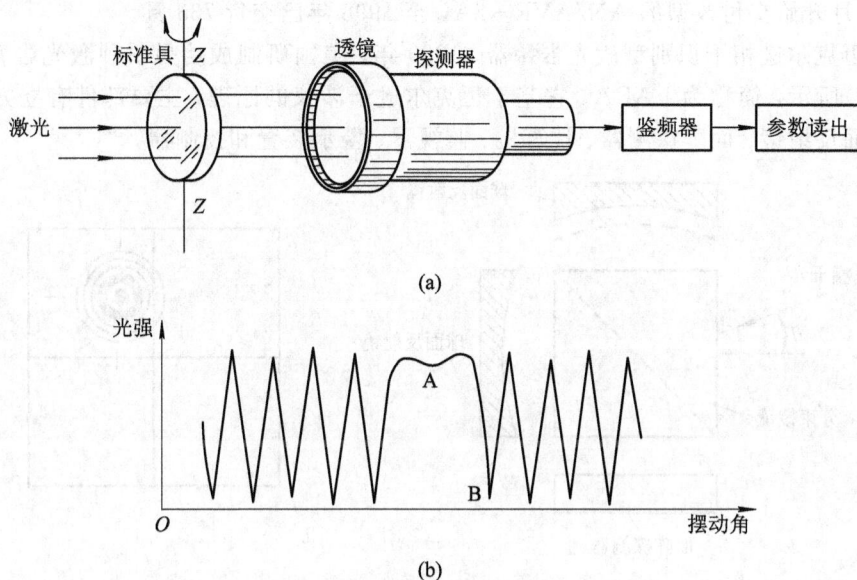

图 3.42　F-P 相干识别型激光告警器的工作原理

图 3.42 中，标准具可绕 Z 轴偏转，且偏转角 θ 可以被精确测量。

当激光射入标准具时，探测器接收到透射多光束的干涉光能量。若相邻两光束的光程差为波长的整数倍，则探测器收到的光强度最高；若两相邻光束的光程差为半波长的奇数倍，则探测器收到的光强度最低。在其他情况下，探测器收到的光强度介乎最大值与最小值之间。

若使标准具绕 Z 轴以一定幅度周期性地摆动，则两相邻光束之间的光程差就随之呈周期性变化，导致探测器接收到的光强也同步变化，如图 3.42(b) 所示。图中 A 点所对应的摆动角必是标准具法线与入射激光束平行的情况。因此，标定 A 点对应的摆动角，就得到来袭激光的方向。测定曲线上 A 点与 B 点的间隔，就能计算出激光的波长。

因为激光有优异的相干性，加之 F-P 标准具透射多光束相干光场的优异对比度，这种原理得以在激光告警器中被成功应用。普通光辐射（自然光、灯光、炮火闪光、背景杂散光等）不具备激光那样的相干性，探测器上的光强度就不会出现图 3.42(b) 那样的变化，这就明显地突出了激光的特征，提高了系统探测来袭激光的能力，同时使虚警率大大降低，增强了实用性。

应用上述原理制成的激光告警器已经服役。其中美国的 AN/AVR-2 是最典型的代表，也是世界上第一种批量装备部队的 F-P 相干识别型激光告警器。它有四个探测头和一个接口比较器，可实现 360°方位角空域覆盖，常与 AN/ALR-39 雷达警戒接收机联用，平均无故障时间（MTBF）为 1800 h。

美军将 AN/AVR-2 装在 AH-1 型直升机转子附近的机身两侧,每侧有两个激光探测头,实现水平方位 360°周视。当敌激光照射直升机时,激光探测头把光信号转换为电信号送给 AN/ALR-39 雷达警戒接收机的显示器,从显示屏可以判断来袭方位角,还可大致知道威胁的能量等级。

美国休斯公司下属的 Danbury 光学公司自 1990 年至 1998 年生产了 609 具 AN/AVR-2;1995 年 1 月开始交付改型的 AN/AVR-2A,至 1998 年已交货 733 具。

(2)迈克尔逊相干识别型激光告警器。1980 年,美国研制成功另一种激光告警器,如图 3.43(a)所示,简称为 LARA。它基于迈克尔逊干涉仪的原理,主要部件有立方分光棱镜、两球面反射镜、面阵探测器、计算机、监视器、警示装置和控制器。

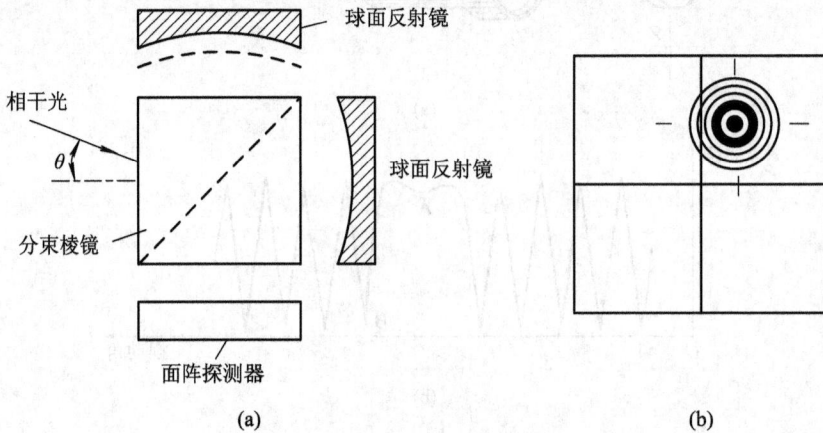

图 3.43 迈克尔逊型激光侦察告警工作原理

来袭激光经分光棱镜分为两束,各自由球面反射镜反射后再次进入分光棱镜会合并发生干涉,在探测器面阵上形成"牛眼"状干涉环,如图 3.43(b)所示。经计算机处理后,由同心圆环的圆心位置可以计算出来袭激光的入射方位角,根据圆环间距可以计算激光的波长。据此可以显示告警信息和传出相应指令。

非相干光不能形成这种干涉条纹,故此种告警器利于抑制虚警。

4. 全息探测型激光告警设备

全息探测激光告警设备采用全息象限透镜,是专门设计的曝光系统的全息光学元件。全息象限透镜是一种分线任意个象限的全息光学文件。它可以把入射到不同象限上的激光辐射分别成像在在特定位置上,成像的位置仅由被照明的象限所决定。利用全息象限透镜确定入射激光的波长和入射方向,物镜将入射的激光会聚到位于其后焦平面处的全息象限透镜的某个象限上,全息象限透镜将激光辐射会聚到与这个象限相应的点探测器上,从而确定激光源所在的象限。

一种典型的全息探测型激光告警设备的具体原理如下:

全息象限透镜被做成 4 个象限的全息光学元件,将入射在其上的辐射分成 4 束,同时成像在 4 个探测器上,在每个探测器上形成的光点的大小,与光辐射在全息象限透镜上的入射位置成比例。物镜将入射的平行激光束会聚到位于其后焦平面处的全息象限透镜上,形成一个光斑,在该全息象限透镜后面适当距离上安装 4 个光电探测器,使它们位于光轴的四周，并且在垂直于光轴的同一平面上。全息象透镜在 4 个探测器的光敏面上按其光斑偏离光轴中心的不同位置形成光能强弱不同的光点，使 4 个探测器产生不同的输出信号。将探测器输出信号反馈给由求和线路、求差线路、除法线路构成的电子系统进行处理，就可以确定光斑在全息象限透镜的位置，而光斑位置是激光束入射角的函数，因此，根据 4 个探测器的输出，可以非常准确地确定光源方向。

　　与阵列型的激光告警相比，虽然全息探测型激光告警设备均采用光电二极管作为传感器，但它却能在告警的同时，测定激光来袭方向，还可利用全息象限透镜的色散特性识别激光波长。与相干型激光告警接收机相比，全息探测型激光告警设备具有电路简单、反应速度快、成本低、稳定性能好等优点，不仅被用来取代普通的光学透镜，而且还用它来扩展光学系统的应用范围和功能。它利用全息成像对波长及激光方向的依赖性原理，测定入射激光的波长和入射方向，使空间角分辨率提高。虽然全息探测型激光告警设备不需要机械扫描，但制作工艺复杂，激光有效透过率较低，因此设备的灵敏度较低。全息探测型激光告警设备目前还处在试验研究阶段。

3.3.4　激光告警的关键技术和发展趋势

1. 关键技术

　　(1) 虚警抑制。战场上有许多引起虚警的因素，如阳光、炮火闪光、宇宙射线、电磁干扰以及白噪声等。采用多元相关探测技术可有效地抑制虚警。比如，在同一光学通道设置完全相同的两个探测器，并对输出作相关运算。

　　(2) 相干探测。利用激光优异的相干性是探测激光威胁的最好方式。它能剔除阳光、火光、曳光弹、探照灯等光干扰。

　　(3) 光谱识别。可调谐激光器在军事上的应用向只能识别几个固定波长的激光告警器提出了挑战，使光谱识别技术越来越重要。它不但要准确探测变化的激光波长，还要把闪烁的阳光等干扰拒之门外。

　　(4) 到达角(AOA)测量。从战场使用来说，都希望告警器能准确提供激光威胁源的方向信息。但实际情况常影响这种信息的可靠性。例如，告警器收到的激光能量不是由威胁源直接传来，而是经由中间某物体的散射后进入告警器。另外，大气传输造成激光波前畸变和光束抖动，使进入告警器的光束方向不是威胁激光的真实走向。加之某些军用激光器的单脉冲特性，可能造成"漏检"，如此等等。采用凝视成像的告警系统有助于克服以上困难。它把视角范围内的场景和入射激光聚焦光斑成像于探测器面阵，并通过屏幕直观显示，以便于判断和准确测向。况且，凝视系统不会像扫描系统那样有漏掉单脉冲的可能。

　　(5) 告警距离的延伸。用户都希望告警器具有很长的告警距离，因为这意味着争取更多的抗御时间。但实际系统的告警距离与虚警率常是互相制约的，告警距离的延伸可能造成虚警率上升。因此，如何在二者之间求得一个最好的折中结果，一直是侦察告警系统研制的核心问题。

　　(6) 宽动态范围的实现。战场上激光威胁的能量可能相差好几个量级，加之告警器收到的激光既可能直接从激光器射来，也可能经过一个或多个漫反射体散射而来。因此，射入告警器的能量密度可能有 10 个量级以上的变化。这要求告警系统具有很宽的动态范围。尽管许多光电探测器的线性动态范围可能很宽，但前置放大器及偏置电路往往只有 3～4

个量级的线性动态范围。故全系统宽动态范围的实现也是关键。

2. 发展趋势

（1）多波长探测。在现代战场上，只能探测单一波长的激光告警器已不能满足使用要求，必须发展多波长探测装备。据 1999 年的报道，德国研制的一种告警器，能探测波长在 $0.4 \sim 1.1~\mu m$、$1.4 \sim 2.4~\mu m$、$8 \sim 12~\mu m$ 范围的激光威胁，可同时识别一个目标指示器和四台激光测距机。它共有四个传感器，方位角覆盖 $360°$，俯仰角达 $\pm 45°$，角分辨率为 $10°$。

英国 PA7030 型告警器的工作波段为 $0.4 \sim 1.1~\mu m$，探测距离为 $7 \sim 10$ km，采用了直接探测和散射探测两种体制。前者包含由 12 个硅光电二极管组成的阵列，覆盖角域为 $360° \times (-15° \sim +40°)$；后者包含两个光电二极管。

（2）与多种对抗系统交联集成。激光侦察告警器与有源或无源干扰系统结合，可组成侦察告警/干扰系统；与雷达警戒接收机、红外、紫外告警器交联，可组成多功能告警系统；与强激光武器组合，可形成侦察/反辐射武器系统，如此等等。

（3）多载体的激光侦察告警器。现有的激光告警器多装备于车辆、飞机、舰船。发展以卫星、潜艇、飞船等为载体的激光告警器无疑是一个方向。例如，研制用于潜艇的激光告警器，使之能及时发现敌方的探潜激光，这是潜艇安全的重要保障。如果把这种告警器与释放强吸收剂的无源干扰系统组合，就能有效抗御激光威胁。

（4）性能的不断优化。用于机载的激光告警器，需要中精度的角分辨率；而与定向干扰/压制式激光武器配套的激光告警器，则必须有高精度的角分辨率。同时，低虚警、高探测概率、长告警距离是告警器研制的永恒主题。

充分利用光纤前端技术、光全息术和现代光学信息理论，将会研制出新体制的激光告警器。发展中、远红外激光的侦察告警技术，例如对 DF 化学激光、CO_2 激光的侦察告警技术也值得关注。

3.4　红外侦察告警技术

利用红外传感器探测目标本身的红外辐射，进行分析处理，依据辐射特征和预设数据库判别目标类型，确定其方位（甚至计算到达时间）并报警（甚至自主启动对抗设施），这就是红外侦察告警。其主要工作对象是敌来袭导弹（包括战术导弹、洲际导弹、巡航导弹等）、飞机或其他重要威胁源。

3.4.1　红外侦察告警的发展历史

红外侦察告警系统大致在 20 世纪 60 年代初开始装备部队，它经历了三个技术发展阶段。

60 年代初以前的发展可归纳为第一阶段。这一阶段的红外警戒系统主要是由美国等一些西方发达国家研制的。系统的信号处理基本上都采用模拟电压信号的相关检测及幅度比较技术。一方面用光盘调制技术来提高信噪比，用加滤光片等方法来减少阳光、月光、闪电及弹药爆炸产生的辐射和云、大气及地物等背景的红外辐射，另一方面通过在电路中设置一定的背景门限、噪声门限等来控制选取目标信号。由于受当时技术条件的限制，系统的背景噪声一般都比较大，虚警率也比较高，而截获概率却较低，因此很快便被新一代的红外警戒系统所取代。

第二阶段起于 20 世纪 60 年代中期，止于 70 年代中期。这一阶段的红外警戒系统主要是由美国、瑞典、加拿大及以色列等国研制的。信号处理上多是将目标当作点源处理，信号检测中多采用最小均方根移动窗、拉普拉斯移动窗等空间点源提取方法，信号分析多采用时间相关、扫描相关及波段相关等技术。其典型的工作方式是：目标的红外辐射被两个或多个光学聚焦系统分别聚焦在接收面阵列相应的方位和俯仰位置上，接收面阵列将目标的红外辐射转换为电信号，经放大及计算机处理后，使模拟电压信号转换成数字编码信号，通过音响告警、灯显示告警及图形显示告警三种综合告警方式给乘员提供直观、形象的威胁源状态，在自动对抗控制的方式下及时地采取相应的对抗措施。

与第一阶段相比，第二阶段的红外警戒系统具有如下特点：

（1）新器件的采用和制冷技术的发展，使系统对目标的截获概率大大提高，工作波段已可覆盖 $1\sim3~\mu m$、$3\sim5~\mu m$ 及 $8\sim14~\mu m$，探测距离可达几千米以上。

（2）由于器件集成技术的采用，红外探测器已由单个探测单元变为线阵或面阵，因而对红外目标的分辨率大大提高。

（3）由于使用了计算机，系统具有多目标搜索、跟踪和记忆能力，且能够从复杂的背景和噪声信号中准确提取出目标信号。美国研制的供 B - 52 轰炸机、F - 15 鹰式战斗机及直升机等使用的 AN/ALR - 21、AN/ALR - 23、AN/AAR - 34 及 AN/AAR - 38 等红外系统是这一阶段的典型产品。

从 20 世纪 70 年代后期至 90 年代初为第三阶段。在这一阶段，由于长波红外技术、双色红外技术、宽波段（$1\sim25~\mu m$）接收技术的飞速发展及雷达与红外复合的双模告警系统的介入，红外警戒系统具有全方位、全俯仰的警戒能力，可完成对大批目标的搜索、跟踪和定位。由于采用了大规模集成电路，系统能用先进的成像显示提供清晰的战场情况，分辨率可达微弧量级，同时还能自主启动干扰系统工作，警戒距离可达 10～20 km。

与前两阶段相比，这一阶段的红外警戒系统所具有的特点是：

（1）系统采用了高分辨率、大规模的面阵接收元件，使得区域凝视成为可能，由于系统角分辨率和灵敏度的提高，大大提高了目标的截获速度和截获概率，同时也大大降低了虚警率。

（2）由于系统采用了大量专用软件、硬件及逻辑电路，其信号处理速度大大加快，缩短了整机的反应时间。

（3）由于多处理器的联网及系统和外部计算机的交联，信号处理的效率大大提高，同时使其他电子系统能够有效地针对警戒目标作出反应。法国研制的 VAMPIR MB 红外全景监视系统，美国研制的凝视型 AN/AAR - 43、扫描型 AN/AAR - 44 红外警戒接收机及AN/ALQ - 153、AN/ALQ - 154、AN/ALQ - 156 等多普勒雷达导弹探测器，美国和加拿大联合研制的 AN/SAR - 8 红外系统及荷兰研制的单、双波段 IRSCAN 等系统则是这一阶段的典型产品。

目前的红外侦察告警装备大多采取"被动"式工作体制，但也有附带红外照明装置以构成"主动"式的系统。例如俄罗斯的一种坦克用红外侦察告警器就是这样。它为了提高对目标的探测能力，还采用主动红外照明手段。当然，这样同时也增加了自我暴露的风险。

3.4.2　红外侦察告警系统的组成和特点

红外侦察告警系统包括红外探测单元、信号处理单元和示警/控制单元。

红外探测单元一般由整流罩、光学系统、滤光片、探测器、致冷器和部分预处理电路等组成(扫描型探测系统中还有光学的、机械的或光学/机械扫描部件)。其功能是搜集目标的红外辐射,并将其转换为电信号,经过一定的预处理后传输给信号处理单元。可以说,它相当于全系统的眼睛。

信号处理单元把信号进一步放大,实现 A/D 转换后进行数字信号处理,并运用预存数据库和各种软件,进一步提取和识别目标,提供其所属种类、运动参数、方位角、俯仰角等信息。

示警/控制单元接收上述信息后以声、光、电信号报警并显示目标信息,同时启动相应机构实施抗御。

红外侦察告警系统按其空域覆盖形式可划分为扫描型和凝视型两种体制,其主要区别体现在红外探测单元上。

红外侦察告警技术具有许多优点,例如:

(1) 能准确判定目标角方位(精度为 0.1~1 mrad)。

(2) 能较方便地处理多目标。

(3) 除告警外,还能监视、跟踪、搜索,可方便地与火控系统联用。

(4) 大多采用被动探测方式,隐蔽、安全。

理想的红外侦察告警系统应努力做到:

(1) 具有全球面角空域(4π 立体角)覆盖能力。

(2) 能全天候、全时日地工作。

(3) 能在复杂背景和战场条件下以近于 100% 的概率探测和识别目标。

(4) 探测距离足够远(例如,对战术导弹的探测距离应大于 10~15 km)。

(5) 虚警率低,反应时间短。

(6) 测角精度高,并能确定目标种类,提供其运动参数。

(7) 在雷达盲区或特殊情况(雷达被干扰或有故障)下能替代雷达工作。

(8) 能方便地与光电对抗系统、火控系统协调行动。

(9) 通用组件模块化,能携载于多种平台。

(10) 体积小,重量轻,成本低,易维修。

3.4.3　红外侦察告警系统的工作机理

红外侦察告警系统必须从背景中把目标检测出来。它提取目标的机理有:

(1) 依据目标的瞬时光谱特征。某些重要目标在特定时刻的辐射具有明显的特征,基于此可以识别此类目标。例如,导弹在其被发射时,其火舌卷流的辐射光谱曲线在"红"、"蓝"色处有明显的"尖峰"。依据特定时刻的这种光谱特征可以感知导弹的发射,因为背景辐射不具备这种特征。

(2) 依据目标辐射的时间特征。有些目标的辐射强度随时间而变化,且这种变化遵循着一定的规律。比如导弹，它在刚发射时的红外辐射强度很高；在助推段时，其辐射强度相对下降；至惯性飞行段时则辐射强度更弱。根据红外辐射强度随时间变化的这种规律可以识别导弹和判定其运动状态。

（3）依据多光谱特征。任何物体都有相应的红外辐射光谱曲线。不同物体在某一波长附近的辐射强度可能相同或相近，但不可能在各波段都有相同或相近的辐射强度。如果同时获取红外区域多个波段的辐射，并进行信息融合处理，就能更充分地表现特定目标的特征，从而发现和识别它。

（4）利用图像特征。目标的红外图像不仅包含了其红外辐射强度信息，而且直观展现了它的几何形体，其总信息量比只利用辐射强度时要大得多。故利用红外图像提取目标是迄今为止最可靠的方式。不仅如此，有了图像，就可以充分利用先进的图像处理技术，准确地识别目标，精密地标定其角方位，还能利用帧间运算，提供其运动参数，建立其航迹，预测其坐标和实施跟踪。

3.4.4　装备实例

1. IRS－700

IRS－700 型被动红外侦察告警器是瑞典萨伯公司于 20 世纪 70 年代末开始研制的，已与火控系统联用，是被动式红外探测技术用于侦察告警方面的首批尝试型号之一，且至今仍在服役。

全系统包括扫描器和控制器两大部分。扫描器为坚固的全天候结构。控制器在舰用时可装在甲板下面，在用作陆基防空系统时可装在防护良好的构件内。工作时，这两部分可分置于相距 1 km 的两处。

扫描器光学系统前有两楔形镜，二者以相同的角速度反向旋转，形成在铅垂面内的光栅扫描（无水平分量），以适应安置在铅垂面内的线阵（32 元）HgCdTe 器件。系统的转台带动整个光学系统绕铅垂轴做 360°回转，它与前述铅垂面内的 25°扫描角配合，实现方位 360°、俯仰－5°～＋45°的空域覆盖。

信号处理机的主要功能是显示威胁目标、发布警报和抑制虚警。32 元探测器的输出经各自的前置放大器、带通滤波器处理和多路传输，转换为数字信号，由处理机控制存储和比较。

控制器包括目视显示器、操作板和处理机。它可对是否报警进行判决。

系统工作波段为 8～12 μm；覆盖空域为：方位 360°，俯仰－5°～＋45°；角分辨率为 2 mrad；对迎头飞来的飞机，其探测距离为 10 km。

IRS－700 为第三代产品。

2. AN/AAR－44 及 AN/AAR－44（V）机载导弹告警系统

美国 Raytheon 系统公司和 Cincinatti 电子公司研制的 AN/AAR－44 机载导弹告警系统是被动式工作装备，用于对逼近的导弹作红外侦察告警。它在半球空域内连续扫描搜索，以发现和跟踪敌导弹，并指示导弹方位和控制对抗型装备实施抗御。其重量为 28 kg，属第二代产品，装备 C－130 飞机。

该系统可以边跟踪、边搜索，具有对多重导弹威胁的分析处理能力，能鉴别日光、丘陵和水面的反射光（以减少虚警），配有 MILSTD－1553D 总线接口。

AN/AAR－44(V)是 AN/AAR－44 的小型化产品，它能在超半球空域探测敌导弹，能分析处理多重威胁，其测角精度足以满足定向红外对抗的需要，并且具有快速反应和抑制虚警的特点。它可装在高性能飞机内或吊舱里，能与定向红外对抗系统组合为一体，也可装在 ALQ－184 电子对抗吊舱内。它已在美空军 C－130 和 C－141 飞机上服役。其已知的主要技术性能如下：

覆盖范围：360°方位角，±135°俯仰角；

指示精度：优于 1°；

温度适应：－54～＋71℃；

携载高度：近于 13 700 m；

MTBF：$\geqslant$500 h；

重量：9.1 kg。

3. AN/AAR－44A

AN/AAR－44A 是 AN/AAR－44 的最新改进型产品，由 Cincinatti 电子公司研制。它在持续跟踪时仍能提供远距离告警、搜索/识别和多目标处理功能，具有外部对抗控制能力、多光谱识别性能和红外对抗接口。其已知性能参数如下：

覆盖范围：半球空域；

适应温度：－54～＋70℃(工作状态)，－54～＋90℃(存放状态)；

携载高度：0～15.24 km；

重量(单位为 kg)：全系统 27.9，传感器 18.07，处理器 8.27，控制/显示器 1.13；

尺寸(单位为 mm)：传感器 400×ϕ369，处理器 200×212×252，控制/显示器 102×142×150。

4. 机载无源告警系统(PAWS)

以色列 Elisra 电子系统公司的 PAWS 可探测导弹发动机的羽烟，并在高杂波条件下实行跟踪，能以低虚警率识别威胁性与非威胁性导弹。对威胁性导弹，它能精确指示逼近方向，并大致估算到达时间，还可自行选择合适的有源干扰而实施抗御。它可以独立作战，也可与雷达告警接收机或激光告警器协同工作。

该系统还具有多目标处理能力。其单个传感器重 6.5 kg，尺寸为 132 mm×187 mm×365 mm，与之相连的处理器重 9 kg，外形尺寸为 203 mm×389 mm×127 mm。

5. SAMIR 导弹告警器

法国的 SAMIR 原称为 DDM，是机载装备。它能探测导弹的红外辐射并确定其方位，把有关数据传给机载对抗设施且自主将其启动。该系统具有高探测概率、低虚警率和多目标处理能力，能在复杂干扰环境中正常工作。它采用了先进的信号处理技术和红外双波段探测器阵列，有综合致冷装置，并已装备"幻影"2000 飞机和"阵风"战斗机。该系统的测角精度优于 2°，重量 16 kg。

从如今服役和即将服役的红外侦察告警装备来看，它们多数为舰载或机载系统；工作波段为 3～5 μm 或 8～12 μm，双波段兼容者不多；方位角覆盖多采用扫描头做 360°回转(转速 1～3 r/s)，俯仰角以螺旋式或步进式扫描来覆盖；角分辨率约为毫弧级，指示精度为几毫弧；告警距离为 10～15 km。表 3.11 是文献上列出的此类装备。

3.4.5　红外侦察告警的关键技术和发展趋势

1. 关键技术

（1）重要目标及典型背景的红外辐射特征数据库。掌握重要目标（如导弹、飞机、导弹发射场等）和典型背景（例如天空、云层、林地、沙漠、雪地、水面）的红外辐射特征以及这种特征随时间的变化规律具有决定性作用。它使我们可以利用二者的差异，重点检测目标的暴露特征，准确地快速探测目标和识别目标。

另外，研究大气对红外辐射的传输特性也很重要。因为它直接影响侦察告警装备所接收到的目标红外辐射能量。

由于光电对抗技术的发展，许多重要目标在不断提高自己的隐蔽性和改进自己的性能，这使得现有的经验和规律可能过时和失效。例如，更高性能的导弹加速度比以往大得多，使之在被发射时很快就结束了助推过程，此后便靠惯性滑行至目标。这使得助推段的探测比以往要困难，且不能照搬过去的时间规律。

（2）外场试验与内场仿真。红外侦察告警系统的内场仿真是系统设计的重要方法。先进的外场试验则是检验系统性能的必要手段，它要真实地仿照实战条件（包括作战对象及其运动方式、电磁环境、背景条件、干扰与噪声、载体的速度、过载、振动及天候情况等）。

（3）光学系统设计与制造。

（4）探测器技术。目前，探测器的性能、尺寸普遍成为红外系统发展的重大制约因素。毫无疑问，优质的集成度高而成本相对较低的红外探测器——尤其是大面积、高分辨力的红外 FPA 已成为红外侦察告警装备的核心部件。当前还特别需要高性能的非致冷探测器，它们的使用将使红外侦察告警装备面目一新。

（5）电子技术。红外侦察告警系统的探测器的输出信号（常为微伏量级）常与噪声相仿。要把有用信号检出并放大至几十毫伏到上百毫伏，要求前置放大器具有优良的噪声抑制能力和较高的放大系数。同时，为保证系统的工作距离、高探测概率和低虚警率等性能，需要一系列先进的信号与信息处理技术，如高增益、低噪声的放大技术、自适应门限检测技术、时/空滤波技术、扩展源阻隔技术、目标识别/分选技术、目标跟踪技术、模糊模式识别技术与数据融合技术等。

（6）图像处理技术。红外侦察告警系统在刚捕获到目标时，由于距离较远，目标的"图像"通常只占据很少几个像素，且表现的红外辐射强度也很低。相比之下，背景辐射却可能较强。如何在这种情况下把弱小目标检出并达到实时性要求就成为首要难题。此即所谓弱小目标检测问题。同时，战场情况非常复杂，人为的和自然的干扰因素很多。许多重要目标可能同时出现，其运动状态又可能各不相同，加之天候条件的影响等，对多目标的快速识别和处理更加困难。

2. 发展趋势

（1）充分利用目标光信号特性降低虚警率。来自目标的光信号可能从光谱曲线、时间特性、空间特性等多方面表现出目标的特征。充分利用这些信息就可准确地检出目标，减少虚警。

以导弹为例，在频谱方面，导弹发射时的羽烟中含有混合的二氧化碳及水蒸气，具有明显的发射及吸收频谱特征，在光谱的 $4 \sim 5~\mu m$ 红外波段产生特征性的"红"与"蓝"尖峰。

在时间性方面,导弹发射时要产生很强的红外辐射脉冲信号;而在推进阶段,导弹的发动机继续工作,所以会产生较强的连续红外辐射;进入滑翔阶段,导弹的红外辐射源只剩下被气动加热了的蒙皮,这时的红外辐射强度很弱,辐射的峰值波长分布在中、远红外波段,此种低强度信号就可从背景中检测出。在空间分布方面,导弹发射时,从尾部喷出炽热的长长的火舌,火舌边缘处有时有些抖动,像根羽毛,所以一般称羽状尾焰,如果导弹飞出大气层,因大气压力降低,尾焰的体积迅速膨胀,则又成为一条长约 1.5 km 的明亮的光带。根据上述这些特征,我们就可采用复合告警来降低虚警率。譬如,在红外告警系统中加装电视摄像机,当红外敏感元件发现导弹而摄像机也发现亮点时,即可判定导弹发射了,否则就是虚警。也可在红外告警系统中加装紫外探测系统,由红外与紫外双波段复合探测来判定目标的有无,从而降低虚警率。

美国、英国和德国等均已研制出一些较先进的复合光电探测器,如美国空军为 B-2 飞机研制的复合告警器,可同时探测红外、可见光、紫外及射频威胁。美国霍尼威尔公司研制的新型导弹复合告警器,把多普勒雷达和红外探测技术结合在一起,可将虚警率降至最低。

(2) 与其他种类的警戒系统相结合。红外警戒系统与其他警戒系统(如雷达、激光预警装置及紫外告警装置等)相结合可弥补各自的不足之处,并可与火控系统构成全自动化、一体化的警戒设备。

(3) 向高精度测向定位发展。为了能及时消灭威胁源,要求未来的警戒装置除了能准确判明威胁源的种类外,还必须能对其准确定位,从原理上讲,采用电扫或多元并行处理接收的全景凝视技术,是红外警戒技术的发展方向之一。

(4) 综合利用高新技术。

· 高密度、高探测率、高响应率并且能在更高温度下工作的焦平面阵列器件的研制与使用,将使红外警戒系统具有更高的探测灵敏度和分辨率,更高的截获概率和更低的虚警率。

· 随着微处理机技术的采用,系统将不断提高边搜索边跟踪的处理速度,不断提高快速自动化报警及在复杂环境下进行多目标信号处理的能力。

· 由于大规模集成电路技术的发展,系统将以体积小、功能强的单片机来取代微机,软件和接口电路的设计将更注重功能模块的通用性,图像显示也将与其他系统共用高分辨率的综合显示装置等。

3.5　紫外侦察告警技术

紫外侦察告警指以下军事行动:利用工作于紫外波段的专门装备接收和处理目标自身的紫外辐射信号,实施探测和识别,指示其方位角并发布警报;在多重威胁出现时,进行威胁等级排序,提出对抗决策建议。

目前的紫外侦察告警主要是针对导弹的。它利用导弹固体火箭发动机羽烟的紫外辐射特征,提示被保护的平台采取抗御措施。

统计数据表明,从 20 世纪 60 年代的越南战场到 90 年代的"沙漠风暴",75% 以上的战损飞机都是在飞行员尚未感知导弹威胁时被击落的。因此,及时侦测导弹的发射和提供导弹逼近告警十分重要。对机载告警器来说，有效地减少虚警具有特别的意义。这使紫外告警能大显身手。

3.5.1　紫外侦察告警的原理

紫外侦察告警系统工作在中紫外波段(0.2～0.29 μm)。由于臭氧层的吸收等原因，该波段内的太阳紫外辐射被阻隔而不能到达低空，于是形成"日盲"区(或叫光谱"黑洞")。这使得该波段的紫外探测系统有效地避开了最强大的自然光所造成的复杂背景，剔除了一个最棘手的干扰源，使虚警显著减少，还大大减轻了侦察告警系统的信号处理难度和工作量。

系统采用光子检测方法，充分利用目标光谱辐射特性、运动特性和光辐射的时间特性，运用数字滤波、模式识别、自适应阈值等方法，保证高信噪比探测，提高了系统的灵敏度。

紫外侦察告警系统有概略型、成像型之分。概略型侦察告警系统通过紫外物镜接收导弹羽烟的紫外辐射，以单阳极光电倍增管为探测器件进行光电转换。相对于成像型系统而言，它体积小、重量轻、功耗小，但角分辨率低，灵敏度也较差。由于它能引导烟幕弹、红外干扰弹的投放，因此现在仍作为一项新技术被应用。成像型侦察告警系统通过大相对孔径的广角紫外物镜接收导弹羽烟的紫外辐射，以面阵探测器形成光电图像，据此提取目标。相比之下，它探测和识别目标的能力更强，角分辨率更高，不仅能引导烟幕弹、红外干扰弹的投放，还能指引定向红外干扰机，并且有良好的目标态势估计能力，是紫外告警的主导潮流。

3.5.2　紫外侦察告警系统的组成与战术应用

紫外侦察告警系统包括紫外探测单元、信号处理单元、显示/控制单元。其中，显示/控制单元可与别的光电设备共用，功能与红外侦察告警器中的一样。探测单元通常包括几个(如机载系统为4个或6个)紫外传感器，组合起来构成全方位、大空域的覆盖(例如360°×92°范围)，每个传感器均以凝视工作体制收集紫外辐射，经光电转换和多路传输把信号送至信号处理单元。信号处理单元先对信号作预处理，再送入计算机作统计判决，确定有无威胁源。若有，则解算其方位角并向显示/控制单元发送信息。若有多个威胁源，则还要排定威胁程度的次序。紫外侦察告警系统的组成如图3.44所示。

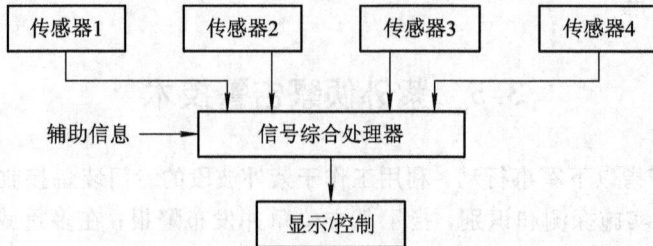

图3.44　紫外侦察告警系统的组成

每个传感器都有光学整流罩、紫外物镜、窄带滤光片、光电转换器件(对成像型系统是增强型CCD-ICCD面阵，例如有512×512或256×256像元；对概略型系统是非制冷光电倍增管)。

成像型紫外侦察告警系统不仅能准确指示目标所在方向，还能大致估算其所处的距离。图 3.45 是成像型系统的组成示意图。

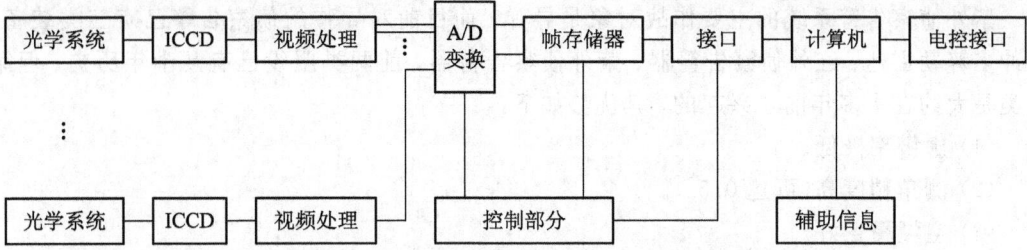

光学系统 → ICCD → 视频处理 → A/D 变换 → 帧存储器 → 接口 → 计算机 → 电控接口

光学系统 → ICCD → 视频处理 → 控制部分

计算机 → 辅助信息

图 3.45   成像型紫外侦察告警系统的组成示意图

紫外侦察告警系统常与别的光电对抗系统交联组合。图 3.46 表示了一例。图 3.47、图 3.48 各表示 6 个或 4 个传感器(视场均为 92°)的位置。

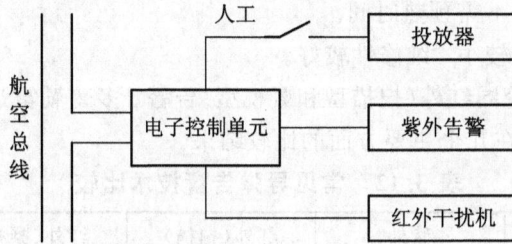

航空总线 — 人工 → 投放器

电子控制单元 → 紫外告警

电子控制单元 → 红外干扰机

图 3.46   紫外告警设备与其它设备接口的关系

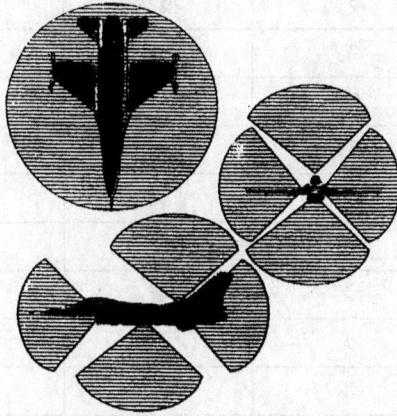

图 3.47   6 个光学传感器在战斗机上的安装示意及视场

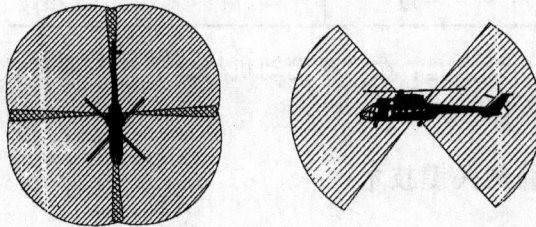

图 3.48   紫外告警战术应用

3.5.3　紫外侦察告警的特点

紫外侦察告警系统的主要作战对象是导弹,而目前对导弹的侦察告警已有三类装备:脉冲多普勒雷达、红外侦察告警器、紫外侦察告警器。前两类服役已有几十年历史,但第三类是大约在十多年前才兴起的,其优势如下:

(1) 虚警率极低。

(2) 测角精度高(可达 0.5°)。

(3) 空域覆盖好。

(4) 无电磁辐射。

(5) 与其他告警器能很好地兼容。

(6) 对太阳、外来电磁辐射、载体发动机等具有优异的抗干扰能力。

(7) 不用致冷器,也不需预热时间。

(8) 成本较低,体积较小,维修性较好。

业内人士把紫外告警同红外(扫描型和凝视型)告警、多普勒雷达告警作了充分的比较与试验。表 3.12 列出了在几个主要方面的比较结果。

表 3.12　常见导弹告警技术比较

特　性	紫外	红外(扫描)	红外(凝视)	雷达
探测距离	好~适中	好	好	一般
虚警率	很低	很高	很高	高
探测精度	高	高	高	低
导弹发动机熄火探测	不能	不能	不能	能
视场覆盖	很好	很差	很好	差
距离数据	无	无	无	有
对太阳敏感度	低	高	高	无
飞机发动机干扰	无	有	有	少
航空电磁干扰	无	无	无	高
对敌方干扰敏感	不	不	不	高
可靠性	高	低	低	低
产品价格	一般	高	很高	高

紫外侦察告警的突出缺点是:在导弹发动机熄火后就不能截获导弹,而且无距离信息。但它仍不失为导弹告警的新技术。

3.5.4　紫外侦察告警的关键技术

紫外侦察告警的关键技术包括:

(1) 紫外光学物镜的研制。

(2) 优质的紫外滤光片。

（3）性能优异的探测器。紫外探测避开了阳光的影响，剔除了一个复杂的强背景，但与此同时，导弹羽烟的紫外辐射也较小。而且，导弹刚发射时离告警器较远（如 5～10 km），大气的散射、吸收使到达告警器的紫外信号很弱，目标在探测器上又只能形成一个光"点"，没有形体图像可言。因此，系统对目标的"侦探"是一个极微弱信号（光子）的检测与处理问题，与此有关的各种技术困难都会在这里集中表现。

（4）外场试验。紫外侦察告警系统的外场试验常借助于无人飞行器或缆车直升机作为载体，目标光源经过电子系统控制，使其到达告警器的紫外辐射强度符合大气透过率与距离反平方律特征。更高的要求还包括对导弹、告警器载体运动状态和背景杂波的模拟。这是考核告警器总体性能的最后关卡。

3.5.5　装备实例

自 1987 年美国推出世界上首台紫外告警器（AN/AAR - 47）以来，又先后出现了十多种型号的装备。紫外告警技术体制也经历了两次革新。下面为实例。

1. 美国 AN/AAR - 47

AN/AAR - 47 是世界上首例紫外告警器，它属于概略型告警装备。全系统包括 4 个传感器，每个传感器的视场角均为 92°；4 个传感器的光轴共面于水平面，每相邻两个在水平面内有 2°的重叠角；系统角分辨率为 90°；能在敌导弹到达前 2～4 s 发布警报；能自动释放假目标干扰，还能发现我方发出但未起作用的红外干扰弹（"哑弹"），并在 1 s 时间内再发干扰，整个对抗过程历时短于 1 s；单个传感器直径 120 mm，重量 1.6 kg；系统总重 14.35 kg，功耗 70 W，覆盖角空域为 360°×92°；采用非制冷光电倍增管。

2. AN/AAR - 47B

AN/AAR - 47B 是为适应战斗机需要，对 AN/AAR - 47 所做的改型。其传感器长度只有原来的 1/2，以便能安装于战机蒙皮较薄处；同时，其灵敏度得到提高，且能适应载体超音速飞行而产生的摩擦热环境。

3. AN/AAR - 54 和 AN/AAR - 54（V）

AN/AAR - 54 由美国西屋公司研制，可装于现有干扰吊舱（如 ALQ - 131、ALQ - 184），也可直接安装在飞机内，已装备于 F - 16 等高速飞机。其角分辨率为 1°，能引导定向红外干扰机 AAQ - 24，也可与 ALE - 47 红外干扰弹投放器交联，启动其投放。它使用 6 个凝视紫外传感器实现全空域覆盖。

AN/AAR - 54（V）是典型的紫外成像型告警器，它采用了大视场、高分辨力的凝视紫外传感器和先进的综合航空电子组件电路，能从假目标中提取正向我逼近的敌导弹，其截获目标的时间约为 1 s，指向精度为 1°。

4. AN/AAR - 60

美国 AN/AAR - 60 紫外告警器由 4～6 个传感器组成（数量可选定），是目前世界上体积最小、性能最好的告警器之一。它没有独立的电子控制单元，每个传感器自带处理器，它们都可控制全系统，故在只剩一个传感器时也能正常工作。

这些处理器中有一个"主"处理器，其余为"从"处理器。系统采用面阵探测器。由于其单个像元对应的视场角比单元光电倍增管的小得多，有效地降低了背景噪声，因此其信噪比明显高于 AN/MR - 47。它不仅能指示目标来袭方向，还能估算其距离。

5. MILDS - 2

法、德联合研制的 MILDS - 2 紫外告警器所用的关键技术与 AN/AAR - 60 相同，也是成像型体制。该系统对导弹告警的响应时间约为 0.5 s，指向精度优于 1°，告警距离约为 5 km。

3.6 光电综合侦察告警技术

现代战争对信息综合利用的要求使光电综合侦察告警技术应运而生。光电综合告警装备可对红外、紫外、激光不同波段的光电威胁信息进行综合探测处理，在探测头上有机结合，在数据处理上有效融合，并充分利用信息资源，实现优化配置、功能相互支援及任务综合分配。

以激光驾束制导导弹为例，它不仅表现有制导波束的激光辐射信息，还有导弹发动机工作时的羽烟紫外辐射信息，也有导弹自身的红外辐射信息。三种信息的综合利用不仅可以准确地探测这种导弹，精确地指示其角方位，判明其是红外制导导弹还是激光制导弹，有效地剔除假目标，显著降低虚警率，而且能依据由不同波段获得的数据，比对处理获取目标距离信息。

3.6.1 光电综合侦察告警的原理和特点

把两种或多种侦察告警思想融合，从结构上采用"共孔径"或部分"共孔径"而组成一个统一的整体，在数据处理上运用多光谱信息融合技术，统一分配工作任务，使各种功能互补，优化配置，达到总体提高作战效能的目的，这就是正飞速发展的光电综合侦察告警技术。其优点是：

（1）显著提高判决的可靠性。光电综合侦察使被利用的信息量明显增加，而几种光电传感器所获取的信息融合会使判决结果更加可靠。

（2）补充目标的距离信息。众所周知，不同波段光辐射对应的大气衰减不同，依据这一点，利用两不同波段实施目标探测时，运用数据处理技术可以有效地进行距离估计，从而弥补一般被动式光电侦察不能感知距离的重要缺点。

（3）有利于快速反应。光电综合侦察包含了共形设计、光通道复用、资源共享、信息融合和多传感器数据并行处理等诸多高新技术。相对于几个独立工作的分离系统而言，其信号处理能力要强得多，实时性好得多，因而可实现快速反应——这对告警系统是至关重要的，它意味着赢得时间。

（4）提高系统的作战能力。光电综合侦察系统能在几个不同的光波段工作，提高了系统的作战能力。

3.6.2 红外/激光复合告警技术

红外/激光复合告警技术通常以共孔径结构凝视空间大视场范围，体现出高度集成化优势，减少体积、重量，增加可靠性，便于实现探测头空间视场配准和时间的最佳同步。例如，红外告警探测导弹发射时，激光告警探测激光驾束制导系统的激光辐射，既可完成对激光威胁和红外导弹威胁的感知，又可对激光驾束制导导弹做复合探测。

红外/激光复合告警采用共孔径、探测器分立设置的方式，接收的辐射经过同一光学系统会聚和分束器分光后，分别送到不同滤光片上，经滤光片选择滤波，送至相应的探测器。探测器的每个像素视场内的光学信号随后转换成电信号。设备一般采用凝视型，以多元探测器件实现对光电威胁的精确探测，同时可抑制假目标（尤其对激光等具有短持续特征的信号）。

红外/激光信息量较大，通常采用分布式计算机系统进行数据综合处理。

德国埃尔特罗公司的 LAWA 激光告警器即为一例，它能探测红宝石激光、Nd：YAG激光、CO_2 激光和普通红外辐射。

3.6.3　红外/紫外复合告警技术

红外/紫外复合告警技术采用单独的光学系统和分立的探测器件，对现有紫外、红外探测头进行复合，通过数据相关处理，提高战场态势估计水平。紫外告警完成对导弹的发射探测，红外告警对导弹进行跟踪，以控制定向红外干扰机等干扰设备。同时，二者做信号相关处理，可大大降低虚警率，完成对导弹的可靠探测。由于红外告警的角分辨率可达1 mrad，因而对导弹的定向精度可优于 1 mrad。

一般说来，红外/紫外复合告警是大视场紫外告警和小视场红外告警的综合。

紫外告警由多个成像型探测头构成，对空域进行全方位监视；红外告警则是一个小视场的跟踪系统。紫外告警探测、截获威胁目标后，把威胁方位信息传给中央控制器，中央控制器通过控制多轴向转动装置完成对红外告警的引导。由于导弹发动机燃烧完毕后继续有较低的红外辐射能量，红外告警可对目标继续跟踪。二者以"接力"方式进行工作。

美国 1997 年推出的 AN/AAQ-24 红外定向对抗系统采用了这种告警技术。

3.6.4　紫外/激光复合告警技术

紫外/激光复合告警通常以成像型紫外告警和激光告警构成综合一体化系统。

紫外/激光复合告警设备由探测头、信号处理器、显控盒等组成。每个探测头的紫外、激光光学视场完全重叠且均为 90°，4 个探测头形成 360°×90° 的监视范围。紫外探测器对空间进行准成像探测。4 个不同波长的激光探测器均布在紫外探测通道周围，对激光波长进行识别。当激光威胁源或红外制导导弹出现在视场内时，产生告警信号并在显示器上显示出相应的位置。

紫外/激光复合告警不仅在探测头结构形式上有机结合、在数据处理上有效融合，而且由于探测头输出信号均为纳秒级脉冲信号，因而在接口、预处理电路及电源等方面可资源共享。另外，它可对激光驾束制导进行复合探测，这是因为二者视场完全重叠，当驾束制导导弹来袭时，紫外告警通过探测羽烟获得数据，激光告警通过探测激光指示信号获得数据，两者做相关处理，能获得导弹来袭角信息和激光特征波长。

单独的紫外告警不能区分来袭的光电制导导弹是红外制导还是激光制导，只有同激光告警的数据相关后，才能作出判决；另一方面，紫外/激光告警可对激光驾束制导导弹进行复合告警，通过数据相关降低激光告警的虚警率。

20 世纪 80 年代末期，美国 LORAL 公司研制带有激光告警的 AAR - 47 紫外告警机改进型，将探测头更新换代，把 4 个激光探测器装在现有紫外光学设备周围，同时使用了一个小型化实时处理设备。激光探测器工作波长为 $0.4\sim1.1~\mu m$，可对类似于瑞典博福斯公司生产的 RBS70 激光驾束制导导弹告警。同时，该公司研制了一种印刷电路板，加装到 AAR - 47 紫外告警系统上后，不用改动原布线就能提供激光告警能力。

3.6.5 发展趋势

近十多年来，国际上相继出现了激光、红外、紫外，甚至雷达等多种告警技术复合的实用装备，明确地表现出了复合光电侦察告警技术不断扩展工作波段、主动/被动工作体制结合的发展趋势。

美国 F - 22 战斗机装备的告警系统，可利用紫外辐射、可见光、红外辐射直至毫米波实施侦察告警；英国普莱西雷达公司研制的复合光电告警器能有效探测红外探照灯和两种激光。

美国海军的综合电子战工作经历了两个阶段：第一阶段是研制和演示"最佳对抗响应"软件；第二阶段是将导弹逼近告警、激光告警和"最佳对抗响应"软件综合在单一处理器模块上，形成综合告警，并通过综合控制，提高干扰效果。

此外，美国伯金—埃尔默公司把激光、毫米波警戒装置与 AN/ALR - 46A 雷达警戒接收机结合的 DOLRAM 计划也在进行之中。

第 4 章　光电有源干扰技术

光电有源干扰技术是光电对抗的重要组成部分，又称为光电主动干扰，它采用发射或转发光电干扰信号的方法，对敌方光电设备实施压制或欺骗。光电有源干扰可以分为可见光有源干扰、红外有源干扰和激光有源干扰，相应地有红外干扰弹、红外有源干扰机、强激光干扰和激光欺骗干扰等技术。

4.1　红外干扰弹

红外干扰弹也称做红外诱饵弹或红外曳光弹。随着 20 世纪 50 年代红外制导导弹的服役和不断发展，红外干扰弹在五十多年的实战运用中证明了自己具有以下突出优点：有效、可靠性高、廉价、效费比高。几十美元的红外诱饵弹，往往能使几万、十几万美元的红外点源制导导弹失效。它是目前应用最广泛的红外干扰器材之一。

4.1.1　红外干扰弹的分类和组成

红外干扰弹按其装备的作战平台可分为机载红外干扰弹和舰载红外干扰弹。按功能来分，又可分为普通红外干扰弹、气动红外干扰弹、微波和红外复合干扰弹、可燃箔条弹、无可见光红外干扰弹、红外和紫外双色干扰弹、快速充气的红外干扰气囊等具有特定或针对性干扰功能的红外干扰弹。

红外干扰弹由弹壳、抛射管、活塞、药柱、安全点火装置和端盖等零部件组成。弹壳起到发射管的作用并在发射前对红外干扰弹提供环境保护。抛射管内装有火药，由电底火起爆，产生燃气压力以抛射红外诱饵。活塞用来密封火药气体，防止药柱被过早点燃。安全点火装置用于适时点燃药柱，并保证在膛内不被点燃。

4.1.2　红外干扰弹的干扰原理

红外干扰弹是一种具有一定辐射能量和红外光谱特性的干扰器材，用来欺骗或诱惑敌方的红外侦测系统或红外制导系统。投放后的红外干扰弹可使红外制导武器在锁定目标之前锁定红外干扰弹，致使其制导系统跟踪精度下降或被引离攻击目标。

红外干扰弹被抛射后，点燃红外药柱，燃烧产生高温火焰，并在规定的光谱范围内产生强的红外辐射。普通红外干扰弹的药柱由镁粉、聚四氟乙烯树脂和黏合剂等组成，通过化学反应使化学能转变为辐射能，反应生成物主要有氟化镁、碳和氧化镁等，其燃烧反应温度高达 2000～2200 K。典型红外干扰弹配方的辐射波段为 1～5 μm，在真空中燃烧时产生的热量大约是 7500 J/g。

我们知道，红外制导导弹的控制部分通常由红外导引头和舵机组成。导引头的红外探测器能探测到红外辐射信号，从而截获、跟踪并攻击目标。目前装备的红外制导导弹多数

是被动点源探测、比例导引的制导机制。当在其导
引头视场内出现多个目标时，它将跟踪等效辐射中
心（又称矩心）。设导引头已经跟踪上目标，对应于
光点 A，此时目标上投放出一枚红外干扰弹诱饵，
对应的光点为 C 点，其辐射强度比目标的辐射强度
大很多，如图 4.1 所示。当红外诱饵和目标同时出
现在导引头视场内时，导引头跟踪二者的等效辐射
中心。由于诱饵的红外辐射强度远远大于真目标，
设诱饵红外辐射强度比目标红外辐射强度大一倍，
则 AB 为 BC 两倍距离，所以矩心 B 偏向诱饵一边，
而且与真目标的距离越来越远。直到真目标从导引头的视场内消失，这时导引头就只跟踪

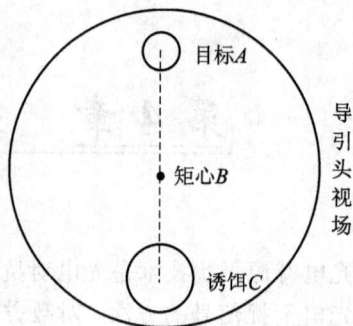

图 4.1 红外干扰弹干扰示意图

辐射强度大的诱饵了。

下面以导弹导引头采用"旭日升"调制盘为例说明红外干扰弹干扰导弹制导的机理。当
导引头已经跟踪上目标时，对应于已被跟踪的飞机的光点 A，在调制盘上应为一个直流信
号；假设视场里只有红外诱饵，对应的光点 C 在调制盘上是一个梯形波信号。由于导弹传
感器只有一个，因此传感器的实际输出波形为两个辐射透过调制盘的能量总和。当 C 点进
入调制盘不透明区时，传感器的输出只有 A 点直流信号。当 C 点进入调制盘透明区时，传
感器的输出在直流信号的基础上叠加梯形波信号。导弹要立即调整姿态，让系统回到"跟
踪"状态，显然破坏了原来真正的跟踪状态。这样导弹就脱离了原来已跟踪飞机的方向，转
而偏向红外诱饵一侧。

在导弹导引头的视场里同时出现飞机和红外诱饵两个信号源时，探测器探测到的辐射
变化函数可写为

$$P_d(t) = Am_{rt}(t) + Bm_{rf}(t) \tag{4-1}$$

其中

$$m_{rt}(t) = \frac{1}{2}[1 + \alpha m_t(t)\sin\omega_c t] \tag{4-2}$$

$$m_{rf}(t) = \frac{1}{2}[1 + \beta n_j(t)\sin\omega_c t] \tag{4-3}$$

式中

A——目标在导弹响应波段内的辐射功率；

B——诱饵在导弹响应波段内的辐射功率；

α——对调制盘目标像点位置或（跟踪误差）范围的比率；

β——对调制盘诱饵像点位置或（跟踪误差）范围的比率；

$m_t(t)$——目标选通函数；

$m_j(t)$——诱饵选通函数；

ω_c——载波频率。

$m_t(t)$ 和 $m_j(t)$ 的傅立叶展开式为

$$m_t(t) = \frac{1}{2} + \frac{2}{\pi}\sum_{n=0}^{\infty}\sin[(2n+1)\omega_m t] \tag{4-4}$$

$$m_{\mathrm{j}}(t) = \frac{1}{2} + \frac{2}{\pi} \sum_{n=0}^{\infty} \sin\left[(2n+1)\omega_{\mathrm{m}}t + \varPhi_{\mathrm{j}}\right] \qquad (4-5)$$

其中：$\varPhi_{\mathrm{j}}$ 是 $m_{\mathrm{j}}(t)$ 相对于 $m_{\mathrm{t}}(t)$ 的相位差。把式(4-2)、式(4-3)代入式(4-1)，得

$$P_{\mathrm{d}}(t) = \left[\frac{A}{2} + \frac{\alpha A}{2}m_{\mathrm{t}}(t)\sin\omega_{\mathrm{c}}t\right] + \left[\frac{B}{2} + \frac{\beta B}{2}m_{\mathrm{j}}(t)\sin\omega_{\mathrm{c}}t\right] \qquad (4-6)$$

载频放大器为带通选频放大器，它的输出可近似地表示为

$$S_{\mathrm{c}}(t) = \left[\frac{\alpha A}{2}m_{\mathrm{t}}(t)\sin\omega_{\mathrm{c}}t\right] + \left[\frac{\beta B}{2}m_{\mathrm{j}}(t)\sin\omega_{\mathrm{c}}t\right] \qquad (4-7)$$

载频调制的包络为

$$S_{\mathrm{c}}(t) = \frac{\alpha A}{2}m_{\mathrm{t}}(t) + \frac{\beta B}{2}m_{\mathrm{j}}(t) \qquad (4-8)$$

包络信号由导引头中进动放大器作放大处理。信号包络以角频率 $\omega_{\mathrm{m}}t$ 旋转，所以导引头驱动信号可表示为

$$P(t) = \left[\frac{\alpha A}{2}m_{\mathrm{t}}(t)\sin\omega_{\mathrm{m}}t\right] + \left[\frac{\beta B}{2}m_{\mathrm{j}}(t)\sin(\omega_{\mathrm{m}}t + \varPhi_{\mathrm{j}})\right] \qquad (4-9)$$

如果在相位函数中取信号 $\sin\omega_{\mathrm{m}}t$ 为参考信号，且水平方向上 $\varPhi_{\mathrm{j}}=0$，则在相位函数中得到探测器误差信号的输出功率相函数为

$$P(t) = \frac{\alpha A}{2} + \frac{\beta B}{2}\exp\varPhi_{\mathrm{j}} \qquad (4-10)$$

式(4-10)表明，当视场里有红外诱饵时，中心不再是平衡点，导弹不再跟踪目标，跟踪误差变化取决于目标在导弹响应波段内的辐射功率 A 与诱饵在导弹响应波段内的辐射功率 B 的比值以及红外诱饵与目标的相位差 $\varPhi_{\mathrm{j}}$。由于红外诱饵不断地远离目标，该误差变化率也变得越来越大。

4.1.3 红外干扰弹的技术要求

红外干扰弹能有效地干扰红外导引头，它的性能要满足以下技术要求：

(1) 辐射光谱特性与目标相近。红外导弹的工作波段是根据目标的光谱特性和大气窗口等因素进行选择的。因此红外干扰弹要尽可能使其光谱分布在导引头工作波段内最强。表 4.1 给出了国外几种导引头的工作波段。典型红外诱饵的燃烧光谱通常在 $1\sim3$ μm 及 $3\sim5$ μm 波段，舰载红外干扰弹的光谱可以达到 $8\sim14$ μm。

表 4.1 国外几种红外点源制导防空导弹的光谱波段

序号	型 号	波长/μm
1	AIM 9B(美)	$1.8\sim3.2$
2	AIM 9E(美)	$2.2\sim3.4$
3	AIM 9D(美)	$2.8\sim4.0$
4	MATRA-R-530(法)	$3.5\sim5.3$
5	RED-TOP	$3.0\sim5.3$
6	SRAAM	$4.1\sim4.9$

（2）光谱辐射强度大。光谱辐射强度应大于目标对应的光谱辐射强度，二者比值越大，矩心越靠近红外干扰弹，目标移出视场越快。一般二者比值在 2~4 之间。

（3）点燃时间短。空对空红外导弹的发射距离有的大于 2 km，而导弹速度往往为 2.5 Ma(810 m/s)，因此要求红外诱饵离开飞机后尽快燃放出足够强的光谱辐射强度。从点燃到燃烧到能量最大值的 90% 所需时间称做上升时间 t_r，该时间基本上都控制在 0.2~0.25 s 左右。t_r 小于 0.2 s 也不可取，因为点火后，红外干扰弹要从装载飞机舱内的弹夹中弹出，必须保证弹出飞机外所需时间，否则会发生安全事故。当然，保护军舰的红外诱饵对 t_r 的最小值没有严格要求。

（4）足够长的燃烧持续时间。持续时间 t_m 是指诱饵从燃烧到最大强度起到强度减弱到最大值的 10% 时经过的时间。理论上 t_m 越长越好。机载红外干扰弹的 t_m 一般在 4~4.5 s 以上。保护水面舰艇的红外干扰弹的 t_m 一般要求大于 40 s。

4.1.4 机载红外干扰弹的弹道特性

一般红外干扰弹是没有动力的，它被抛出后在重力和空气阻力等合力作用下运动。作一些假设可以列出其动力学方程：设飞机在投弹时刻作匀速直线运动，干扰弹相对于飞机的抛离速度为 v_0，抛出角为 α（飞机飞行方向的反方向与干扰弹抛出方向之间的夹角），如图 4.2 所示。由于干扰弹很快烧蚀而质量迅速变化，烧蚀时温度高达 2000 K 以上，其周围空气加热的对流对它有影响，以及飞机尤其是喷气飞机的气流对弹的影响等，它的运动方程变得很复杂。实际工程中，干扰弹的 α 和 v_0 两个参数非常重要。如果 α 和 v_0 过于小，由于靠近飞机下表面相当厚

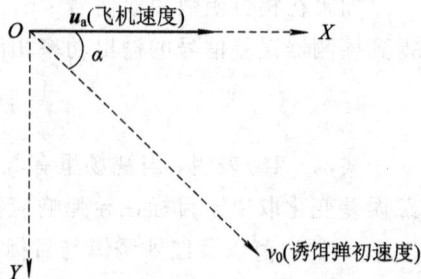

图 4.2 干扰弹投掷方向示意图

度的空气密度很大，若红外干扰弹不能穿过这个厚度的空气，有可能造成干扰弹贴在机尾而酿成事故；如果 α 和 v_0 过大，由于导引头视场很小，很可能在诱饵尚未形成干扰时就飞出视场而使干扰无效。

4.1.5 新型红外干扰弹

"道高一尺，魔高一丈"，这是对抗与反对抗永恒的法则。红外制导导弹为了不受红外干扰弹干扰，采取了变视场等方法。例如北大西洋公约组织装备的一种红外点源制导导弹，它具有以下功能：一旦导弹视场中出现两个光点（目标和干扰弹），立即从原来的 1.6° 视场变为 0.8° 视场。根据红外诱饵受初速和重力影响而向下方运动的特点，对视场内两个光点移动作一下判断，确定对准哪个目标。即使飞机也作向下俯冲运动，但由于两者轨迹差别很大，也容易判别目标和诱饵。为了有效干扰新型红外点源制导导弹，近年来又发展了新型红外干扰弹。

1. 拖曳式红外干扰弹

拖曳式红外干扰弹由控制器、发射器和诱饵三部分组成。飞行员通过控制器控制诱饵发射。诱饵发射后，拖曳电缆一头连着控制器，另一头拖曳着红外诱饵载荷。诱饵由许多 1.5 mm 厚的环状筒组成，筒中装有由燃烧材料做成的薄片。当薄片与空气中的氧气相遇

时就发生自燃。薄片分层叠放于装有螺旋释放器和步进电机的燃烧室内。诱饵工作时，圆筒顶端的盖帽被弹出，步进电机启动，活塞控制螺杆推动薄片陆续进入气流之中。诱饵产生的红外辐射强度由电机转速来调节——转速越高，则单位时间内暴露在气流中的自燃材料就越多，红外辐射就越强，反之亦然。由于战术飞机发动机的红外特征是已知的(例如，在 $3\sim5\ \mu m$ 波段的辐射强度约为 1500 W/sr)，故不难通过电机转速的控制产生与之相近的辐射。在面对两个目标时，有的导引头跟踪其中较"亮"者，而有的则借助于门限作用跟踪其中较"暗"者。针对这点，诱饵被设计成以"亮—暗—亮—暗"的调制方式工作，以确保其功效。薄片的释放快慢还与载机飞行高度、速度等有关，其响应数据已被存储在计算机内，供作战时调用。

2. 气动红外干扰弹

针对先进的红外制导导弹能区分诱饵和目标的特点，红外干扰弹增加了气动或推进系统，就构成了一种新型的气动红外干扰弹。气动红外干扰弹投放后可在一段时间内与飞机并行飞行，使红外制导导弹的反诱饵措施失效。

气动红外干扰弹通过对常规红外诱饵的结构的改动，来改进其空气动力特性，进而改变红外诱饵发射后的弹道。图 4.3 示意了改进后的一种气动红外干扰弹的结构。

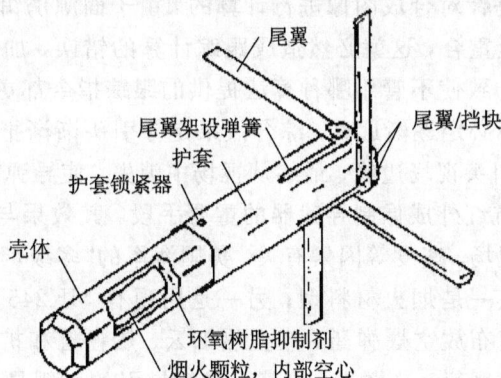

图 4.3　气动红外干扰弹的结构

药剂在一个多边形柱腔内燃烧，燃烧产物由壳体送出。该壳体上安装了鳍板，它们可调整药柱的方向，使其与飞行方向平行，从而减小阻力，达到改善干扰弹弹道性能的目的。同时，燃烧产物是向干扰弹后部排出的，这也有利于弹道性能的改善。另外，还可以通过增加壳体金属构件的重量改善弹道。

如果在干扰弹上另外再加一个固体发动机来增加推力，则可有效地改善其弹道性能。如果推力足够大，甚至可使干扰弹飞向飞机前方。这种伴飞红外诱饵飞行轨迹可与飞机相仿，导弹很难区分真伪。

3. 喷射式红外干扰弹

飞机接收到导弹威胁告警后，自行启动专用喷射系统(亦可在告警器发出警报时就直接启动)，将燃料喷射到载机的尾喷气流中。燃料在高温热气流中蒸发并与空气中氧气混合，在机后一定距离上迅速燃烧形成一个燃烧区。随着飞机前行，不断向燃烧区喷射燃料，就产生一个与载机保持一定距离但具有相同运动轨迹的燃烧区。燃烧区的红外辐射光谱与载机尾喷焰相同或相近，但强度可能更高。这就是一个很好的"伴飞"诱饵。它将把敌红外导弹引向由燃烧区和尾喷焰形成的等效能量中心。

4. 干扰成像制导导弹的面源红外诱饵

面源红外诱饵能在预定空域形成大面积红外干扰"云"，这种"云"不仅能模仿被保护体的红外辐射光谱，还能模仿其空间热图像轮廓和能量分布，造成一个假目标，以欺骗敌成像制导引头。

面源红外诱饵系统应满足以下技术条件：

（1）辐射光谱与被保护目标相同或相近。例如，用于舰艇、坦克的此类诱饵必须在 $3\sim5~\mu m$、$8\sim14~\mu m$ 波段具有与舰艇、坦克相同或相近的热图。

（2）在主要成像波段的辐射强度比被保护目标高若干倍，以形成更强的图像。

（3）有足够的燃烧时间，使敌导弹不能重新锁定目标。若燃烧时间不够，可以连续发射。

（4）有高精度方向系统引导发射，使诱饵完全位于敌成像寻的器的视场内。

当面源诱饵与被保护目标的热图像同时出现在敌寻的器视场时，二者的合成图像共同形成"目标"信息。无论敌传感器采用中心跟踪（形心或矩心跟踪）、边缘跟踪、特征序列匹配或相关跟踪算法，都是针对合成图像进行计算的。由于面源诱饵与被保护体在空间的分离，二者图像不可能完全重合，这就必然造成跟踪计算的错误，加之诱饵图像的辐射强度比被保护目标图像更强，致使不管用哪种算法提供的跟踪指令都更偏向于诱饵。由于相对运动，诱饵与被保护目标必定逐渐远离，综合效果是导引头渐渐把导弹引向诱饵，而被保护目标却逐渐被挤向导引头视场边缘，最终从视场中消失，使导弹完全跟踪诱饵。

面源诱饵已成为对抗红外成像制导武器的重要手段，其效果与投放速度、方向、点燃时间、持续时间及导弹视场、速度等因素有关。美国海军的"多级烟云（Multicloud）"红外诱饵已研制出两种型号：其一是烟火材料型；另一是用现有 MK245 装药，采用专制飘浮部件，按一定时间间隔垂直布放空爆弹药，产生热烟云、热颗粒和扩散气体，歪曲舰船的红外图像，使图像矩心远离舰船。这样，敌方基于成像导引的反舰导弹无论采用哪种跟踪机制（边缘检测、矩心检测、相关匹配），都会得到错误信息。

4.2　红外有源干扰机

红外有源干扰机是针对导弹寻的器的工作原理而采取相应措施的有源干扰设备，其干扰机理与红外制导导弹的导引机理密切相关，其主要干扰对象为红外制导导弹。红外有源干扰机常安装在被保护平台上，使其免受红外制导导弹攻击，既可单独使用，又可与告警设备或其他设备一起构成光电自卫系统。

4.2.1　红外有源干扰机的分类和组成

根据分类方法的不同，红外有源干扰机可分为许多种类。

按其干扰对象来分，可分为干扰红外侦察设备的干扰机和干扰红外制导导弹的干扰机两类。目前各国装备的大都是干扰红外制导导弹的干扰机。

按其采用的红外光源来分，可分为燃油加热陶瓷、电加热陶瓷、金属蒸气放电光源和激光器等四类。燃油加热陶瓷和电加热陶瓷光源干扰机一般都有很好的光谱特性，适合于干扰工作在 $1\sim3~\mu m$ 和 $3\sim5~\mu m$ 波段的红外制导导弹。金属蒸气放电光源主要有氙灯、铯灯等，这种光源可以工作在脉冲方式，在重新装订控制程序后能干扰更多新型的红外制导导弹。激光器光源的红外干扰机也称相干光源干扰机或定向干扰机，这种干扰机干扰功率大，干扰区域（或称发散角）在 $10°$ 以内，因而必须在引导系统作用下对目标进行定向辐射。

按干扰光源的调制方式来分，可分为热光源机械调制和电调制放电光源红外干扰机两种典型形式。前者采用电热光源或燃油加热陶瓷光源，红外辐射是连续的；而后者的光源通过高压脉冲来驱动。

1. 热光源机械调制红外干扰机

热光源机械调制红外干扰机由红外光源和可以控制的调制器以及其他附属部分组成。红外光源发出能干扰红外点源导引头的红外辐射（$4\sim5~\mu m$ 波长）；可控调制器有多种形式，较为典型的是开了纵向格的圆柱体，它以角频率 ω_i 绕轴旋转，辐射出特定的调制函数的红外辐射。热光源机械调制红外干扰机的电源是电热光源或燃油加热陶瓷光源，其红外辐射是连续的。由干扰机理得知，要想起到干扰作用，必须将这些连续的红外辐射变成闪烁、调制的红外辐射。能起到这种断续透光作用的装置，就叫做调制器。这种干扰机一般由控制机构、斩波控制、旋转机构、红外光源和斩波圆筒构成，如图 4.4 所示。

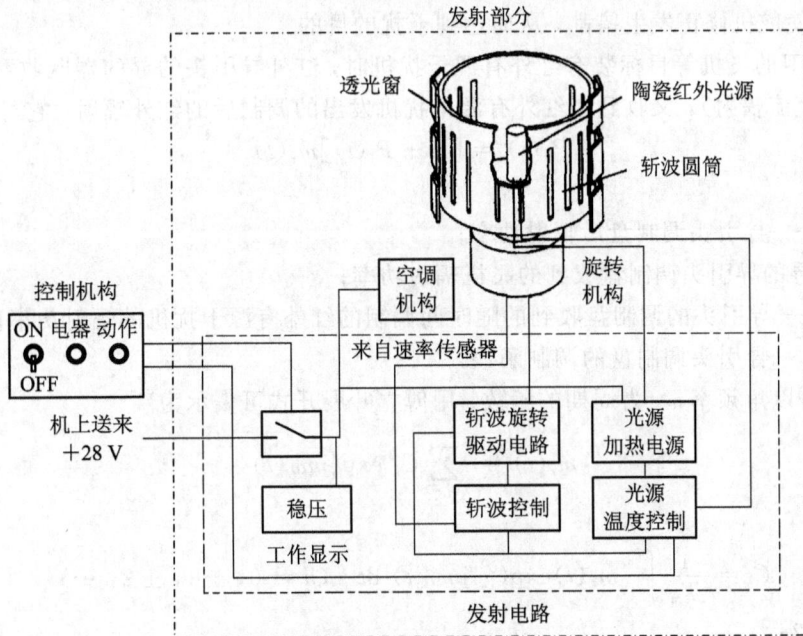

图 4.4　热光源机械调制红外干扰机的组成

控制机构控制干扰机的工作状态和干扰辐射频率等，操作员可在其上进行调制频率的修改，修改信息送给斩波控制部分，然后通过旋转机构控制斩波圆筒完成对红外光源辐射的调制。典型的如 УЭВ-1 红外干扰机，其斩波圆筒由内外两个调制盘构成，呈圆筒形，轴重合，光源放在轴线上，两个调制盘都沿轴线方向开相同数量的槽，槽的宽度等于槽间距的一半。两个调制盘在旋转机构的驱动下作相反方向的旋转，使光路时断时通，从而产生调制过的红外辐射干扰信号。

2. 电调制放电光源红外干扰机

电调制放电光源红外干扰机由显示控制器、光源驱动电源和辐射器三部分构成。其光源是通过高压脉冲来驱动的，它本身就能辐射脉冲式的红外能量，因此不必像热光源机械调制干扰机那样需加调制器，而只需通过显示控制器控制光源驱动电源改变脉冲的频率和脉宽便可达到理想的调制目的。这种干扰机的编码和频率调制灵活，如用微处理器在编码数据库中进行编码选择，可更有效地对多种导弹起到理想的干扰作用。这种干扰机的缺点是大功率光源驱动电源体积、重量较大，而且与辐射部分的结构相关性较小。

4.2.2 红外有源干扰机的干扰原理

对于带有调制盘的红外寻的器，目标通过光学系统在焦平面上形成"热点"，调制盘和"热点"作相对运动，使热点在调制盘上扫描而被调制，目标视线与光轴的偏角信息就包含于通过调制盘后的红外辐射能量之中。经过调制盘调制的目标红外能量被导弹的探测器接收，形成电信号，再经过信号处理后得出目标与寻的器光轴线的夹角偏差或该偏差的角速度变化量，作为制导修正依据。当干扰机介入后，其干扰信号也聚集在"热点"附近，并随"热点"一起被调制，同时被探测器接收。干扰机的能量是按特定规律变化的，当这种规律与调制盘对"热点"的调制规律相近或影响了调制盘对"热点"的调制规律时，偏差信号将产生错误，致使舵机修正发生错乱，从而达到干扰的目的。

当所保卫的飞机等目标装有红外有源干扰机时，红外导引头的寻的器既收到了飞机的红外辐射（直流辐射），又收到了红外有源干扰机发出的调制后的红外辐射，它可以表示为

$$P_d(t) = [A + P_j(t)]m_r(t) \qquad (4-11)$$

式中

$P_d(t)$——导引头调制盘后辐射功率；

A——寻的导引头调制盘收到的飞机辐射功率；

$P_j(t)$——导引头的调制盘收到的随时间调制的红外有源干扰机的辐射功率；

$m_r(t)$——导引头调制盘的调制函数。

$m_r(t)$是以角频率 ω_m 为周期的函数，用傅立叶展开式可表示为

$$m_r(t) = \sum_{n=-\infty}^{\infty} C_n \exp(jn\omega_m t) \qquad (4-12)$$

式中

$$C_n = \frac{1}{T_m} \int_0^{T_m} m_r(t)\exp(-jn\omega_m t)\,dt \quad (n=0,\pm1,\pm2,\cdots) \qquad (4-13)$$

式中：$T_m = \dfrac{2\pi}{\omega_m}$。

因为红外有源干扰机的角频率为 ω_j，所以 $P_j(t)$ 可表示为

$$P_j(t) = \sum_{k=-\infty}^{\infty} d_k \exp(jk\omega_j t) \qquad (4-14)$$

式中

$$d_k = \frac{1}{T_j} \int_0^{T_j} P_j(t)\exp(-jk\omega_j t)\,dt \quad (k=0,\pm1,\pm2,\cdots) \qquad (4-15)$$

式中

$$T_j = \frac{2\pi}{\omega_j}$$

把式(4-12)和式(4-14)代入式(4-11)，得

$$P_d(t) = \left[A + \sum_{k=-\infty}^{\infty} d_k \exp(jk\omega_j t) \right] \sum_{n=-\infty}^{\infty} C_n \exp(jn\omega_m t) \qquad (4-16)$$

为了更清楚和更直观地了解干扰原理，对两个调制函数作一些合理简化。假定导引头调制盘的调制函数简化为

$$m_r(t) = \frac{1}{2} [1 + am_t(t)\sin\omega_c t] \qquad (4-17)$$

式中，a 为调制效率函数，是像点直径和调制盘有效直径比($0 < a < 1$)；$m_t(t)$ 为载波方波门函数；ω_c 为载波频率。

$m_t(t)$ 的傅立叶展开式为

$$m_t(t) = \frac{1}{2} + \frac{2}{\pi} \sum_{n=0}^{\infty} \frac{(-1)^n}{2n+1} \sin[(2n+1)\omega_m t] \qquad (4-18)$$

假定红外有源干扰机的 $P_j(t)$ 以 ω_c 为载频，ω_j 为门限值进行调制，则

$$P_j(t) = \frac{B}{2} m_j(t)(1 + \sin\omega_c t) \qquad (4-19)$$

式中，B 是红外有源干扰机的峰值功率。$m_j(t)$ 的傅立叶展开式为

$$m_j(t) = \frac{1}{2} + \frac{2}{\pi} \sum_{n=0}^{\infty} \frac{(-1)^k}{2k+1} \sin[(2k+1)\omega_j t + \Phi_j] \qquad (4-20)$$

式中，Φ_j 为相对于 $m_j(t)$ 的一个随机相位角，因此式(4-16)变为

$$P_d(t) = \frac{1}{2} \left[A + \frac{1}{2} B m_j(t)(1 + \sin\omega_c t) \right] [1 + am_t(t)\sin\omega_c t] \qquad (4-21)$$

载波频率放大器的输出可近似表示为

$$S_c(t) = a \left[A + \frac{1}{2} B m_j(t) m_t(t) \sin\omega_c t + \frac{1}{2} B m_j(t)\sin\omega_c t \right] \qquad (4-22)$$

式(4-22)中载频调制包络为

$$S_c(t) = aAm_t(t) + \frac{1}{2} B m_j(t)[1 + am_t(t)] \qquad (4-23)$$

包络信号进一步被放大和处理。假定 ω_m 和 ω_j 相近，则导引头的驱动信号应为

$$P_d(t) \approx a \left(A + \frac{B}{4} \right)\sin\omega_m(t) + \frac{1}{2} B \left(1 + \frac{a}{2} \right)\sin[\omega_j t + \Phi_j] \qquad (4-24)$$

驱动信号驱动旋转陀螺：旋转陀螺和导引头转动力矩相互作用，使进动率正比于两者矢量之和。陀螺对缓慢变化的交流分量有很好的响应，跟踪误差正比于

$$P_d(t) \approx a \left(A + \frac{B}{4} \right) + \frac{1}{2} B(1 + a)\exp[j\beta(t)] \qquad (4-25)$$

式中

$$\beta(t) = (\omega_m - \omega_j)t - \Phi_j$$

没有干扰信号时，则

$$P_{d_0}(t) = Am_r(t) = \frac{A}{2} [1 + am_t(t)\sin\omega_c t] \qquad (4-26)$$

没有干扰时,目标的像点沿着相位角方向向调制盘中心移动,直到到达中心平衡点为止。干扰信号进入之后,在常向量基础上加入了干扰信号,则中心不再是系统的平衡点。当干扰功率 B 大于 $2aA$ 时,目标像点被拉离中心。如果 ω_m 和 ω_j 很接近,目标像点就可能被拉出调制盘,从而达到干扰的目的。

4.2.3 定向红外干扰机

定向红外干扰机是在普通红外有源干扰机的基础上发展起来的。它是将干扰机的红外(或激光)光束指向探测到的红外制导导弹,以干扰导弹的导引头,使其偏离目标方向的一种新型的红外对抗技术。

与普通的红外有源干扰机不同,定向红外干扰机将红外干扰光源的能量集中在导弹到达角的小立体角内,瞄准导弹的红外导引头定向发射,使干扰能量聚焦在红外导引头上,从而干扰红外导引头上的探测器和电路,使导弹丢失目标。普通红外对抗技术所用的干扰光源是在大的空间范围内连续发射能量,相比之下,定向红外对抗节省了能量,增加了隐蔽性,不易被敌方探测到,但定向红外对抗是以系统的复杂性为代价的,必须增加导弹报警和跟踪系统。

定向红外干扰机的干扰光源通常使用非相干调制的氙弧光灯,但氙灯只能干扰工作在 $1~\mu m$ 和 $2~\mu m$ 波段的第一代红外制导导弹,对工作在 $3\sim5~\mu m$ 波段的新一代红外制导导弹则无能为力。使用相干的定向红外光源即激光器可以干扰新一代的红外制导导弹。因为干扰新一代的红外制导导弹,最重要的要求是干扰能量要足够大,以便使聚焦在红外导引头探测器上的能量尽可能高,还要求干扰光源的效率高、体积小、重量轻、寿命长、发射波长与导弹的工作波长匹配。相干的定向激光干扰光源能很好地满足上述要求。激光光源的高亮度、高定向性和高相干性,使其产生的相干能量能很容易地聚焦在位于小束散角内的红外导引头上,从而很容易干扰红外导引头上的探测器和电路。

随着红外有源干扰技术的不断发展,定向红外干扰已经逐渐成为红外干扰技术发展的必然趋势。目前,定向红外干扰已经应用于实战。最典型的定向红外对抗系统装备是美国的"复仇女神(DIRCM)"。

DIRCM 系统第一代采用弧光灯作为干扰机,第二代采用激光干扰机,以替代现有型号上使用的氙灯干扰机。定向红外对抗系统现已交付使用,每架大型飞机安装两部干扰机,机身两侧一边一部。用于直升机上时,采用一部干扰机即可满足要求。DIRCM 系统为模块化结构,重 123 磅,可组合成各种形式来保护约 14 种不同类型的飞机。"复仇女神"的告警系统是 AN/AAR-54PMAWS 导弹逼近紫外告警系统,可无源探测导弹尾焰的紫外能量,跟踪多重能源并按照杀伤导弹、非杀伤导弹或杂波把辐射源进行分类。它的探测距离是现有 MAWS 的两倍,虚警率也大大降低。该系统使用宽视场传感器和小型的处理器。根据覆盖范围要求的不同,可以使用 $1\sim6$ 个传感器。

当导弹来袭时,告警系统确定导弹对所保护目标是否构成威胁,跟踪并启动以大功率弧光灯为主的对抗措施以干扰导弹。四轴炮塔可方便地与激光器相结合。而用于固定翼飞机和直升机上的定向红外对抗发射机已经开发出来。该发射机包括带有准确跟踪传感器(FTS)和红外干扰机的指示炮塔。Rockwell 公司正在生产位于方位轴上的准确跟踪传感器。这种传感器采用高灵敏度的碲镉汞中波焦平面阵列技术。当导弹告警系统告警时,发射机跟踪来袭导弹，并向导弹发射高强度红外光束。其跟踪系统是四轴的。在导弹威胁情况下，FTS 处理来袭导弹图像，供"复仇女神"系统使用，发射机锁定并跟踪目标，持续干扰来袭导弹。

4.3　强激光干扰技术

强激光干扰通过发射强激光能量，破坏敌方光电传感器或光学系统，使之饱和、迷盲，以致彻底失效，从而极大地降低敌方武器系统的作战效能。强激光能量足够强时，也可以作为武器击毁来袭的导弹、飞机等武器系统。因而，从广义上讲，强激光干扰也包括战术和战略激光武器。

强激光干扰的主要特点是：

(1) 定向精度高。激光束具有方向性强的特点，实施强激光干扰时，激光束的发散角只有几十个微弧度，能将强激光束精确地对准某一个方向，选择杀伤来袭目标群中的某一个目标或目标上的某一部位。

(2) 响应速度快。光的传播速度极快，干扰系统一经瞄准干扰目标，发射即中，不需要设置提前量。这对于干扰快速运动的光学制导武器导引头上的光学系统或光电传感器以及机载光学测距和观瞄系统等，是一种最为有效的干扰手段。

(3) 应用范围广。强激光干扰的激光波长从可见光到红外波段都能覆盖；而且作用距离可达几十千米。根据作战目标的不同，强激光干扰可用于机载、车载、舰载及单兵携带等多种形式。强激光干扰的作战宗旨是破坏敌方光电传感器或光学系统，干扰敌方激光测距机和来袭的光电精确制导武器，其最高目标是直接摧毁任何来袭的威胁目标。

4.3.1　强激光干扰的分类和组成

强激光干扰有很多种类。按照激光器类型来划分，有 Nd：YAG 激光干扰设备（波长 1.06 μm）、倍频 Nd：YAG 激光干扰设备（波长 0.53 μm）、CO_2 激光干扰设备（波长 10.6 μm）和 DF（氟化氘）化学激光干扰设备（波长 3.8 μm）等。

按照装载方式来划分，有机载、车载、舰载及单兵携带等多种形式。

按作战使命来划分，有饱和致眩式、损坏致盲式、直接摧毁式等形式。

强激光干扰系统根据类型的不同，其组成也大不相同，但都包括激光器和目标瞄准控制器两个主要部分。如单兵便携式激光眩目器，一般用来干扰地面静止或慢速运动目标，主要由激光器和瞄准器组成。而以干扰光电制导武器为目的的干扰设备最为复杂，通常由侦察设备、精密跟踪瞄准设备、强激光发射天线、高能激光器和指挥控制系统等组成。

4.3.2　强激光毁伤效果

1. 激光致盲

空中目标，如飞机、导弹，通常配备精密光学元件，如瞄准镜、夜视仪、前视红外装置、测距机、跟踪器、传感器、目标指示器、光学引信等。针对脆弱的光学元件，激光致盲是重要的光电攻击手段，它所需平均功率仅为几瓦至万瓦，即可达到干扰、致盲敌方光学器件，破坏敌侦察、制导、火控、导航、指挥、控制和通信等系统的目的。激光致盲武器主要用来致盲敌方各类光电装置中的光电探测器。为了有效地实现致盲，往往采用可调谐的激光波长，用来应对对方用反射膜、滤光片之类的简单的对抗措施，并采用重复频率可调的脉冲激光，其脉冲峰值功率可达百万瓦级。

1) 光电探测器的致盲

在飞机和导弹的光电装置中，整流罩、滤光片、物镜、场镜、调制盘和光电探测器等都易受激光损伤。由于光学系统的聚焦作用，探测器与调制盘更易损坏，因此只需相对小的功率就可以使光电传感器损毁，从而达到"致盲"的效果。据测试，碲镉汞（HgCdTe）、硫化铅（PbS）、锑化铟（InSb）等光电探测器的破坏阈值为 $100\sim3\times10^4$ W/cm^2（0.1 s 照射时间），而光学玻璃在 300 W/cm^2 照度下，0.1 s 即可以熔化。所以一般作战要求高能激光器平均功率达到 2×10^4 W，或脉冲能量达 3×10^4 J 以上。假如仅仅产生致盲效果，仅需用平均功率为几瓦至万瓦水平的光辐射。激光器激活介质的不同，决定了其适合致盲的目标的不同。表 4.2 给出了它们适合致盲的目标。

表 4.2 不同种类的激光束适合致盲的传感器类型

激光器种类	工作波长/μm	目标传感器
氩离子	0.514	微光电视
倍频 Nd:YAG	0.532	像增强器
红宝石	0.694	测距机传感器
掺钛蓝宝石	0.66~1.16	人眼
氢翠绿宝石	0.70~0.815	人眼
Nd:YAG	1.064	激光制导传感器
自由电子	1.0~10.0	红外制导和热制导传感器
DF	3.6~5.0	红外制导和热制导传感器
CO	6.0	红外制导和热制导传感器
CO$_2$	10.6	夜视系统中的热探测器

西德 MBB 公司研制的"高能激光武器系统"产生的激光波束直径为 10 cm，脉冲功率为 1 MW，在 20 km 远处（23 km 能见度）照射 0.1 s，就可使光电探测器致盲，10 km 远处可烧穿机身。

1983 年美国一台 400 kW 的 CO$_2$ 激光器，成功地拦截了五枚 AIM-9"响尾蛇"空对空导弹。该激光器使制导系统失效，五枚导弹全部偏离了方向。

2) 人眼致盲

激光武器用于防空时不可避免地要对有人驾驶飞机进行辐照，此时飞行员的眼睛容易受损。人眼是一个光学系统，它的透过率曲线如图 4.5 所示。由图可以看出，人眼对 $0.4\sim1.4$ μm 之间的光辐射的透过率 τ 比较高。例如，对 0.53 μm（Nd:YAG 激光的倍频）光的透过率约为 88%，而对 10.6 μm（CO$_2$ 的激光）光的透过率极低。

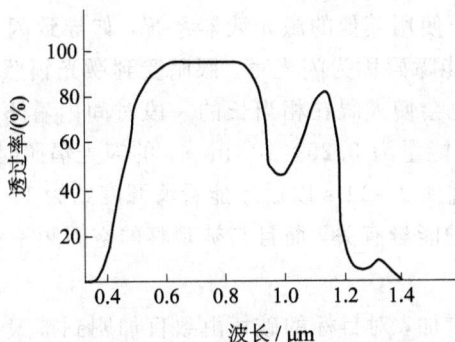

图 4.5　眼睛光学系统的透过率与波长的关系

能透过人眼光学系统而抵达视网膜上的激光对视网膜的伤害还与视网膜对光的吸收率 α 密切相关。吸收率 α 越大，视网膜损伤越严重，否则越轻微。所以，视网膜受损程度是由眼睛光学系统的透射率 τ 与视网膜吸收率 α 的乘积，即视网膜有效吸收率 T 来决定的。图 4.6 为视网膜有效吸收率 T 与光波长的关系。从曲线可以看出，波长为 $0.53~\mu m$（Nd：YAG 倍频光）、$0.6943~\mu m$（红宝石激光）、$0.488~\mu m$（氩离子激光）的三种激光的 T 值分别为 65.1%、53.7%、56%，所以这三种激光都会对人眼的视网膜造成严重损伤。由于血红蛋白吸收峰是 $0.542 \sim 0.576~\mu m$，因此，$0.53~\mu m$ 激光对人眼视网膜的损伤最严重。

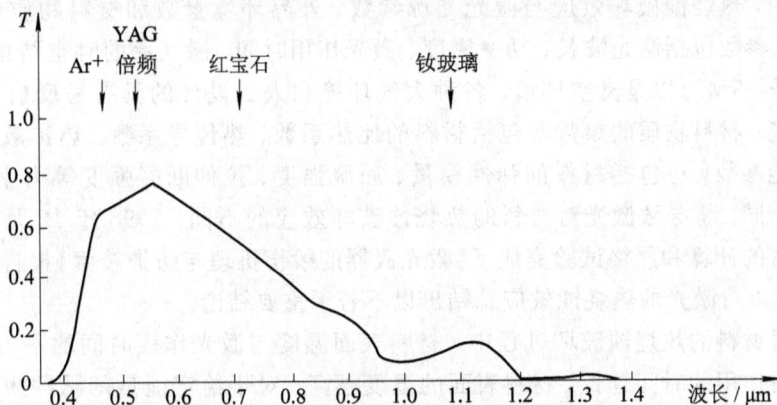

图 4.6　视网膜有效吸收与波长的关系

对于中远红外激光，它们的能量主要被角膜吸收，所以会造成角膜部位的损伤。

人眼光学系统的光学增益高达 10^5 倍左右，若在角膜入射处的光功率密度为 $0.05~mW/mm^2$，则到达视网膜上时会剧增至 $25~W/mm^2$。如果入射光先经过光学系统（望远镜、潜望镜等），然后进入人眼，则光学系统的聚焦作用使人眼的损伤更大。

除此之外，激光还可能使人眼引起病变，如角膜发生凝固水肿和坏死溃疡、晶状体混浊、视网膜损伤等。角膜吸收激光能量后会被灼伤，轻者出现浅层上皮细胞凝固、核固缩及胞浆浓染或角膜增厚、基质水肿，重者出现溃疡脱落或全层崩解，甚至角膜穿孔。晶状体混浊的区域局限于激光入射光路到晶状体后囊，有的激光沿晶状体纤维方向向中心区扩展，致使晶状体混浊而变得不透明，甚至烧焦致残。视网膜对光的吸收能力最强，很易被烧伤，其上的黄斑处更易遭到损害。可对视网膜产生损伤的激光能量密度阈值约为 $0.5 \sim 5~\mu J/cm^2$。

考虑到激光对人眼致盲的非人道伤害，目前国际上已经有禁止使用专使人眼致盲的激光武器的公约，但并不禁止使用其他的激光武器系统，如导致闪光盲的激光武器。明亮的闪光引起短时间的视觉功能障碍称为闪光盲。眼睛受到激光辐照时，即使视网膜上光斑的功率密度低于损伤阈值，也会使人眼在相当长的一段时间内看不见东西。测试表明，当人眼瞳孔直径为 6 mm，受到能量为 3.25×10^5 lm·s 的闪光辐照时，虽不造成任何损伤，但会严重地影响视觉功能，直到 9～11 s 以后才能看清照度约为 11 lx 的仪表读数。闪光盲的持续时间不但与激光辐照的能量有关，而且与被观察的空间频率和反差有关。

2. 激光摧毁

随着上靶激光能量的增加，对目标的破坏由致盲加剧到摧毁。激光摧毁主要靠三种破坏效应：热烧蚀破坏效应、激波破坏效应和辐射破坏效应。下面将对这三大破坏效应的毁伤机理进行初步分析。

1）热烧蚀破坏效应

激光照射到目标上后，目标材料物质的电子由于吸收光能产生碰撞而转化为热能，使材料的温度由表及里迅速升高，当达到一定温度时材料被熔融甚至气化，由此形成的蒸气以极高的速度向外膨胀喷溅，同时冲刷带走熔融材料液滴或固态颗粒，从而在材料上造成凹坑甚至穿孔，这种效应称为热烧蚀破坏效应。热烧蚀破坏效应是激光武器最重要的毁伤手段。

实验表明，热烧蚀破坏效应与激光光源参数、外界环境参数和材料物质参数密切相关。激光光源参数包括激光波长、功率密度、激光作用时间、激光束的时空结构（脉冲或连续波）等；外界环境可以是真空环境、各种大气环境和人工设计的具有易反射或易吸收功能的各种环境；材料物质的参数既包括材料的比热系数、热传导系数、热扩散系数、熔点等热物理性能参数，也包括材料的弹性模量、屈服强度、拉伸断裂强度等力学性能参数。这些参数的不同，将导致激光对材料的热烧蚀破坏效应的不同。1998 年 12 月，南京理工大学通过精密的计算和严格试验完成了《激光武器的毁伤机理与防护技术》报告。根据这个技术报告，可以对激光的热烧蚀效应总结出以下若干重要结论。

在激光对材料的热烧蚀破坏过程中，材料表面温度与激光作用时间的平方根成正比，即激光对材料作用的时间越长，材料表面的温度越高。对于给定能量的脉冲激光，当增加功率密度时缩短脉冲持续时间，则加热时间必然缩短，而材料表面的温度将会升高。也就是说，使用峰值功率高、持续时间短的脉冲激光可以更有效地对材料表面加热。但是，高功率脉冲激光与材料作用时，材料表面产生的等离子体的屏蔽作用对激光的烧蚀效果又有负面影响。

激光对材料的热烧蚀破坏阈值既可用能量密度阈值描述，也可用功率密度阈值描述。在矩形短脉冲情况下，激光对给定材料破坏的能量密度阈值是一个常数，而功率密度阈值与脉宽成反比；在矩形长脉冲情况下，激光对给定材料的破坏能量密度阈值与脉宽的平方根成正比，而功率密度阈值与脉宽的平方根成反比。也就是说，短脉冲激光主要靠达到功率密度阈值对材料产生烧蚀破坏，长脉冲激光主要靠达到能量密度阈值对材料产生烧蚀破坏。

不同的物质材料对激光的吸收能力和反射能力各不相同，反映这种能力的物理概念是材料对激光的吸收系数与反射系数。根据能量守恒定律，激光不能穿透的材料的反射系数与吸收系数之和为 100%。激光对材料的热烧蚀破坏能力，与材料对激光的反射系数成反比，与材料对激光的吸收系数成正比。

对于熔点相同的两种材料，当照射激光功率较小时，热传导系数较大的材料被烧熔所需时间较长，热传导系数较小的材料被烧熔所需时间较短；随着入射激光功率的逐步增大，材料在激光的作用下进行热传导的时间逐步缩短，两种材料被烧熔所需时间逐步接近；当辐射激光功率足够大时，材料在激光作用下来不及进行热量传导，两种材料被烧熔所需时间达到一致。

如果材料参数与激光脉冲的参数合适，在材料表面气化时，还有可能使材料深部温度高于表面温度，这时材料内部因热过载而形成高温进而产生高压，当达到阈值时便会发生热爆炸，从而提高激光穿孔的破坏效率。

高能激光武器的热烧蚀效应对导弹、飞机、卫星等飞行器的破坏主要表现为直接烧蚀破坏、结构力学破坏和对光电器件的破坏。导弹、飞机、卫星的壳体一般都是熔点在 1500℃ 左右的合金材料，功率 2～3 MW 的脉冲高能激光只要在其壳体表面某固定部位辐照 3～5 s 就可将其烧蚀熔融甚至气化，使目标内部的燃料燃烧爆炸或元器件损伤遭毁。这种破坏称为直接烧蚀破坏。当辐照的激光功率较低时，目标所吸收的激光能量虽使材料表面局部温度升高，但低于熔点，这时虽然不能烧熔材料，但是能改变材料的物理和力学性能，如使屈服强度、拉伸强度下降。这种现象称为软化效应。实际上，即使功率较大的激光照射目标时，目标也是在熔融之前产生软化效应而遭毁的。因此，激光武器不一定非要把导弹、飞机、卫星等的壳体表面烧出洞来才能毁伤目标，而可以通过软化效应造成其壳体材料抗拉抗压强度下降，使其在自身应力的作用下遭毁。特别是导弹设计的准则是尽量减小结构重量，以保证必要的有效载荷，因此在进行结构设计时不可能留有很大的余量，因而当使导弹壳体材料产生软化效应时，在其飞行气动应力的作用下就很容易变形甚至解体。这种使目标外壳变形或解体而毁伤目标的情景称为结构力学破坏。当激光作用于光电器件使其温度升高时，会严重影响光电器件的技术性能而使其失效。例如对于光电探测器，温度过高、光照过强就会大大影响其成像质量，甚至根本无法工作。这种情况就是对光电器件的破坏。

2）激波破坏效应

激波破坏效应是脉冲高能激光特有的物理效应。脉冲高能激光辐照功率达到峰值时，会在靶材表面形成一个烧蚀等离子层。该等离子层迅速向外喷射，施于靶面一个冲击压力，该压力称为烧蚀压力。靶面的这一烧蚀压力的冲击加载导致一个激波向靶内传播，称做压缩加载波。随着激光功率的下降，又会向靶内传播一个稀疏卸载波。由于稀疏卸载波很快赶上前面的压缩加载波，两者叠加的结果便形成了三角形剖面的激波。该激波到达靶材后表面时发生反射，转换为拉伸波。一旦拉伸力达到一定值时，便会引起拉伸损伤，即断裂破坏，这就是激光的激波破坏效应。激波引发材料断裂的许多数据是在飞板碰撞实验中取得的。飞板碰撞实验表明，激波动力学损伤与应力持续时间有关，长脉冲激光比短脉冲激光造成损伤的应力要低。材料损伤不是瞬时的，有一个时间积累的过程。材料的损伤通常要经历三个不同的阶段，即微小孔洞的成核阶段、增长阶段和汇合阶段。当拉伸应力大于某一临界值时，微小孔洞开始成核。随着激波应力与材料表面继续作用，微小孔洞不断增长。当时间的积累达到一定的阈值时，微小孔洞的汇合得以完成，于是发生了断裂损伤。

激波在靶材内传播时，靶材断裂的厚度与激光波长、脉宽、强度、脉冲形状、烧蚀压力和靶材材料参数、靶材厚度有关。实验表明，在给定的激光参数和靶材材料参数条件下，断裂厚度随靶材厚度的增加而增加。其原因是：靶材越厚，传播到靶材后表面的激波就越弱，达到断裂损伤的应力累积的时间就越长，因而断裂片就越厚。当靶材厚到一定程度时，传播到靶材后表面的激波变得太弱，便不会发生断裂。不致产生断裂损伤的靶材厚度称为断裂阈值。在激光烧蚀压力为 65 GPa，波长为 0.308 μm，脉宽为 2 ns，激光强度为 8×10^{11} W/cm^2 的情况下，铝材的断裂阈值为 1250 μm。如果将激光参数调整为烧蚀压力 50 GPa，波长 0.308 μm，脉宽 2.5 ns，激光强度 6×10^{11} W/cm^2，铝材的断裂阈值为 1175 μm。这表明铝材的断裂阈值随着脉冲激光强度的变弱而降低。一般认为，这个结论具有普遍意义。导弹、飞机、卫星壳体金属材料的厚度远远大于其断裂阈值，因此不会受到激波破坏效应的损伤。只有飞行器的光电探测器件窗口等近似于裸露的极薄保护壳体，才是易受激波破坏效应损伤的部位。这些部位抗激光激波破坏的技术措施有很多，适当加厚这些部位保护层材料的厚度，对材料的弹性模量、屈服强度、拉伸断裂强度等力学性能参数进行筛选比较，选择具有抗激波破坏优势的材料充作保护层材料等，都会收到一定的效果。但前提是不能影响这些部位功能的正常发挥。

　　3）辐射破坏效应

材料表面因激光照射气化而生成等离子体，等离子体一方面对激光起屏蔽作用，另一方面又能够辐射紫外线和 X 射线，对目标造成损伤，这就是激光的辐射破坏效应。紫外线和 X 射线与光、热和无线电波一样，在本质上都是线穿透曝光。此外射线可使气体、液体及固体物质电离，从而改变其电学性质。这个特性对通信卫星有重要影响。如果 X 射线穿透通信卫星，使卫星内部的电子元器件发生电离现象，改变了原有的电学性质，这颗通信卫星也就基本上报废了。X 射线能造成永久性物理损伤，如固体材料的破裂、孔洞、剥落等，这种作用能使标准样品老化而影响使用寿命。这个特性由于是在较长时间照射或照射后较长时间出现的，因此对导弹、飞机基本没有影响，主要是会显著缩短各类军事卫星的服役寿命。对 X 射线的防御，可以根据其不易穿透骨头的特点，将骨粉压制成防护层衬于卫星的内表面，从而起到阻隔的作用。

从以上对激光武器杀伤破坏机理的三个主要破坏效应的分析中可以得出结论：热烧蚀破坏效应是激光对导弹、飞机、卫星等空中目标毁伤的主要手段，激波破坏效应只对飞行器上很薄的金属壳体部位构成物理性损伤威胁，辐射破坏效应只对滞留空中时间较长的卫星构成多方面的严重威胁。不同飞行器防御高能激光武器的毁伤，应根据激光的破坏机理采取不同的相应措施。

4.3.3　强激光干扰的关键技术

强激光干扰以其优异的特性受到人们的关注，是当前军事技术发展的一个热点。其主要关键技术有以下几个方面。

1. 高能量、高光束质量激光器技术

高能量、高光束质量激光器是强激光致盲干扰系统的核心。强激光致盲干扰系统通过激光器发射强激光实现对目标的干扰与致盲。激光输出能量和束散角是激光器的两个最重要指标。激光束远场处的光斑尺寸与激光束的传播距离和光束发散角成正比，而光斑面积

与距离和光束发散角乘积的平方成正比(远场情况下),因此,激光远场处的激光能量密度
与距离和光束发散角乘积的平方成反比,与激光器的初始输出能量成正比。所以,控制激
光输出光束发散角非常重要。作为小型、中等功率、高光束质量的短波长激光器的新兴技
术有:

(1) 短波长固体激光器的二极管泵浦技术。该技术已经证实了能够显著提高效率和大
大减小激光器热负载。在未来 20 年内,按常规技术进展应能实现 60% 的二极管效率和
15% 的电—激光净转换效率。二极管的成本应降至二极管光学功率每瓦低于 1 美元,用于
40 kW 激光器的二极管泵浦阵列的成本应少于 16 万美元。

(2) 固体激光器的热容量运行技术。该技术使得激光器能够在短暂的交战期内根据需
要产生高输出功率。发展得当的话,在不采用冷却措施的运行中,这种方法应能实现每立
方厘米激光材料产生高于 500 J 的激光输出。在每次交战所需能量为 40 kJ 及热弹仓允许
进行 10 次交战(400 kJ 的激光输出)的情况下,所需激光材料的体积将是 800 cm^3,重量小
于 4 kg。这 10 次交战中每两次之间的冷却时间将为 1~2 min。

(3) 激光武器内或激光武器与目标之间的相位共轭技术。该技术用于对光程畸变进行
补偿并产生近衍射限光束。在机载激光器计划中得到的经验,在这里同样适用。

(4) 非冷却光学系统技术。该技术可降低光束定向器的成本和质量。随着超低吸收率
反射镜镀层的发展,非冷却光学系统将是可能的。

(5) 高能光纤激光组束技术。由于双包层高功率光纤激光器和激光组束技术的高速发
展,高性价比的激光器应用于激光武器的研究也取得了突破性进展。光纤激光器组束技术
可以满足机载激光的各项条件。随着光纤激光器的发展以及包层多模并行泵浦技术的采
用,光纤激光器的输出功率大幅度提高,从原有的毫瓦量级提高到瓦量级水平,并且已有
千瓦输出功率的成品问世,发丝般粗细的光纤使得光纤激光器能获得极高的光功率密度
(可达 560 MW/cm^2),并且在同样的输出光功率下,高功率光纤激光器相对传统激光器具
有效率高、光束质量好、工作寿命长、发热量小、结构紧凑、稳定性强、易于保障等优点,
这使得高能光纤激光器完全有能力替代传统的大功率激光器而用于激光武器。

2. 精密跟踪瞄准技术

激光干扰设备用强激光束直接照射目标使其致盲或损坏,这要求设备具有很高的跟踪
瞄准精度。对于空对地导弹等运动较快的光电威胁目标,强激光干扰设备的跟踪瞄准系统
还应具有较高的跟踪角速度和跟踪角加速度。强激光致盲干扰设备所要求的跟踪瞄准精度
高达微弧度量级,需采用红外跟踪、电视跟踪、激光角跟踪等综合措施实现精密跟踪瞄准。

要进行目标跟踪,首先需要发现目标,即完成对目标的侦察/定位。目前对目标的侦
察/定位概括起来主要有两种方法:一是利用小型微光雷达、无线电雷达等扫描搜索的主
动侦察技术;另一是采用红外、激光报警装置等来探测的被动侦察技术。目前,在反传感
器低能红外激光武器所使用的侦察/定位技术中,以被动侦察技术发展得最快。致盲型激
光武器发射的激光能量一般都较低,因此,激光照射到目标传感器上以后,并不能立即产
生致盲或破坏效应。若要产生一定的致盲或破坏效应,照射激光还必须持续辐照一段时间
(1 秒至数秒)。据估算,要使激光光斑在运动目标的某确定部位停留数秒,要求跟踪瞄准
系统的跟踪角误差不低于 10 μrad 量级。这一要求比一般的大型光电跟踪系统的跟踪角误
差至少要高出一个数量级。为实现这一跟踪精度,目前已采用的跟踪体制及关键技术主

要有：

（1）采用高性能的光电跟踪传感器技术，如采用红外焦平面阵列凝视成像跟踪体制、电视跟踪器及激光雷达等。

（2）采用复合轴跟踪支架技术。该技术使跟踪处理器对主轴和子轴分别控制，并使两者的作用叠加，可获得动态范围宽、响应速度快且跟踪精度高的系统。

（3）采用复合控制与共轴跟踪技术。在闭环反馈控制系统中增加一个开环支路，或借助于计算机构成前馈控制系统，可以构成更加完善的复合控制共轴跟踪系统。

3. 质量轻、抗辐射激光束控制发射技术

强激光发射天线是干扰设备中的关键部件，它起到将激光束聚焦到目标上的作用。发射天线通常采用折反式结构，反射镜的孔径越大，出射光束的发散角越小。但是，孔径过大使制造工艺困难也不易控制。因此，制作反射镜时还应考虑质量轻、耐强激光辐射等问题。

4. 激光大气传输效应研究及自适应光学技术

大气对激光会产生吸收、散射和湍流效应，湍流会使激光束发生扩展、漂移、抖动和闪烁，使激光束能量损耗，偏离目标。对于强激光，大气和激光的非线性作用会使其发生漂移、扩展、畸变或弯曲。采用自适应光学技术研究大气对强激光传输的影响，对这种影响进行部分处理和补偿，可使大气对激光传输的影响减少到最低限度。自适应光学技术采用实时探测大气参数和激光束波前变化的方法，来实时调整激光发射系统的光学特性，使激光束以最佳方式聚焦在干扰或打击目标上。

4.4　激光欺骗干扰技术

激光欺骗干扰通过发射、转发或反射激光辐射信号，形成具有欺骗功能的激光干扰信号，扰乱或欺骗敌方激光测距、观瞄、跟踪或制导系统，使其得出错误的方位或距离信息，从而极大地降低了光电武器系统的作战效能。

激光有源欺骗式干扰的价值体现在其相关性和低消耗性上。为实现有效的欺骗干扰，要求干扰信号必须与被干扰目标的工作信号具有多重相关性，这些相关性包括：

（1）特征相关性。激光干扰信号与被干扰目标的工作信号在特征上必须完全相同，这是实现欺骗干扰的最基本条件。信号特征包括激光信号的频谱、体制（连续或脉冲）、脉宽、能量等级等激光特征参数。

（2）时间相关性。激光干扰信号与被干扰目标的工作信号在时间上相关。这要求干扰信号与被干扰目标的工作信号在时间上同步或包含与其同步的成分，这是实现欺骗干扰的一个必要条件。

（3）空间相关性。激光干扰信号与被干扰目标的工作信号在空间上相关。干扰信号必须进入被干扰目标的信号接收视场，才能达到有效的干扰目的，这是实现欺骗干扰的另一个必要条件。

此外，激光欺骗式干扰以激光信号为诱饵，除消耗少量电能外，几乎不消耗任何其他资源，干扰设备可长期重复使用，因而具有低消耗性。

4.4.1　激光欺骗干扰的分类和组成

按照原理和作用效果的不同，激光欺骗干扰可分为角度欺骗干扰和距离欺骗干扰两种类型。其中，角度欺骗干扰应用较多，干扰激光制导武器时多采用有源方式；距离欺骗干扰目前主要用于干扰激光测距机。

4.4.2　角度欺骗干扰

对制导武器的干扰通常是角度欺骗干扰。干扰系统通常由激光告警、信息识别与控制、激光干扰机和漫反射假目标等设备组成，如图 4.7 所示。

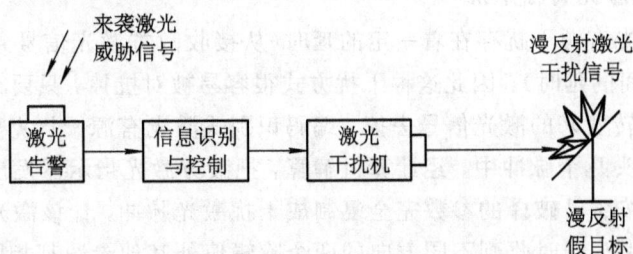

图 4.7　激光欺骗干扰系统的组成框图

系统的工作过程是：激光告警设备对来袭的激光威胁信号进行截获，信息识别与控制设备对该信号进行识别处理并形成与之相关的干扰信号，输出至激光干扰机，发射出受调制的激光干扰信号，照射在漫反射假目标上，即形成激光欺骗干扰信号，从而诱骗激光制导武器偏离方向。图 4.8 为激光欺骗干扰过程示意图。

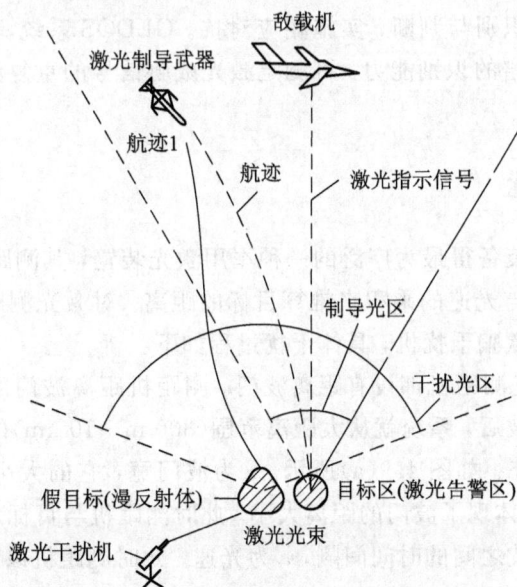

图 4.8　激光欺骗干扰过程示意图

激光有源欺骗干扰可分为转发式和编码识别式两种。

1. 转发式激光有源干扰

半主动激光制导武器要想精确击中目标，激光指示器必须向目标发出足够强的激光编码脉冲。该激光脉冲信号被设置在目标上的激光有源干扰系统中的激光接收机接收到，经实时放大后立即由己方激光干扰机进行转发，让波长相同、编码一致、光强一定的激光通过设置的漫反射假目标射向导引头，并被导引头接收。此时导引头收到两个相同的编码信号：一个是己方激光指示器发出的被目标反射回来的信号，另一个是干扰激光经过漫反射体反射过来的信号。两个信号的特征除光强上有差异之外，其他参数一致。一般半主动激光制导武器采用比例导引体制，因此它受干扰后的弹轴指向目标和漫反射板之间的比例点，从而达到把激光半主动制导武器引开的目的。转发式干扰不仅要求干扰激光器的重频高，而且要求出光延迟时间尽量短。

2. 编码识别式激光有源干扰

由于转发式激光有源干扰存在着一定的延时（从接收敌方激光信号到发出激光干扰脉冲，有一个较长时间的延时），因此这种干扰方式很容易被对抗掉，只要在导引头上采取简单波门技术就可把转发来的激光信号去掉。编码识别式激光有源干扰克服了上述不足。它在敌方照射目标的头几个脉冲中，经计算机解算，把敌方激光指示器发出的激光编码参数完全破译出来，并按照已破译的参数完全复制成干扰激光脉冲，让该激光脉冲通过假目标射向导引头，使导引头同时收到不同方向的两个除辐值外其他参数都相同的激光信号。导弹仍按比例导引体制制导，使导弹偏离原弹道，达到干扰目的。这种干扰只要使两个脉冲同时进入导引头波门，理论上导引头就很难区分真伪。

实际的激光有源欺骗式干扰系统常将转发式干扰和编码识别式干扰组合使用。

典型的激光欺骗干扰系统有美国的 AN/GLQ-13 车载式激光对抗系统和英德联合研制的 GLDOS 激光对抗系统。AN/GLQ-13 系统采用转发式激光有源干扰模式，通过对激光威胁信号有关参数的识别与判断，实施相应对抗。GLDOS 系统具有对来袭威胁目标的方位分辨能力和威胁光谱的识别能力，可测定激光威胁信号的重复频率和脉冲编码，并可自动实施干扰。

4.4.3 距离欺骗干扰

激光测距机是当前装备得最为广泛的一种军用激光装置，其测距原理是利用发射激光和回波激光的时间差值与光速的乘积来推算目标的距离。对激光测距机实施欺骗干扰，通常采用高频激光器作为欺骗干扰机，具体干扰过程如下：

为了降低虚警，激光测距机都设有距离波门。测距机距离波门的工作方式如下。一开始当测距机测得目标回波后，系统就从大距离范围（300 m～10 km）的搜索状态自动转到窄距离选通的跟踪波门状态。如图 4.9(a) 所示，τ 为波门宽，它的大小与目标的运动相对速度有关，实际 τ 的大小就体现了波门的距离大小。此时测距机与目标之间的距离 $R_0 = Tc/2$，T 为发出激光与收到回波之间的时间间隔，c 为光速。此时测距机以反码形式把 R_0 存下来作下一次测距跟踪波门的基础。现有一个高重频激光干扰机向测距机发射激光脉冲，如图 4.9(b) 所示，干扰脉冲在真实回波到来之前已被测距机接收，测距机以该干扰脉冲为基础生成下一次测距的波门跟踪基础，显然波门在时间轴上受干扰脉冲影响而提早出现，每测一次提前 $\Delta\tau$，如图 4.9(c) 所示，相当于比真实距离缩短了 r，$r = \Delta\tau c$，因此实现了距离欺骗。

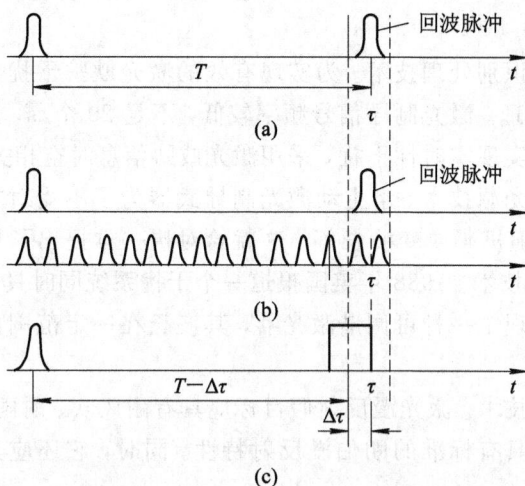

图 4.9　干扰测距机原理示意图

高重频激光的干扰频率与测距机的性能指标有关。设测距机的测距范围为 $R_1 \sim R_2$（$R_2 \gg R_1$）。根据测距公式，测量时间为 $t = 2R/c$，所以测量时间为 $t_1 = 2R_1/c$，$t_2 = 2R_2/c$。干扰机发出的干扰脉冲至少在测距机波门内进去 $2\sim3$ 个脉冲。由于敌方测距机的波门宽并不知道，因此考虑保险系数取 3，这样干扰频率 f 应为

$$f \geqslant 3\,\frac{1}{t_1} = \frac{3c}{2R_1} \tag{4-27}$$

激光干扰的最小功率不但与干扰距离有关，而且还与干扰激光光束的发散角、敌方测距机参数和气象条件等有关。由于激光干扰机与被保卫目标放在一起，因此干扰激光的视场毋需做得很大，一般等于或略大于测距机视场即可。可列干扰方程如下：

$$P_{\min} = \frac{\pi P_s \theta^2 R^2 \mathrm{e}^{\sigma R}}{4A\tau_0} \tag{4-28}$$

式中

P_s——激光测距机的最小可探测功率；

θ——干扰激光光束发散角；

σ——传输路径激光大气平均衰减系数；

A——激光测距机的光学有效接收口径；

τ_0——激光测距机的光学系统透过率；

R——最远干扰距离。

激光测距机的参数往往可以估算。例如 P_s 约为 10^{-8} W，因而激光干扰的最小功率约为 10 mW 左右。

4.4.4　激光欺骗干扰的关键技术和发展趋势

激光有源欺骗式干扰的关键技术主要有：

（1）多波长激光威胁信号识别技术。随着激光制导技术的发展，激光目标指示信号的频谱将不断拓宽，只具有单一激光波长对抗能力的激光干扰系统将难以适应战场的需要，而激光威胁光谱识别技术是实现多频谱对抗的先决条件。采用多传感器综合告警技术可对

激光威胁进行光谱识别。

（2）来袭激光信息识别处理技术。为实现有效的激光欺骗干扰，需对来袭激光威胁信号的形式进行识别和处理。激光制导信号频率较低，不足 20 个/s，采用编码形式，用于识别信息量十分有限。为实现实时性干扰，采用激光威胁信息时空相关综合处理技术。

（3）激光欺骗干扰光源技术。半主动激光制导武器为了不受对方干扰，往往采用反对抗措施，例如变码、伪随机码或变波长等。这就给对抗一方提出了更高要求，于是就出现了自适应激光有源干扰技术。1988 年英国报道一个干扰系统同时具备三种波长激光器，供干扰时选择。另外还出现了一种可调谐激光器，其波长在一定范围内连续可变，以对抗变波长激光指示器。

（4）漫反射假目标技术。激光漫反射假目标应具有耐风吹、耐雨淋、耐日晒、耐寒冷等全天候工作特性，而且具有标准的朗伯漫反射特性。同时，它还应具有廉价、可更换使用的功能。

理想的漫反射假目标为朗伯余弦体材料做成的漫反射板。然而从实战角度出发，往往应采用更实际的方法。

① 地面上任意岩石、土堆为假目标。即使是朗伯余弦体假目标，它也具有方向性，如果敌方导弹从另一方向来袭，就要换角度或换一块板。用地面地物做反射体反而克服了上述困难。实际上粗糙地面对激光的平均反射率在 0.3～0.45 之间。当导弹还比较远时，干扰激光照在目标附近的地面上，随着时间的推延，干扰激光照射点以一定速度不断地离开目标，直到一定远处为止。这样把导弹一点一点地引开，效果也比较理想。

② 水面假目标。从上面的叙述可以发现这类激光欺骗干扰都需要假目标。地面上对抗设备的假目标布设以地面地物为假目标，相对来说比较方便，然而对水面舰艇而言，假目标是个问题。如果用四周海水作假目标，尽管海水的反射系数有时较高，但它往往会是镜面反射，方向性很强，不能作漫反射假目标。军舰前进时，螺旋桨激起的水花在舰后留下一条长长的水花航迹，利用杂乱无章的海水水花对激光的反射特性，把干扰激光照射在舰后几十米远处的水花上，从水花表面反射出去的激光充满了半球空间，实际效果并不比陆地上使用的地面漫反射假目标差。

③ 空中假目标。空中激光假目标也称空中激光陷阱。它实际上由激光高反射材料做成的轻而小的薄片组成，每个小薄片就是激光反射中心。大量的这种片状材料填装在炮弹内，一旦发现激光威胁，就以一定射速、射角抛向空中，炸后形成一个半径一定的云团悬浮在空中并随风飘动。干扰激光经高反射材料组成的云团反射，充满整个球空间，而且由近及远慢慢离开，导引头也随着逐渐偏离原弹道。

多光谱综合干扰技术是激光欺骗干扰技术发展的必然趋势。另外，国内外正在积极研究激光驾束制导、激光主动制导的欺骗干扰技术。

第 5 章　光电无源干扰技术

光电无源干扰技术是通过采用无源干扰材料或器材,改变目标的电磁波反射、辐射特性,降低保护目标和背景的电磁波反射或辐射差异,破坏和削弱敌方光电侦测和光电精确制导武器系统正常工作的一种手段。光电无源干扰技术以遮蔽技术、融合技术和示假技术为核心,以"隐真"、"示假"为目的。"隐真"即为隐蔽或降低目标的显著特征,以减少探测、识别和跟踪系统接收的目标信息;"示假"就是显示假目标,迷惑、欺骗侦察识别系统,降低其对真目标的探测识别概率,使其以假当真。光电无源干扰技术主要包括烟幕干扰技术、光电隐身技术和光电假目标技术。

5.1　烟　幕　干　扰

烟幕是由在空气中悬浮的大量细小物质微粒组成的,是以空气为分散介质的一些化合物、聚合物或单质微粒为分散相的分散体系,通常称做气溶胶。气溶胶微粒有固体、液体和混合体之分。

烟幕干扰技术就是通过在空中施放大量气溶胶微粒,来改变电磁波的介质传输特性,以实施对光电探测、观瞄、制导武器系统干扰的一种技术手段,具有"隐真"和"示假"双重功能。

用烟幕作无源干扰早在第一次世界大战时就已用于战场。现代战争中烟幕的作用越来越大,应用频率也越来越高,已经从早期对抗可见光波段,发展到可以对抗紫外、微光、红外,甚至扩展到对抗毫米波波段。

5.1.1　烟幕干扰的分类

烟幕从发烟剂的形态上分为固态和液态两种。常见的固态发烟剂主要有六氯乙烷-氧化锌混合物、粗蒽-氯化铵混合物、赤磷及高岭土、滑石粉、碳酸铵等无机盐微粒。液态发烟剂主要有高沸点石油、煤焦油、含金属的高分子聚合物、含金属粉的挥发性雾油以及三氧化硫-氯磺酸混合物等。

烟幕从施放形成方式上大体可分为升华型、蒸发型、爆炸型、喷洒型四种。升华型发烟过程是利用发烟剂中可燃物质的燃烧反应,放出大量的热能,将发烟剂中的成烟物质升华,在大气中冷凝成烟。蒸发型发烟过程是将发烟剂经过喷嘴雾化,再送至加热器使其受热、蒸发,形成过饱和蒸气,排至大气冷凝成雾。爆炸型发烟过程是利用炸药爆炸产生的高温高压气源,将发烟剂分散到大气中,进而燃烧反应成烟或直接形成气溶胶。喷洒型发烟过程是直接加压于发烟剂,使其通过喷嘴雾化,吸收大气中的水蒸气成雾或直接形成气溶胶。

烟幕从战术使用上分为遮蔽烟幕、迷盲烟幕、欺骗烟幕和识别烟幕四种。遮蔽烟幕主要施放于我军阵地或我军阵地和敌军阵地之间，降低敌军观察哨所和目标识别系统的作用，便于我军安全地集结、机动和展开，或为支援部队的救助及后勤供给、设施维修等提供掩护。迷盲烟幕直接用于敌军前沿，防止敌军对我军机动的观察，降低敌军武器系统的作战效能，或通过引起混乱和迫使敌军改变原作战计划，干扰敌前进部队的运动。欺骗烟幕用于欺骗和迷惑敌军，常与前两种烟幕综合使用，在一处或多处施放，干扰敌军对我军行动意图的判断。识别烟幕主要用于标识特殊战场位置和支援地域，或用作预定的战场通信联络信号。

从干扰波段上分类，烟幕可分为防可见光、近红外常规烟幕，防热红外烟幕，防毫米波、微波烟幕和多频谱、宽频谱及全频谱烟幕。

5.1.2　烟幕的干扰机理

现代烟幕干扰技术主要是通过改变电磁波的传输介质特性来干扰光电侦测和光电制导武器的。如对激光制导武器的干扰，烟幕可以使激光目标指示器的激光束或目标反射的激光束的能量严重衰减，激光导引头接收不到足够的光能量，从而失去制导能力。另外，烟幕还可以反射激光能量，起到假目标的作用，使导弹被引诱到烟幕前爆炸。

烟幕对可见光有遮蔽效应，根本原因是烟幕对光产生散射和吸收，造成目标射来的光线衰减而使观察者看不清目标；而且由于烟幕反射太阳和周围物体的辐射、反射光，增加了自身的亮度，降低了烟幕后面目标与背景的视觉对比度。

烟幕对红外辐射的作用机制主要包括辐射遮蔽和衰减遮蔽两方面。

辐射遮蔽是指烟幕利用本身燃烧反应生成的大量高温气溶胶微粒辐射出更强的红外辐射，将目标及背景的红外辐射遮盖，干扰热成像或其他探测设备的正常显示，结果呈现烟幕本身的一片模糊景象。

衰减作用是烟幕干扰的最主要的作用，凭借烟幕中多达 $10^9/cm^3$ 数量级的微粒对目标和背景的红外辐射产生吸收、散射和反射作用，使进入红外探测器的红外辐射能低于系统的探测门限，从而保护目标不被发现。烟幕粒子的直径等于或略大于入射波长时，其衰减作用最强。当烟幕浓度达到 $1.9\ g/m^3$ 时，对红外辐射能削弱 90％ 以上，浓度更高时，甚至可以完全屏蔽掉目标发射和反射的红外信号。普通烟幕对 $2\sim2.6\ \mu m$ 红外光干扰效果较好，对 $3\sim5\ \mu m$ 红外光有干扰作用，而对 $8\sim14\ \mu m$ 红外光则不起作用。在烟幕中加入特殊物质，其微粒的直径与入射波长相当，可以扩展对所有波段的红外光的干扰作用。如在普通的六氯乙烷烟火剂中加入 10％～25％ 聚氯乙烯、煤焦油等化合物，可使发烟剂燃烧后生成大量直径为 $1\sim10\ \mu m$ 的碳粒，从而提高烟幕对 $3.2\ \mu m$ 以上红外辐射的吸收能力。

从经典电子论角度看，在入射辐射作用下，构成烟幕粒子的原子或分子发生极化，并按入射辐射的频率作强迫振动，此时可能产生两种形式的能量转换：

（1）入射辐射能转换为原子或分子的次波辐射能。在均匀连续介质中，这些次波叠加的结果使光只在折射方向上继续传播下去，在其他方向上因次波的干涉而相互抵消，所以没有散射效果。在非均匀介质中，由于不均匀质点破坏了次波的相干性，使其他方向出现了散射光，于是在入射辐射的原传播方向上会出现辐射能的减弱。

（2）入射辐射转换为粒子的热能。当原子或分子在入射辐射作用下产生共振吸收时，入射辐射被粒子大量吸收转换为热能而衰减。

辐射在介质中传输时按指数规律衰减，即

$$P(\nu, L) = P(\nu, 0)e^{-\int_0^L \mu(\nu, x)dx} \tag{5-1}$$

式中，$P(\nu, 0)$、$P(\nu, L)$ 分别为 $x=0$ 与 $x=L$ 处的光谱辐射功率，$\mu(\nu, x)$ 为介质的衰减系数，ν 为光频率。

对于均匀介质，式(5-1)可简化为

$$P(\nu, L) = P(\nu, 0)e^{-\mu(\nu)\cdot L} \tag{5-2}$$

这就是波盖耳(Bougner)定律。$\mu(\nu)\cdot L$ 称为介质的光学厚度，因为介质对辐射的衰减是由吸收与散射两部分组成的，所以介质的衰减系数可表示为吸收系数 $\alpha(\nu)$ 与散射系数 $\gamma(\nu)$ 之和，即

$$\mu(\nu) = \alpha(\nu) + \gamma(\nu) \tag{5-3}$$

因此

$$P(\nu, L) = P(\nu, 0)e^{-[\alpha(\nu)+\gamma(\nu)]\cdot L} \tag{5-4}$$

由于光学厚度 $\mu(\nu)\cdot L$ 可表示成

$$\mu(\nu)\cdot L = k(\nu)\rho L \tag{5-5}$$

式中，ρ 为介质的密度，单位为 g/m³，$k(\nu)$ 为光谱消光系数，因此，辐射在介质中传输的衰减规律可表示为

$$P(\nu, L) = P(\nu, 0)e^{-\int_0^L [\alpha(\nu, x)+\gamma(\nu, x)]dx} \tag{5-6}$$

或

$$P(\nu, L) = P(\nu, 0)e^{-\int_0^L k(\nu, x)\rho(x)dx} = P(\nu, 0)e^{-\int_0^L [\beta(\nu, x)+\delta(\nu, x)]\rho(x)dx} \tag{5-7}$$

式中，$\beta(\nu, x)$ 是介质吸收光谱消光系数，$\delta(\nu, x)$ 是介质散射光谱消光系数。

所以，介质光谱透射比为

$$\tau(\nu) = \frac{P(\nu, L)}{P(\nu, 0)} = e^{-\int_0^L [\beta(\nu, x)+\delta(\nu, x)]\rho(x)dx} \tag{5-8}$$

对于均匀介质，光谱透射比为

$$\tau(\nu) = e^{-[\beta(\nu)+\delta(\nu)]\rho L} = e^{-k(\nu)\cdot\rho L} \tag{5-9}$$

在频率间隔 $\Delta\nu$ 内的平均透射比为

$$\bar{\tau}(\Delta\nu, L) = \frac{1}{\Delta\nu}\int_{\Delta\nu}[e^{-\int_0^L [\beta(\nu, x)+\delta(\nu, x)\rho(x)dx]}]d\nu \tag{5-10}$$

若烟幕是由 n 种不同介质微粒构成，则平均透射比为

$$\bar{\tau} = (\Delta\nu, L) = \frac{1}{\Delta\nu}\int_{\Delta\nu}[e^{-\int_0^L [\sum_{i=1}^m k_i(\nu, x)\rho_i(x)]dx}]d\nu$$

$$= \frac{1}{\Delta\nu}\int_{\Delta\nu}[e^{-\int_0^L \{\sum_{i=1}^m [(\beta_i(\nu, x)+\delta_i(\nu, x)\rho_i(x)]dx\}}]d\nu$$

$$= \frac{1}{\Delta\nu}\int_{\Delta\nu}[e^{-\int_0^L [\sum_{i=1}^m \alpha(\nu, x)+\gamma(\nu, x)]dx}]d\nu \tag{5-11}$$

波盖耳定律的使用有一定的条件限制，它们是：

(1) 定律假定消光系数与入射辐射功率、介质浓度无关。一般情况下，吸收比与辐射功率无关，但当辐射功率密度大到某一阈值(10^7 W/cm²)时，会出现"饱和吸收"。另一方

面,当介质浓度很高时,由于分子间的相互作用增强,会使介质辐射的衰减能力变化。

(2) 定律假设粒子之间彼此独立地散射辐射,不考虑多次散射。但当介质的光学厚度大到一定程度时,多次散射不可忽略。

在计算烟幕对辐射衰减的平均光谱透射比时,需要知道烟幕的吸收系数 $\alpha(x, n)$ 与散射系数 $\delta(x, n)$。它们可按以下两式计算:

$$\alpha(x, n) = \pi \int_0^\infty Q_a(x, n) N(r) r \, \mathrm{d}r \qquad (5-12)$$

$$\delta(x, n) = \pi \int_0^\infty Q_s(x, n) N(r) r \, \mathrm{d}r \qquad (5-13)$$

式中,$x = 2\pi r/\lambda$;r 为介质微粒的半径;n 为介质的复数折射率,$n = n_r - i n_i$,n_r 为散射的实部,n_i 为吸收的虚部;$N(r)$ 为烟幕微粒的尺度分布,一般采用对数正态分布,即

$$N(r) = \frac{a}{\sqrt{8\pi}} (\ln\sigma)^{-1} \exp\left\{ -\left[\frac{\ln(r/r_g)}{2\ln\sigma} \right]^2 \right\} \qquad (5-14)$$

式中,r_g 为粒子的几何平均半径;σ 为粒子半径的标准差;a 为拟合参数。式(5-12)、式(5-13)中,$Q_a(x, n)$ 为介质的吸收效率因子;$Q_s(x, n)$ 为介质的散射效率因子;Q_a、Q_s 以及介质衰减效率因子 Q_c 之间有如下关系:

$$Q_c = Q_a + Q_s \qquad (5-15)$$

Q_c 与 Q_a 可按常用的 Vander Hulst 近似式计算:

$$Q_c(x, n) = 2 - 4 \exp(-a \tan b) \left[\frac{\cos b}{a} \sin(a-b) - \left(\frac{\cos b}{a} \right)^2 \cos(a-2b) \right] + 4 \left(\frac{\cos b}{a} \right)^2 \cos^2 b \qquad (5-16)$$

$$Q_a(x, n) = 1 + \frac{\exp(1 - 4x n_i)}{2x n_i} + \frac{\exp(-4x n_i)}{8x^2 n_i^2} \qquad (5-17)$$

式中

$$a = 2x(n_r - 1), \quad b = \arctan\left(\frac{n_i}{n_i - 1} \right) \qquad (5-18)$$

对于成像系统,烟幕直接影响跟踪系统的特征提取及特征选择过程。进行特征提取时首先要进行图像分割,目的是将红外图像中的目标和背景分割开来。当有烟幕存在时,大灰度级对应的像点数减少,小灰度级对应的像点数增多,总的灰度级数减小。当烟幕的透过率低到一定程度时,灰度级数将趋向于极限值1,这时根据上述原则就无法分割图像。而对于矩心跟踪系统,烟幕的存在使目标的亮度产生严重的不均匀变化时,波门会扩大,信息值超过阈值的像元数会变化,从而降低跟踪精度。对于相关跟踪系统,当有烟幕遮蔽目标时,造成实时图像的亮度产生不均匀变化,可使实时图像的亮度分布函数与预存图像的亮度分布函数改变,引起跟踪误差。此外,烟幕的扰动以及图像亮度的不均匀随机变化,使得配准点位置随即漂动,还有一些次峰值会冒充配准点,使系统的跟踪误差进一步加大。

影响烟幕遮蔽性能的因素有如下几个方面:

(1) 入射波长。烟幕的遮蔽性能与入射波长有关,因此从波段上分,烟幕分为可见光(紫外)烟雾和红外烟幕。可见光烟幕的发烟颗粒的直径很小;而红外烟幕中的烟粒子直径相对比较大。因此根据作战要求的不同,应选择不同种类的烟幕。

（2）粒径大小及分布。烟幕颗粒的大小与衰减系数的大小密切相关。就球形粒子而言，粒径越大，散射截面越大。发烟剂发烟成幕后，粒径并不是大小一样的，而是服从粒径统计分布，即麦克斯韦分布。在利用散射公式计算时所用的粒子半径值是最常见的粒径值。

（3）粒子的形状与空间统计取向。粒子的形状如果不是球形，问题就比较复杂，往往很难精确计算。研究者已对粒子呈现的形状作了分类，例如球形、椭圆形、圆柱形和圆盘形，并分别建立了理论模型，对粒子的散射性能进行了描述。许多烟幕材料根据采样形状选取相近理论模型进行计算并与实验结果进行比较。除球形粒子外，不同形状粒子在空间形成烟幕后，粒子散射面的法线方向在空中也有一个统计分布，该统计值与散射的角分布关系十分密切。某些高反材料，就是由许多微小薄片组成的。片本身的重量不是均匀分布的，片的矢径为几微米到几十微米，片表面对各种波长的反射率较高，它的法线的空间统计取向大致均等，这样的材料作漫反射体十分理想，在 4π 球面度上的散射强度差不多。

（4）粒子的表面性质。粒子的表面性质是光滑还是粗糙将在很大程度上影响散射特性。例如，有一种沥青加氧化剂燃烧后会产生大量直径在几微米到几十微米的液滴状碳微粒，表面十分粗糙。如果由一定密度的这种微粒组成烟雾作遮蔽烟幕，则入射光与它的作用不是散射而是以被吸收为主，即使是小部分的反射也是漫反射；而光滑表面往往会形成镜面反射。

（5）组成粒子材料的折射率。在推导散射公式中可以看到，材料的折射率对衰减特性有显著影响。

（6）粒子密度。不论是瑞利散射还是迈散射，粒子体密度直接影响散射系数，粒子体密度越大，衰减越大。

5.1.3　烟幕性能的测试

烟幕性能的测试是研究烟幕特性的重要手段。各种类型的数学模型在特定环境条件下能得出近似结论，然而一旦进入工程应用，往往会出现不太一致的结果。而实际测试能得到比较接近实际的参数值。

1. 烟幕特性的实验室测试

为了研究烟幕性能，许多国家都建立了大型烟雾测试箱。如加拿大瓦尔卡第二研究院建立的烟雾测试箱直径 6.1 m，高 12 m，箱的两侧开有小孔作光的传输通道，箱的一侧设置各种光源，光源包括氦氖激光、Nd^{3+} : YAG 激光、黑体等，这些光源都经过严格标定；箱的另一侧放置各种传感器。

通过烟雾测试箱可测定以下几个参数：

（1）消光系数 τ_k。设光源出射光强（或亮度）为 I_o，经过距离 l 后光强为 I，则

$$\tau_k = -\frac{1}{l}\ln\frac{I}{I_o} \qquad (5-19)$$

光强可以是光谱线光强 I_λ，也可以是波段范围光强 $I_{\lambda_1 \sim \lambda_2}$。

（2）透过率 τ_t。其计算公式为

$$\tau_t = \frac{I}{I_o} \qquad (5-20)$$

（3）烟幕浓度 n。

(4) 粒子直径分布。

(5) 沉降速度。

2. 烟幕特性的外场测试

1) *外场测试内容*

烟幕特性的外场测试目的完全不同于实验室测试，外场测试主要是检验烟幕喷射枪（发烟罐）、烟幕弹等的作战效能。外场测试的内容根据作战需要确定，测试项目可有以下几个方面：

(1) 各种气象条件下的烟幕消光系数。

(2) 烟幕粒子的粒径分布。

(3) 光谱或波段透过率。

(4) 烟幕浓度及空间分布。

(5) 烟幕持续时间、烟幕有效遮蔽时间。

(6) 沉降速度与气象条件关系。

(7) 烟幕形状变化对作战效果的评估。

(8) 烟幕对制导武器干扰效果的评估等。

2) *外场测试方法*

外场测试方法根据测试要求和选取内容的不同而不同，下面介绍几种主要测试方法。

(1) 探测器点阵高速扫描测试。图 5.1 画出了探测器点阵高速扫描测试示意图，它主要测试空中爆炸形成的烟幕面积。激光器发出发散角很小的激光束，经二维摆镜反射到达探测器点阵上。二维摆镜在计算机控制下工作，由步进电机驱动，电机每走一步，光点正好移动一个探测器位置。计算机对探测器进行同步录取，录取后数据经过斜程修正后，用曲线或数据显示并记录结果。只要点阵范围足够大，就可测出烟幕运动速度及烟幕随时间变化的状况。由于烟幕是烟粒子集合形成的烟云团，因此它没有特定边界，边界定义由衰减系数确定。而在烟幕"内部"有时会出现一个或多个空洞，计算烟幕遮蔽面积时应把空洞面积减去。理论上探测器点阵越密，测量越准确，但工程造价就越高。为了弥补点阵空隙带来的测量上的误差，可以将相邻点阵上探测到的数值进行插值运算，从而得到烟幕上各点的衰减系数分布。另一方面要尽可能加快扫描速度，缩短扫描周期。通过采用这两个技术，可减少探测器点阵不能过密布设所引起的误差。

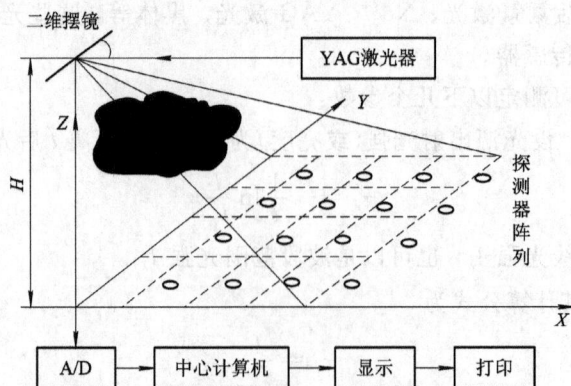

图 5.1　探测器点阵高速扫描测试示意图

　　探测器点阵高速扫描测试技术对光源的要求是发散角必须小，因此光源只能是激光。除用 YAG 激光器作光源外，还可用二氧化碳激光器或其他激光器。一次测得的结果只代表单一波长上的值，烟幕的遮蔽效应往往是宽波段的，波段内其他波长上的衰减值只能通过人为处理解决。在 $0.7\sim1.06\ \mu m$ 波段内，可用可调谐激光器作光源，每换一个波长校准一次，测量一次。每进行一次烟幕测试都要先测一次没有烟幕时各探测器的值。

　　(2) 发烟罐生成烟幕的测试方法。发烟罐或喷射形成的烟幕与爆炸形成的烟幕大小不同，它的烟幕成形借助于风力而且是连续不断的。发烟罐生成烟幕的测试方法在测试原理上虽然也采用激光探测器点阵扫描技术，但它采用地面布设方式，使测试设备较为简便并可做成移动式或临时架设。该测试方法的示意图如图 5.2 所示。激光器发射口一样装有二维摆镜，在计算机控制下对探测器点阵进行扫描。这种测试方法不用作斜距修正，在数据处理上与上述方法完全不同。

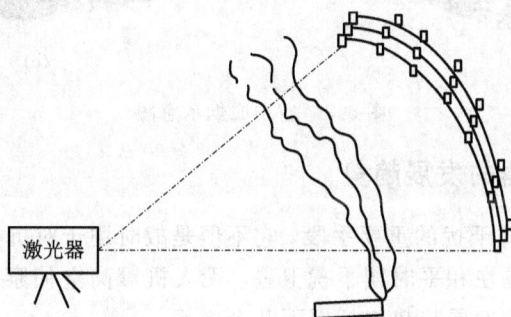

图 5.2　发烟罐烟幕测试示意图

　　(3) 烟幕对成像设备干扰的评估方法。烟幕遮蔽往往用于干扰敌方图像侦察和成像制导导弹。要了解或测定烟幕对成像设备干扰的效能，可直接利用相应成像仪器或设备对目标进行烟幕遮蔽前后图像的对比测试。通常是同时用可见光 CCD 摄像机、微光夜视仪和红外热像仪测试比较，证明多波段遮蔽烟幕对多个波段光均有较好的遮蔽效果。用 12 发 66 mm 的 Mark Ⅲ 烟幕弹可在不到 3 s 时间内，在离坦克前方 $15\sim25$ m 远处形成高 5 m、宽 40 m 的热烟幕屏障，遮蔽角约 110°，风速从静止到 6.7 m/s 环境条件下，对红外热像仪的遮蔽时间为 40 s，对可见光摄像仪和微光夜视仪的遮蔽时间长达 80 s。

　　(4) 图像处理测试法。野战时为了对抗敌方空中侦察或干扰来袭的成像制导导弹，需要用烟幕弹遮挡己方目标。该烟幕弹在空中形成烟幕后，烟幕形状完全由当时的气象条件和成烟方式决定。例如，风是阵风还是卷风；爆炸后成烟云，还是爆炸先把发烟块炸开，发烟块受重力影响向下散落，在散落过程中，每块发烟块发出大量烟粒子形成一道幕。不论哪一种方式，成烟后的形状是不断变化的。图 5.3 画出了成烟后的两种烟云形状。图 5.3(a) 基本上是一团烟云中间有几个形状不规则的空洞，空洞的特点是面积相对较小且分散，成像制导导弹即使透过空洞在某一时刻模糊地看见目标的一部分，也很难利用这部分信息进行跟踪；图 5.3(b) 的情况就不一样了，空洞尺寸较大且空洞间距离较近，成像制导导弹透过空洞可以发现目标，且可以进入小波门跟踪。

　　导弹的处理软件具有一定的记忆功能，允许中间丢失若干帧图像。图 5.3(b) 所示状态的烟幕就可能失去干扰作用。为了对成烟后的形状在各种气象条件下进行检验或研究，往往使用图像处理测试法。该方法把相应成像设备架在自动跟踪平台上，对空中形成的烟幕进行自动跟踪。每一幅图像中像点的亮度分成若干个灰度等级，测试前先对亮度的灰度等级进行标定，以某一值为界，亮于该值则视为透过，暗于该值则视为遮蔽。这样在烟幕测试时，边跟踪边计算各种参数，确定遮蔽面积（减去空洞面积）、空洞面积及大小、空洞之间间距、变化过程、有效遮蔽时间并根据当时的气象条件对该烟幕作出评估（当然测试次数越多，就越能作出较高置信度的评估）。人们利用这种测试方法进行发烟剂配比改进和成烟方式研究。

(a)　　　　　　　　　　　　　　　　(b)

图 5.3　空中成烟示意图

5.1.4　烟幕干扰武器的发展趋势

烟幕是光电对抗无源干扰的重要手段，它不但是战时用于对抗导弹或观瞄设备的廉价且有效的手段，而且也是在和平时期干扰卫星、无人机等高空侦察的好办法，因此它的发展方兴未艾。烟幕干扰的发展趋势包括以下几个方面：

（1）多波段、宽波段烟幕。以往的烟幕主要遮蔽可见光、微光和 $1.06~\mu m$ 激光，也有专用于遮蔽 $8 \sim 14~\mu m$ 红外热像仪的烟云。随着现代战争的需要，对多波段同时干扰的呼声日益高涨，因此研制多波段、宽波段烟幕是今后发展的一个方向。

（2）复合型烟幕。所谓复合型烟幕，就是指一种烟幕可同时干扰两个或两个以上波段的烟幕。例如，德国早在 20 世纪 80 年代初就研制出可见光、红外、微波复合烟幕。它的原理是在 $6 \times 12~mm$ 的薄铝片上，涂上一定厚度的发烟剂和氧化剂混合材料，填装在炮弹内。作战时将炮弹发射至一定位置，爆炸散开并把每片点燃。燃片受重力影响缓慢下落，降落过程中产生大量能遮蔽可见光和红外光的烟雾；展开后的大量铝箔片群又可对微波雷达起无源干扰作用，不同尺寸的片可干扰对应的波段雷达；每一个燃片自身就是一个红外源，它在 $3 \sim 5~\mu m$ 和 $8 \sim 14~\mu m$ 都有不小的辐射。大量这种运动的燃片犹如一个大的红外"面源"，在导弹和目标之间的这个"面源"将严重干扰导弹跟踪。

（3）二次成烟技术。烟幕弹或发烟罐是靠填装的发烟剂发烟的，但毕竟容量有限。人们在研制中发现烟幕剂成烟后的产物如果再与空气中的组份，例如水汽和氧进一步进行化学反应，反应后的生成物会对光有一定的衰减，这个过程称为二次成烟。以下例子可以说明二次成烟的干扰原理。发烟剂赤磷燃烧后生成的烟是干扰可见光和 $1.06~\mu m$ 激光的好材料，但对 $3 \sim 5~\mu m$ 和 $8 \sim 14~\mu m$ 热像仪没有遮蔽效果。这种烟的主要成分是 P_2O_5，P_2O_5 与空气中的水蒸气结合，可生成磷酸液滴（半径在微米量级），它的体积比烟粒子或水气分子增加了 $2 \sim 3$ 个量级，足以遮蔽 $3 \sim 5~\mu m$ 和 $8 \sim 14~\mu m$ 热像仪。

（4）特种烟幕。从作战需要出发，特种用途需要有特种烟幕。例如，高炮和地空导弹阵地作战时，希望己方对空监视完全透明清晰，可以发现敌机并向它射击或发射导弹，又不希望被敌方红外前视系统发现或红外成像制导导弹攻击。如果使用常规烟幕,固然可挡住敌方视线,但同时也挡住了己方视线。如果使用特种烟幕,它在空中成烟后对可见光几乎完全透明,不影响人们的视线,但对红外前视工作波段 $8\sim14~\mu m$ 可强烈吸收,衰减系数很大。这就满足了上述作战需要。国外已研制出该类产品,它是一种无色液体,在空气中极易挥发,挥发后与空气中的氧和水汽反应生成可见光透明的巨核气悬体粒子,对 $8\sim14~\mu m$ 波段有较大衰减。高反射材料做成的高反弹也是特种烟幕的一种。它可作为激光欺骗干扰中的空中假目标,在水面舰艇上运用更为合适。

随着光学侦察手段的不断发展和光电精确打击技术的不断更新和改进,为了提高己方目标在作战时的生存能力,烟幕这一廉价而有效的防御手段将得到越来越快的发展。

5.2　光电隐身

隐身技术又称低可探测技术,是通过减弱自身的信号特征,降低被探测、识别、跟踪和攻击的概率,来达到隐蔽自我目的的。光电隐身技术是减小被保护目标的某些光电特性,使敌方探测设备难以发现或使其探测能力降低的一种光电对抗手段。

5.2.1　光电隐身技术的分类

根据原理和应用的不同,光电隐身分为可见光隐身、红外隐身、激光隐身和等离子体隐身等。

可见光侦察设备利用目标反射的可见光进行侦察,通过目标与背景间的亮度对比和颜色对比来识别目标。而可见光隐身就是要消除或减小目标与背景之间在可见光波段的亮度与颜色差别,降低目标的光学显著性。

红外侦察是通过测量分析目标与背景红外辐射的差别来发现目标的。而红外隐身就是要利用屏蔽、低发射率涂料及军事平台辐射抑制的内装式设计等措施,改变目标的红外辐射特性,降低目标和背景的辐射对比度,从而降低目标的被探测概率。

激光隐身就是要消除或削弱目标表面反射激光的能力,从而降低敌方激光侦测系统的探测、搜索概率,缩短敌方激光测距、指示、导引系统的作用距离。

5.2.2　可见光隐身技术

目标表面材料对可见光的反射特性是影响目标与背景之间亮度及颜色对比的主要因素,同时,目标材料的粗糙状态以及表面的受光方向也直接影响目标与背景之间的亮度及颜色差别。因此,可见光隐身通常采用以下三种技术手段。

1. 涂料迷彩

任何目标都处在一定背景上,目标与背景又总是存在一定的颜色差别,迷彩的作用就是要消除这种差别,使目标融于背景之中,从而降低目标的显著性。按照迷彩图案的特点,涂料迷彩可分为保护迷彩、仿造迷彩和变形迷彩三种。保护迷彩是近似背景基本颜色的一种单色迷彩,主要用于伪装单色背景上的目标;仿造迷彩是在目标或遮障表面仿制周围背景斑点图案的多色迷彩,主要用于伪装斑点背景上的固定目标,或停留时间较长的可活动目标,使目标的斑点图案与背景的斑点图案相似,从而达到迷彩表面融合于背景之中的目的；变形迷彩是由与背景颜色相似的不规则斑点组成的多色迷彩，在预定距离上观察能歪曲目标的外形，主要用于伪装多色背景上的活动目标，能使活动目标在活动区域内的各色背景上产生伪装效果。

迷彩伪装并不是使敌方看不到目标，而是在特定的距离上，通过目标的一部分斑点与背景融合，一部分斑点与背景形成明显反差，分割目标原有的形状，破坏了人眼以往储存的某种目标形状的信息，增加人眼视神经对目标判别的疑问。特别是变形迷彩，改变了目标的形状、大小特征，常可将重要的军事目标改变成不重要的军事目标，或将军事目标改变成民用目标，从而增加敌方探测、识别目标的难度，特别是增加了制导武器操纵人员判别目标的时间和误判率，延误其最佳发射时机。

2. 伪装网

伪装网是一种通用性的伪装器材。一般来说，除飞行中的飞机和炮弹外，所有的目标都可使用伪装网。伪装网主要用来伪装常温状态的目标，使目标表面形成一定的辐射率分布，以模拟背景的光谱特性，使之融于背景之中；同时在伪装网上采用防可见光的迷彩，可对抗可见光侦察、探测和识别。

伪装网的机理主要是散射、吸收和热衰减。散射型是在基布中编织不锈钢金属片、铁氧体等，或是在基布上镀涂金属层，然后用对紫外、可见光、激光具有强烈发射作用的染料进行染色，粘结在基网上，并对基布进行切花、翻花，加工成三维立体状，可以强烈地散射入射的电磁波，使入射方向回波很小，达到隐蔽目标的目的。吸收型是在基布夹层中填充或编织一定厚度的能强烈吸收从紫外到热红外的吸收材料，并采用吸收这些电磁波的染料进行染色，将其粘结在基网上，并对基布进行孔、洞处理，以吸收电磁波或抑制热散发，达到防紫外、可见光、热红外及雷达等系统探测、识别目标的目的。热衰减型是由织物及金属箔构成气垫或双层结构，将其与热目标隔开一定的距离，就能有效地衰减和扩散热辐射，将其与紫外、可见光、雷达伪装网配合，构成多层遮障，可达到防全电磁波段侦察和制导的作用。

3. 伪装遮障

伪装遮障可模拟背景的电磁波辐射特性，使目标得以遮蔽并与背景相融合，是固定目标和运动目标停留时最主要的防护手段，特别适用于有源或无源的高温目标。伪装遮障综合使用了伪装网、隔热材料和迷彩涂料等技术手段，是目标可见光隐身、红外隐身的集中体现。

伪装遮障主要由伪装面和支撑骨架组成。支撑骨架具有特定的结构外形，通常采用重量轻的金属或塑料杆件制成，起到支撑、固定伪装面的作用。伪装效果取决于伪装面对电磁波的反射和辐射特性与背景的接近程度，这与伪装面的颜色、形状、材料性质、表面状态及空间位置有关。伪装面主要由伪装网、隔热材料和喷涂的迷彩涂料组成。对常温目标的伪装，采用在伪装网上喷涂迷彩涂料所制成的遮障即可；对无源或有源高温目标伪装，还需在目标和伪装网之间使用隔热材料以屏蔽目标的热辐射。

5.2.3　红外隐身技术

红外隐身的主要对象是遭受红外制导武器攻击或易被红外侦察告警设备发现、识别的军事目标。军事目标都辐射出红外特征光谱，很容易被卫星的红外多光谱热像仪、高空侦察机及无人机侦察到。军事机动平台由于它的高机动性需要，往往选用了大马力发动机，发动机工作时的发动机罩、喷管的温度往往高达好几百度。这些热源正是红外点源或成像制导导弹攻击的目标。降低或改变目标的红外辐射特征，使得目标与背景的辐射反差尽可能的小，这是红外隐身的基本出发点。以喷气式飞机红外隐身为例，它的主要红外辐射源如下：

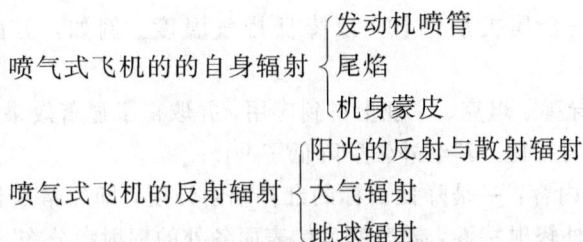

$$
\text{喷气式飞机的的自身辐射}
\begin{cases}
\text{发动机喷管} \\
\text{尾焰} \\
\text{机身蒙皮}
\end{cases}
$$

$$
\text{喷气式飞机的反射辐射}
\begin{cases}
\text{阳光的反射与散射辐射} \\
\text{大气辐射} \\
\text{地球辐射}
\end{cases}
$$

飞机被红外探测系统发现的距离 R 与飞机的红外辐射强度及大气的透过率两项积的平方根成正比，而飞机的红外辐射强度在 $3 \sim 5 \ \mu m$ 波段，主要是飞机发动机喷管和尾焰所发射的辐射。被飞机反射和散射的太阳光在中、远红外波段的辐射强度已不大。值得注意的是，由于目前大部分用来攻击飞机的红外制导武器以飞机的尾焰作为跟踪点，因此飞机的红外隐身重点在于其尾焰的隐身。

为了缩短被发现的距离，降低被探测到的概率，可采用以下三种红外隐身的基本方法：

(1) 抑制红外辐射强度。由于飞机发动机喷管和尾焰的温度比环境温度高得多，它是"热"的红外辐射源，因此抑制其红外辐射强度是实现红外隐身的重要手段。

(2) 改变红外辐射的波段，使目标的红外辐射波段部分偏离红外探测器的响应波段，或者超出大气"窗口"。也可改变红外辐射的传输途径。

(3) 遮盖红外辐射源的辐射。

因而对喷气式飞机及其他航空器来说，实现红外隐身应采取的具体手段有：

(1) 采用尾焰温度较低的双涵道的涡轮风扇发动机。例如，"战斧"巡航导弹改用涡轮风扇发动机后，红外辐射强度下降了 91%。

(2) 在发动机喷口处设置红外辐射挡板或巧妙设计飞机的布局，使一些部件（如尾翼）遮挡尾焰的红外辐射；把发动机的尾喷管向上弯曲，改变热气流的走向，使探测系统不便探测，如法国的"海豚"直升飞机就采用了此方法。

(3) 加长飞机尾喷管，使出射尾流温度降低。例如，$1 \ m$ 长尾喷管尾焰温度约为 $500 ℃$，其峰值波长为 $5.8 \ \mu m$，尾喷管加长到 $4 \ m$ 时，尾焰温度可降到 $250 ℃$。

(4) 采用二元喷管（喷口为矩形）或异形喷管。矩形或异形喷口增加了排气的截面或周界，使气流降温；二元喷管可加速冷、热气流的混合，使排气流的温度迅速降低。例如，$F-117A$ 采用了 $183 \ cm \times 15 \ cm$ 的很宽、很扁的矩形喷口，且内装 11 片导流片，喷口下边缘有向后上方翘起的斜板，从而使尾焰向外发射的红外辐射总量减少，且不易探测。

(5) 改进燃料。加入某种添加剂，使喷焰红外辐射波长超出大气窗口，或在喷焰中加入红外吸收剂吸收热量，降低喷焰温度。当然，使燃料充分燃烧（使喷焰的发射率低）也可减少尾焰的红外辐射。

(6) 在机身上涂覆红外隐身材料，利用它的吸热或隔热机理降低蒙皮温度。

（7）利用气溶胶屏蔽发动机尾焰的红外辐射。如将含有直径为 $1\sim100\ \mu m$ 的金属化合物微粒的环氧树脂、聚乙烯树脂等可发泡的高分子物质热流随气流一起喷出，在空气中遇冷便雾化成悬浮状泡沫塑料微粒，可有效地遮挡或屏蔽尾焰的红外辐射。

（8）采用回复式再生循环发动机。充分利用发动机排气中的热资源，可使耗油率降低，又可减弱排气的红外辐射。

（9）把尾吸管做成金属—石棉—金属夹层结构，以降低排气温度。例如，美国的 OH-5 直升机上就采用过这种技术。

目前，红外隐身技术已在飞机、导弹、坦克、军舰上得到应用，并取得了显著效果。如 F-117A 隐身飞机，由于采取多种隐身措施，其红外辐射降低了 90%。

对目标的红外隐身包括两方面的内容：一是降低目标的红外辐射强度，即通常所说的热抑制技术；二是改变目标表面的红外辐射特性，即改变目标表面各处的辐射率分布。

（1）降低目标的红外辐射强度技术。降低目标的红外辐射强度也可称为降低目标与背景的热对比度，使敌方红外探测器接收不到足够的能量，减少目标被发现、识别和跟踪的概率。具体可采用以下几项技术手段和措施：

① 采用空气对流散热系统。空气是一种选择性的辐射体，其辐射集中在大气窗口以外的波段上，或者说空气是一种能对红外辐射进行自遮蔽的散热器。因此，红外探测器只能探测热目标，而不能探测热空气。为了充分利用空气的这一特性，目前正在研制和采用空气对流系统，以便将热能从目标表面或涂层表面传给周围空气。空气对流有自然对流和受迫对流两种。完成自然对流的系统是一种无源装置，不需要动力，不产生噪声，可用散热片来增强能力。完成受迫对流的系统是一种有源装置，需要风扇等装置作动力，其传热率高。空气对流散热系统只适用于专用隐身，不适合于作通用隐身手段。

② 涂覆可降低红外辐射的涂料。这种涂料通过两种途径来降低目标红外辐射强度。一是降低太阳光的加热效应，这主要是因为涂料对太阳能的吸收系数小。二是控制目标表面发射率，这又有两种方式：降低涂料的红外发射率；使涂料的发射率随温度而变，温度升高，发射率降低，温度降低，发射率升高，从而使目标的红外辐射能量尽可能不随温度的变化而变化。

③ 配置隔热层。隔热层可降低目标在某一方向的红外辐射强度，可直接覆盖在目标表面，也可距目标一定距离配置，以防止目标表面热量的聚集。隔热层主要由泡沫塑料、粉末、镀金属塑料薄膜等隔热材料组成。泡沫塑料能储存目标发出的热量，镀金属塑料薄膜能有效地反射目标发出的红外辐射。隔热层的表面可涂不同的涂料以达到其他波段的隐身效果。在用隔热层降低目标红外辐射特性的同时，由于隔热层本身不断吸热，温度升高，为此，还必须在隔热层与目标之间使用冷却系统和受迫空气对流系统进行冷却和散热。

④ 加装热废气冷却系统。发动机或能源装置的排气管和废气的温度都很高，排气管的温度可达到 $200\sim300℃$，排出的废气是高温气体，可产生连续光谱的红外辐射。为降低排气管的温度，可加装热废气冷却系统，该系统在消除废气中的热量的同时，又不加热可见表面。目前研制和采用的有夹杂空气冷却和液体雾化冷却两种系统。夹杂空气冷却就是用周围空气冷却热废气流，它需要风扇作动力，存在噪声源。液体雾化冷却主要通过混合冷却液体的小液滴来冷却热废气，这种冷却方法需要动力，以便将液体抽进废气流，而且冷却液体用完后，需要再供给。

⑤ 改进动力燃料成分。通过在燃油中加入特种添加剂或在喷焰中加入红外吸收剂等措施，降低喷焰温度，抑制红外辐射能量，或改变喷焰的红外辐射波段，使其辐射波长落入大气窗口之外。

（2）改变目标表面的红外辐射特征技术。具体可采用以下几项技术手段和措施：

① 模拟背景的红外辐射特征技术。采用降低目标红外辐射强度的技术，只能造成一个温度接近于背景的常温目标，但目标的红外辐射特征仍不同于背景，还有可能被红外成像系统发现和识别。模拟背景红外辐射特征，是指通过改变目标的红外辐射分布状态或组态，使目标与背景的红外辐射分布状态相协调，使目标的红外图像成为整个背景红外辐射图像的一部分。模拟背景的红外辐射特征技术适用于常温目标，通常采用的手段是红外辐射伪装网。

② 改变目标红外图像特征新技术。每一种目标在一定的状态下都具有特定的红外辐射图像特征，红外成像侦察与制导系统就是通过这些特定的红外辐射图像来识别目标的。改变目标红外图像特征的变形技术，主要在目标表面涂覆不同发射率的涂料，构成热红外迷彩，使大面积热目标分散成许多个小热目标，这样各种不规则的亮暗斑点打破了真目标的轮廓，分割歪曲了目标的图像，从而改变了目标易被红外成像系统所识别的特定红外图像特征，使敌方的识别发生困难或产生错误识别。

5.2.4　激光隐身技术

激光隐身技术就是使目标的激光回波信号降到尽可能低的程度，从而使目标被敌方发现的概率降低，使被探测的距离缩短的技术。

激光隐身从原理上与雷达隐身有许多相似之处，它们都以降低反射截面为目的。激光隐身就是要降低目标的激光反射截面，与此有关的是降低目标的反射系数，及减小相对于激光束横截面区的有效目标区。为此，激光隐身采用的技术有以下几项：

（1）采用外形技术。消除可产生角反射器效应的外形组合，变后向散射为非后向散射，用边缘衍射代替镜面反射，用平板外形代替曲面外形，减少散射源数量，尽量减小整个目标的外形尺寸。

（2）吸收材料技术。吸收材料可吸收照射在目标上的激光，其吸收能力取决于材料的导磁率和介电常数。吸收材料从工作机制上可分为两类，即谐振（干涉）型与非谐振型。谐振型材料中有吸收激光的物质，且其厚度为吸收波长的 1/4，使表层反射波与其干涉相消。非谐振型材料是一种介电常数、导磁率随厚度变化的介质，最外层介质的导磁率近于空气，最内层介质的导磁率接近于金属，由此使材料内部较少寄生反射。

吸收材料从使用方法上可分为涂料与结构型两大类。涂料可涂覆在目标表面，但在高速气流下易脱落，且工作频带窄。结构型是将一些非金属基质材料制成蜂窝状、波纹状、层状、棱锥状或泡沫状，然后涂吸收材料或将吸波纤维复合到这些结构中去。

（3）采用光致变色材料。利用某些介质的化学特性，使入射激光穿透或反射后变成为另一波长的激光。

（4）利用激光的散斑效应。激光是一种高度相干光，在激光图像侦察中，常常由于目标散射光的相互干涉而在目标图像上产生一些亮暗相间随机分布的光斑，致使图像分辨率降低。而从隐身角度考虑，则可利用这一散斑效应。如在目标的光滑表面涂覆不光泽涂层，或使光滑表面变粗糙，当其粗糙程度达到表面相邻点之间的起伏与入射激光波长可以比拟时，散斑效果最佳。

5.2.5　等离子体隐身技术

不同于前面介绍的红外和激光隐身，等离子体隐身技术本身属有源隐身技术，但是由于不利用等离子体发光特性，因此把它归入本章，作为光电无源对抗技术介绍。它利用等离子体发生器、发生片或放射性核素在保护体表面形成一层等离子云，设计等离子体的特征参数（能量、电离度、振荡频率和碰撞频率等）使之满足特定要求，使照射到等离子云上的雷达波一部分被吸收，一部分改变传播方向，因而返回到雷达接收机的能量很少，使敌方难以探测，从而达到隐身目的；还能进一步通过改变反射信号的频率，使敌雷达测出错误的飞机位置和速度数据以实现隐身。

等离子体隐身技术具有很多优点：吸波频带宽、吸收率高、隐身效果好；使用简便、使用时间长、价格便宜；无需改变飞机的外形设计，不影响飞行器的空气动力性能；由于没有吸波材料和涂层，大大降低了维护费用。此外，俄罗斯进行的风洞试验表明：利用等离子体隐身技术还可以减少飞行器飞行阻力 30％以上，可大大提高飞行器的飞行速度。

1. 等离子体隐身原理

任何等离子体存在一个固有频率 ν_p，在等离子体密度为 ρ 的时候，固有频率可以表示为

$$\nu_p = \frac{1}{2\pi}\sqrt{\frac{\rho e^2}{\varepsilon_0 m_e}} \tag{5-21}$$

对入射频率为 ν 的电磁波，折射率为

$$n = \sqrt{1 - \left(\frac{\nu_p}{\nu}\right)^2} \tag{5-22}$$

从式（5-22）可以看出，当入射电磁信号频率小于等离子体固有频率时，入射电磁信号将被等离子体吸收，这就是等离子体隐身的基本依据。当 $\nu > \nu_p$ 的时候，从空气入射到等离子体的电磁波是从光密媒质进入光疏媒质，经等离子体折射后再反射回入射方向的电磁信号不足原来的几十分之一，从而起到隐身效果。

2. 实现等离子体隐身的关键技术和存在的问题

实现等离子体隐身需解决三个方面的关键问题。一是等离子体隐身的机理，主要包括：等离子体对雷达波的斜反射和吸收机理；光谱诊断产生雷达等离子体的状态参数和输运系数；理论研究等离子体对雷达波吸收的最强条件。二是隐身用等离子体发生器，它是等离子体隐身的关键技术，主要研究等离子体流产生技术、可控调节技术，减小等离子体发生器的体积和产生单位等离子体的功耗。三是等离子体隐身系统的两大技术难点：等离子体发生器本身部位的隐身和等离子体的发光问题。

5.3　光电假目标

光电假目标就是利用各种器材或材料仿制成假设施、假兵器、假诱饵等。这些假目标在光电探测、跟踪、导引的电磁波段中与真目标具有相同特征。

"示假"是光电无源干扰的另一重要方面,与其他"隐真"对抗手段相配合,可有效欺骗和诱惑敌人,吸引光电侦察武器的注意力,分散和消耗光电制导武器,提高真目标的生存能力。随着光电侦察和制导武器效能的日益提高,假目标的作用也越显突出。由于大量精确制导武器采用末成像制导,因此光电假目标成为"最后一百米"防护非常有效的手段。

5.3.1　光电假目标的分类

按照其与真目标的相似特征的不同,光电假目标可分为形体假目标、热目标模拟器和诱饵类假目标。形体假目标是与真目标的光学特征相同的模型,如假飞机、假导弹、假坦克、假军事设施等,主要用于对抗可见光、近红外侦察及制导武器;热目标模拟器就是与真目标的外形、尺寸具有一定相似性的模型,且其与真目标具有极为相似的电磁波辐射特征,特别在中远红外波段,主要用于对抗热成像类探测、识别及制导武器系统;诱饵类假目标就是仅求与真目标的反射、辐射光电频段电磁波的特征相同,而不求外形、尺寸等外部特征相似的假目标,如光箔条诱饵、红外箔条诱饵、气球诱饵、激光假目标等,主要用于对抗非成像类探测和制导武器系统。

此外,光电假目标按照选材和制作成形可分为制式假目标和就便材料假目标。制式假目标就是按统一规格定型生产,列入部队装备体制的伪装器材,轻便牢固、架设撤收方便、外形逼真,而且通常加装反射、辐射配件,以求与真武器装备有一样的雷达、红外特性,如现装备的充气式假目标、骨架结构假目标、泡沫塑料假目标、木制假目标等形体假目标和由带有热源的一些材料组成的热目标模拟器等;就便材料假目标就是就地征集的或利用就便材料加工制作的假目标,可作为制式假目标的补充,具有取材方便、经济实用等特点,能适应战时和平时大量、及时设置假目标的需要。

5.3.2　光电假目标的组成与应用

光电假目标种类繁多,不同的假目标所采用的材料和制作方式各不相同,下面分别加以介绍。

1. 形体假目标

形体假目标就是制作成与真目标外形、尺寸等光学性能相同的模型,如假飞机、假导弹、假坦克、假军事设施等,主要针对可见光、近红外侦察及制导武器,现已发展为在可见光、近红外、中远红外及雷达各波段均能使用的具有综合性能的假目标。按结构和材料的不同,形体假目标可以分为薄膜充气式、膨胀泡沫塑料式和构件装配式。

薄膜充气式即目标模拟气球,如海湾战争中伊拉克使用的充气橡胶战车,就是用高强橡胶,内部敷设电热线,外部涂敷铁氧体或镀敷铝膜,最外层喷涂伪装漆制成的。

膨胀泡沫塑料式为可压缩式的泡沫塑料式模型,解除压缩可自行膨胀成假目标,如美国的可膨胀式泡沫塑料系列假目标,配有热源和角反射器,装载时可将体积压缩的很小,取出时迅速膨胀展开成形,并且不需要专门工具,具有体积小、重量轻、造型逼真的特点,同样具有模拟全波谱段特性的性能。

构件装配式犹如积木,可根据需要临时组合装配,如瑞典的装配式假目标是将涂聚乙烯的织物蒙在可拆装的钢骨架上制作的,用以模拟假飞机、假坦克、假火炮等。还有的用玻璃钢做表层并在内部贴敷不锈钢片金属布(或是在玻璃钢表面镀敷金属膜)制成壳体,壳体内用燃油喷灯在发动机等发热部位加高热，最外层喷涂伪装涂料制作成导弹、飞机、坦克等假目标系列。还有的用聚氨酯发泡材料做外形，内贴金属丝防雷达布，并敷设由电热丝加热或燃油喷灯加热的假目标。此外还有的使用胶合板、塑料板、泡沫板、橡胶、铝皮、铁皮等就便材料制作各类假目标，并在其内部安装角反射器、热源、无线电回答器，也具有较好的宽波段性能。

形体假目标的设计自然是与真实形体越相近越好，但是这样一来会大大增加假目标的制造难度和成本，失去制作假目标的意义。综合考虑光电探测器的性能、大气的影响、目标与背景的亮度对比等因素后，形体假目标所需要模拟的精度存在一个上限。以卫星的侦察为例，美国 KH-12 照相侦察卫星的光学照相对假目标（与背景的亮度对比为 0.4）的实际地面分辨率为 0.23 m。这说明在制作假目标时，可以忽略尺寸在 0.2 m 以下的部件，即假目标外形尺寸的仿真精度可以控制在 0.2 m 以下。而且如果将大气抖动等因素考虑进去，实际地面分辨率的尺寸会更大一些，也就是说对假目标外形尺寸的仿真精度要求还会更低一些。

2. 热目标模拟器

传统的假目标在可见光波段都能达到很好的示假效果，但是在红外波段通常因不能很好地模拟目标的红外特征而暴露。这主要是由于假目标的表面温度分布往往不能和真目标相吻合。红外成像系统集高灵敏度、高空间分辨率及大动态范围于一身，为此要进行对抗红外成像系统的研究，必须能够逼真地模拟目标和背景的热图像。而要在红外波段很好地模拟目标的热图像，就需要有相应合适的热源及其控制技术，尤其是目标的明显热特征部位，合适的热源模拟非常重要。

由于电热膜可折叠、面积不受限制、外形可选择，因此用它可制成各种红外假目标。更有透明电热膜技术，可见光相对透视率达 80% 以上，可以方便地和现有光学假目标相结合，制成可见光和红外宽频谱的假目标。包括导弹发射阵地，军用公路，军用机场（跑道），充气式飞机、坦克、火炮、装甲车辆等假目标，利用电热膜的合理设计和布置，如按照跑道形状铺设或粘贴到轮胎、发动机等热特征明显的部位上，都可以实现红外特征的示假目的。若对温度进行控制，由于电热膜热惯性小，可以制成能逼真模拟目标特征随时间和空间变化的可控式红外假目标。

普通电热膜是将特制的可导电非金属材料及金属载流条印刷、热压在两层绝缘聚酯膜间制成的金属纯电阻式发热体，其厚度一般为微米到毫米级，在外加电场能的激发下，可产生特定波长的红外线并以辐射的方式传递热量，且没有氧化现象，不断裂不脱落，能在高温环境下工作，故其应用领域非常广泛。

电热膜与被加热物体表面以分子键结合，其发热原理是在电的引发激励下，通过电子在热组件中产生"布朗运动"，由电子间的互相撞击和摩擦产生热能，电热能转换率可达 98% 以上。在通电几十秒内，发热体表面的温度迅速升高，加热速度极快，辐射率高。

电热膜由于其特殊的加热结构和原理而具有以下特点：

（1）面状发热，可按需进行温度调控，温度控制精确，热惯性小，传热速度极快。金属电热膜元件的温控精度达到 2%。有些电热膜温差不超过 ±0.8℃。半导体电热膜靠薄膜自身特性控制温度，可以成为安全的"智能"型发热材料，是一种极具应用潜力的电热膜。

（2）热分布随意，既能得到很均匀的热分布（即使经多处挖小孔后仍然可以成为均匀电热场），也能根据需要任意设计电路，使受热体表面得到不同的温度分布。

（3）可折叠，外形可选择，使用范围广。电热膜既可以做成平面状（设定面积无限制，可制成覆盖于被加热物体的全部表面的膜，基本上不占用立体空间），也可以做成一定形状，可使产品小型化、轻量化、薄型化，存储携带运输都很方便。

（4）热效率高。热效率一般均在 90% 以上，节能省电，成本低。

（5）使用寿命长，工作温度范围大。有关资料记载，电热膜的寿命至少为传统电热丝加热元件的 10 倍，而其工作范围可从室温到 500℃ 左右。

（6）无明火，无污染，安全可靠。电热膜元件发热时无明火，安全可靠。

（7）物理化学性能极为稳定。电热膜不仅在空气中不会氧化，就是在一定浓度的酸、碱溶液中浸泡后其性能仍无变化。被加热物体只要不被猛力碰、摔，加热元件就不会损坏，非常经久耐用。

（8）电路系统紧凑。金属膜电热元件可将快速升温电路、保温电路及温度控制电路组合在一起，从而使电热元件实现自动控制。

（9）安装和接线方便。导线可用铜焊或铆接方法固定在元件上，元件可用粘贴或机械方法固定在受热体上。

（10）电源可选性强。根据实际情况可以设计使用 220 V、110 V、24 V、12 V 等各种交流或直流电源。

5.3.3　光电假目标的研究现状和发展趋势

根据假目标战术使用要求，在设计制作与设置假目标时应满足以下要求：

（1）假目标的主要特性，如颜色、形状、电磁波反射（辐射）特性应与真目标相似，大于可见尺寸的细部要仿造出来，垂直尺寸可适当减小。

（2）有计划地仿造目标的活动特性，及时地显示被袭击的破坏效果。

（3）对设置或构筑的假目标应实施不完善的伪装。

（4）假目标应结构简单、取材方便、制作迅速。经常更换位置的假目标应轻便、牢固、便于架设、撤收和牵引。

（5）制作、设置和构筑假目标时，要隐蔽地进行，及时消除作业痕迹。

（6）假目标的配置地点必须符合真目标对地形的战术要求，同时为保护真目标的安全，真假目标之间应保持一定的距离。

为适应战场的需要，外军已研制和装备了大量不同类型的形体假目标，如瑞典巴拉居达公司生产的假飞机、假坦克、假炮、假桥等装配式假目标，美军研制的 40 自行高炮、105 自行榴弹炮、155 野战加农炮、2.5 t 卡车等薄膜充气假目标及 M114 装甲输送车等可膨胀泡沫塑料假目标。海湾战争中，伊拉克使用胶合板、铝皮、塑料等就便材料制作的假目标，大量地消耗了多国部队的精确制导武器，并保存了自身的军事实力，显示了假目标在现代战争中的重要地位和作用。此外，为对抗红外前视系统和红外成像制导系统的威胁，国外正加紧研制为目标设计的专用热模拟器，如美国研制的"吉普车热红外模拟器"和"热红外假目标"。

未来光电假目标的发展重点是：

（1）进一步改进和完善形体假目标的性能，增加假目标的种类，并配装模拟目标热特征的热源及角反射器、无线电回答器等装置，使其具有光学、红外及雷达等多波段的欺骗性能。

（2）加速发展热红外模拟器的研制，使模拟器能对真目标的热图像进行逼真模拟，主要有以下三个发展方向。

① 发展研制一种多用途热红外模拟器，用以模拟多种目标的热图像特征。如美军正准备进一步发展其已研制成功的"热红外假目标"，使其能模拟大型车辆、气轮发动机等多种目标的不均匀"热点"特征。

② 发展研制多种专用热红外模拟器，用于模拟不同类型的战术目标，如美军正计划以"吉普车热模拟器"为基础，进一步发展其他战术目标的热模拟器。

③ 发展研制用于增强背景热红外辐射的热红外杂波源，使其具有较长的工作寿命、较好的适应性和有效性。

（3）完善诱饵类假目标系统的性能，使假目标成为整个目标和整个防御系统的一个有机组成部分。最主要的方向是：发展烟幕、假目标组合自适应施放系统，特别是重点发展诸如坦克等装甲车辆及重点目标用的红外诱饵系统，提高红外诱饵的欺骗性。

5.4　其他无源光电对抗措施

5.4.1　红外动态变形伪装

现有的红外防护系统如红外隐身、红外遮障、红外伪装技术基本上都是静态防护方法，有局限性。当环境温度变化时，由于目标和伪装的红外发射率随温度的变化未必一致，伪装后的目标和背景的差异可能会随着温度的变化而变得非常明显。红外动态变形伪装技术是一种新型的光学防护技术。动态变形伪装系统可以根据需要迅速地从一种伪装状态变化到另外一种伪装状态。各种伪装状态下的图像特征弱相关，可使敌方光学侦察和跟踪、制导系统难以掌握目标真实的红外特征。无法完成对目标的侦察与打击，从而提高各类目标的战场生存能力。

红外成像系统处理的热图像实质上只是一幅单色辐射强度的分布图。目标的红外辐射强度由两个因素决定：目标表面温度和目标表面发射率。温度和发射率越高，红外辐射强度就越大。可以通过对目标红外发射率和温度的动态控制实现对目标红外热图像的动态改变。

红外动态变形伪装对抗技术的基本原理是不断地高帧频变换目标的红外辐射特征。当红外成像导弹利用相关性跟踪目标时，如果导引头在不同时刻得到的目标红外热图像相关度很低，小于红外成像制导武器的探测极限，导弹就难以稳定跟踪和锁定目标。

红外变形伪装主要依靠两方面的技术，一是电致变温技术，二是变发射率技术。半导体变温器件体积小，易控制，可制冷制热，成为目前最理想的变温材料。发射率材料通常是特定材料的薄膜，在外加电场的作用下，阳离子（如 H^+、Li^+、Na^+、K^+ 等）和电子（e^-）成对地注入到膜层中，或者从膜层中成对地被抽取出来，薄膜会发生电化学反应，从而引起薄膜物理化学性质的改变。其宏观上的表现之一就是红外发射率的改变。

图 5.4 为单晶态氧化钨薄膜在离子注入和抽取状态下的光学常数。在 3～5 μm 和 8～14 μm 两个波段，其消光系数和折射率均有较大的可调范围，因此可以作为变发射率材料。

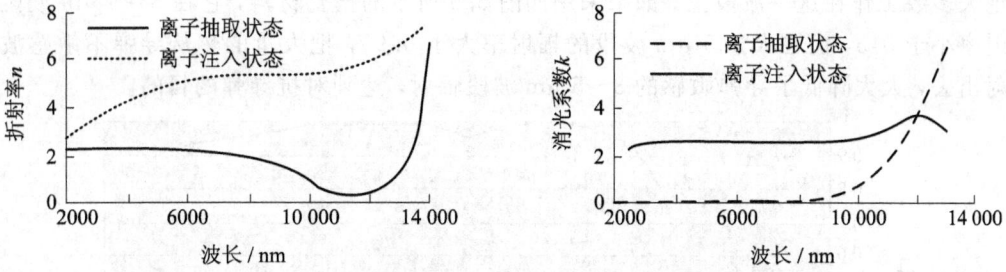

图 5.4　单晶态热氧化钨在离子注入和抽取状态下的折射率及消光比

5.4.2　光谱转换

任何一种物体在平衡温度下，都会辐射出该物体的特征光谱，如果通过采取一定的技术（例如在钢板上涂一层漆），使它的辐射光谱不是本身（钢铁）的辐射光谱，而是其他（漆）的特征光谱，这个技术称为光谱转换技术。如果光谱向短波长方向移动，称为光谱上转换；如果光谱向长波长方向移动，称为光谱下转换。

1. 光谱转换技术的应用

为了对抗红外制导导弹，在物体较热部位上涂覆一层几十微米厚的材料，这种材料在 $3\sim5~\mu m$ 和 $8\sim14~\mu m$ 波段上的辐射率很低而在其他波段上辐射率很高，这样使导弹工作波段上的辐射大大降低，而大量"热"从导弹不敏感波段上辐射出去，达到对抗红外制导导弹的目的。

为了进一步说明光谱转换技术，这里以碳酸钙为例。如图 5.5 所示，这是碳酸钙光谱吸收曲线，根据吸收率等于辐射率定律，该曲线也是碳酸钙的辐射率曲线。它在 $8\sim12~\mu m$ 波段上平均辐射率小于 0.1，在 $6\sim8~\mu m$ 波段平均辐射率要大得多，在小于 $6~\mu m$ 波段的辐射率约为 0.05。说明该材料主要通过 $6\sim8~\mu m$ 波段辐射能量，而该波段正是大气不透明窗口，它辐射出再强的能量也被大气吸收掉。对 $8\sim12~\mu m$ 而言，这是光谱上转换的一个典型例子。对 $3\sim5~\mu m$ 而言，它是光谱下转换。地面军事目标都在室温下存在，主要特征波段在 $8\sim12~\mu m$，光谱转换不但改变了目标的特征光谱，而且使波段辐射能量也大为降低，敌方要侦察采取光谱转换技术后的目标难度将大大增加。机动军事平台的发动机罩或喷管外壳，温度往往在 $400\sim700℃$ 左右，它的红外辐射主要在 $3\sim5~\mu m$ 波段上，红外点源制导导

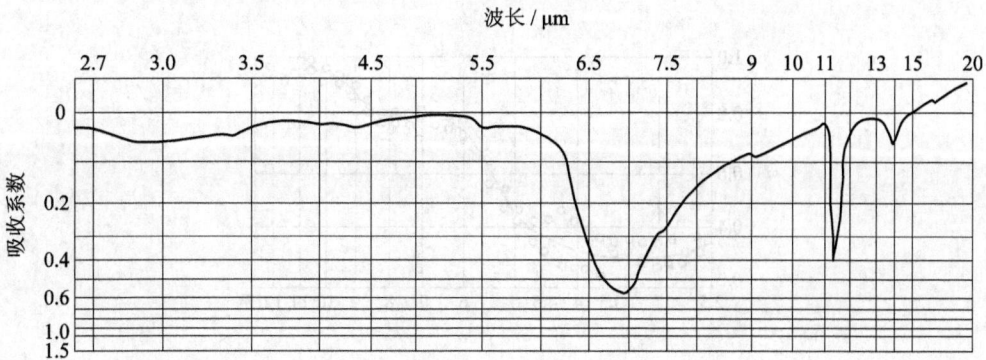

图 5.5　碳酸钙光谱吸收曲线

弹绝大多数工作在这一波段上。如果采用如图 5.6 所示的搪瓷材料，它在 $3\sim5~\mu m$ 波段的辐射率小于 0.5，而在大于 $5~\mu m$ 波段的辐射率大于 0.95，把大量的热从导弹不敏感波段辐射出去，大大降低了导弹敏感的 $3\sim5~\mu m$ 波段辐射，达到对抗导弹的目的。

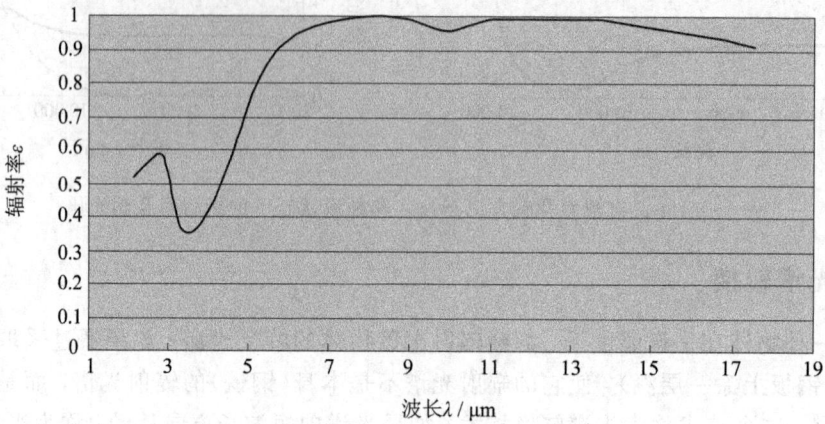

图 5.6　搪瓷(7706A)的光谱辐射率曲线

2. 材料选取的要求

选取光谱转换材料时有以下几个主要指标：

(1) 与对抗的波段相匹配。

(2) 波段辐射率差异越大越好。

(3) 材料的辐射率随温度变化而变化，因此要注意原辐射体工作温度下的辐射率曲线。图 5.7 是俄罗斯公布的 $1^{\#}$、$2^{\#}$ 两种材料的辐射率随波长变化的曲线。$1^{\#}$ 材料在基体温度低于 300℃ 以下时，$3\sim5~\mu m$ 波段的平均辐射率约为 0.25，$5~\mu m$ 波段以后的平均辐射率在 0.75 以上。如果让这种材料覆盖在坦克热部位上，坦克(基体)温度低于 300℃，而光

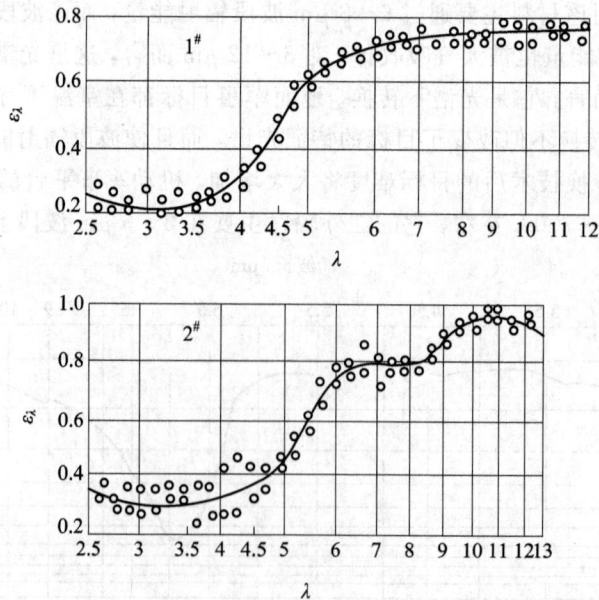

图 5.7　$1^{\#}$、$2^{\#}$ 材料在 100～300℃ 温度范围内的辐射率随波长变化的曲线

谱辐射率从原来的 0.9(3~5 μm)下降到 0.25。假设基体温度不变，原来的波段辐射功率为 $W_0(3~5\ \mu m)$，覆盖 1# 材料后的波段辐射功率为 $W(3~5\ \mu m)$，二者的比值为

$$\eta = \frac{W_0(3 \sim 5)}{W(3 \sim 5)} = \frac{0.9}{0.25} = 3.6 \text{ 倍} \tag{5-23}$$

即波段辐射功率下降了 3.6 倍。

5.4.3　微环境调适技术

　　绝大部分交战双方的冲突发生在以地面为基准的有限高度之内，这个高度大部分受环境条件影响，双方的侦察反侦察、干扰反干扰、进攻反进攻都离不开大气这个介质。大气对各个波段光的传输起着很大作用，有时甚至能阻止设备的使用。在光电对抗领域内，人们也设法利用光在大气中的传输特性，来达到干扰敌方设备或系统的目的。对大气环境参数的测试、调制和利用的技术，统称为环境调适技术。"微"是相对于区域而言，随着战争规模的不同而人为定义其大小。根据现代战术要求，方圆 10~50 km 范围左右，定义为"微"比较妥当，显然它并无严格界限。现代战争为陆、海、空、天、电磁五维战争，双方投入的兵力装备其量之大、涉及地域之广也是空前的。上述地域范围相当于一个集团军兵力集散、部署、调动的主要活动范围。

　　微环境调适过程和目的就是通过对大气的气象参数、气悬体参数、电学参数等的测量，在分析这些参数的基础上，利用这些参数增加一些合理的成分，在相当一段时间内使微环境中的微波、红外、激光、可见光的传输特性有足够大的改变，以有效掩护己方军事目标、军事活动和作战意图。

　　1968 年苏军入侵捷克，北约的雷达和卫星侦察均未发现苏军大规模的军事行动，至今人们对其采用的铺设干扰走廊的材料还各执己见。但大家公认这是改变雷达红外大气传输特性的一个成功战例，给人以很大启迪。因此改变大气的传输特性能达到意想不到的效果。

　　微环境调适技术包括以下三大方面。

1. 参数测量

　　(1) 气象参数测量。应测量 0~3000 m 高度范围内的以下参数：

　　① 温度测量。除了地面温度测量之外，还应测量 3000 m 以下的温度分布函数。

　　② 风参数测量。风的测量内容复杂，每一层高度的风力大小不一样，有的甚至连风向都不一样。风参数包括阵风、平均风力、风在战区微环境中的分布(例如一面有山的上空和四周无高山的平原上空风的分布不尽相同)、风的形式等。

　　③ 压强测量。

　　④ 云层测量。包括云的面积、厚度、晶核状况、云内温度分布、云内粒子流的流向。

　　⑤ 稳定度测量。即各参数随时间变化的变化程度等。

　　(2) 大气中气悬体测量。主要包括：

　　① 粒子半径大小的统计分布，该参数就是调适前的本地参数。

　　② 粒子浓度及分层状况。

　　③ 云层中冰晶的分布，包括冰晶大小及密度。

　　④ 气悬体粒子的形状及介电常数等。

（3）电学参数测量。主要包括：

① 粒子带电极性。

② 云层电荷。

③ 场强分布等。

2. 建立数学模型

根据大气传输理论，建立水平传输、斜程传输（与水平面成仰角）、垂直（大仰角）传输的数学模型。以此为依据把测得的实时参数代入，得到实时大气传输特性；战术对抗时，根据对抗波长、波段及对抗目标性质，可预估出应添加哪些气悬体材料，应在什么地方什么高度上添加，添加多少量，使光在该波段的传输衰减达到要求值。

3. 喷洒成云

目前有许多手段可供选择，比较好的方式是以遥控式无人驾驶飞机作载体，让它在所需空域上空飞行、喷洒，无人机起飞降落不需要机场，便于野战运用。

微环境调适技术不但适合于作战时，也适合于和平时期应用。当部队伴有大的军事部署，为了避免敌方军事卫星、高空侦察机和无人侦察机侦察，采用局部环境调适，可起到隐蔽保密作用，因此微环境调适技术也是和平时期信息对抗的一种有效手段。

5.4.4　引射技术

空气和水是人们生活中时时刻刻离不开的物质。如果用它作对抗资源，那真可谓取之不尽、用之不竭的干扰资源。理论和实践证明，它们不但可以用作干扰，而且还是十分优良的干扰材料。军事平台作战时都要作高速运动，高功率发动机除了给出强大的驱动力外，还伴随着高温辐射及大量高温废气，使这些平台具有了十分明显的红外辐射特性。正是这些红外辐射诱来了红外制导导弹和红外成像制导导弹。平台的有源干扰固然是保护平台安全的重要措施，然而它们往往需要导弹迫近告警的配合。以红外诱饵弹为例，它对红外点源导引头有比较好的干扰效果，但是何时投放成为它准确运用的关键。如果敌方导弹没有来就投放红外诱饵则是浪费。导弹很近了，诱饵投出后就出了视场或由于导弹惯性直接撞过来，则诱饵也没起到应有的作用。为此平台上不得不装备各种导弹逼近告警装置，由告警器发出警报信号，经计算机判断后及时投放一枚或多枚组合成一组的红外诱饵，才能使红外诱饵发挥干扰导弹的作用。如果用空气和水作干扰材料，它不需要告警装置配合。

以军舰为例，它在海上航行，背景为蓝天、大海，烟囱与大量废气是红外点源制导导弹的导引目标。单一背景下的红外目标非常容易被捕获和跟踪。

下面介绍的引射技术就是舰艇利用空气和水来对抗导弹的例子。

1. 舰上引射技术意义

美国"斯普鲁恩斯"级舰艇装有四台 LM2500 型燃气轮机，单机最大额定功率为 21 500 马力（1 马力≈735 W）。全功率时，单台发动机的空气流量为 72.6 kg/s，全舰每小时的空气流量为 1045 t。斯普鲁恩斯级舰艇利用燃气轮机排出的废气作工作物质，吸入大量冷空气，不但使排出废气的温度降低，而且使烟囱壁的温度也随之降低。把军舰两大主要红外辐射源温度降下来，也就降低了红外辐射。装上引射器后，当冷空气吸入量与燃气机排出废气量为(0.8～1)∶1 比例时，排气温度从原来的 482℃下降到了 315～204℃(夏天、冬天的环境空气温度不同)，最多下降了 278℃，不论是红外总辐射还是导弹工作波段上的辐射都有可观的减少。

2. 引射器装置原理

引射器是一种输送流体的装置，在这种装置里靠另一股压力较高流体的卷吸作用，达到输送流体的目的。其中压力较高的流体称为工作流体，压力较低的流体称为引射流体。引射器的基本结构如图 5.8 所示。高压工作流体从喷嘴喷出，带入大量引射流体，两种流体在混合室内混合，完成热交换，从混合室另一端排出。

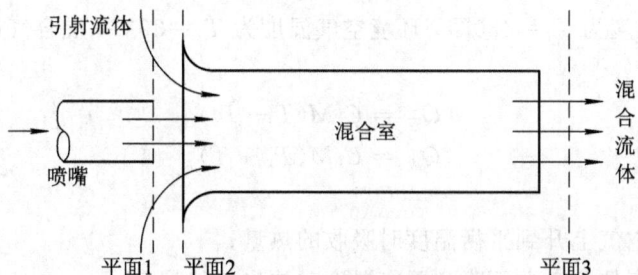

图 5.8　引射器结构原理图

引射器在工业及通风工程中如腐蚀性、爆炸性气体的排除、工业炉的燃料输送等方面已得到广泛应用；军事上采用引射器，往往是以自身排出的高压、高速废气作为工作流体，周围空气作为引射流体，使高温废气与低温环境空气均匀混合，混合后的气体温度大大低于原来的废气温度，降低了目标辐射，使导弹作用距离大大缩短，达到对抗导弹的目的。

理论上描述引射器原理的主要有以下三个基本定律：

(1) 能量守恒定律：

$$i_p + \mu i_m = (1 + \mu)i_c \tag{5-24}$$

式中

i_p——喷洒前工作流体的焓(单位为 kJ/kg)；

i_m——喷洒前引射流体的焓(单位为 kJ/kg)；

i_c——混合后流体的焓(单位为 kJ/kg)；

$\mu = \dfrac{N_1}{N_2} = \dfrac{\text{工作流体质量}}{\text{引射流体质量}} = $ 质量比，也称引射系数。

(2) 质量守恒定律：

$$M_c = M_p + M_m \tag{5-25}$$

式中，M_c 为混合后的质量；M_p、M_m 分别为工作流体、引射流体的质量。

(3) 动量守恒定律。动量守恒就是动量的变化等于冲量，引射器也遵循这一定律。图 5.8 中设喷嘴为平面 1，混合室入口为平面 2，混合室出口为平面 3，并假定工作流体与引射流体的混合及热交换都在混合室里发生，则动量守恒方程为

$$K_2(M_p v_{12} + M_m v_{22}) - (M_p + M_m)v_2 = (P_3 - P_{12})S_{12} + (P_2 - P_{22})S_{22} \tag{5-26}$$

式中

K_2——混合室中的速度系数；

v_{12}——工作流体在混合室入口即平面 2 的截面速度(单位为 m/s)；

v_{22}——引射流体在平面 2 的截面速度(单位为 m/s);

v_2——混合流气体在平面 3 的截面速度(单位为 m/s);

P_2——平面 3 截面上流体的静压(单位为 N/m²);

P_{12}——平面 2 截面上工作流体的静压(单位为 N/m²);

P_{22}——平面 2 截面上引射流体的静压(单位为 N/m²);

S_{12}——工作流体在平面 2 截面上的面积(m²);

S_{22}——引射流体在平面 2 截面上的面积(m²)。

3. 引射装置带来的红外辐射变化

设废气出口温度为 $T_1 = 480℃$,环境空气温度为 $T_2 = 30℃$,混合气体在平面 3 上的平衡温度为 T,则

$$Q_{吸} = C_2 M(T - T_2) \tag{5-27}$$

$$Q_{放} = C_1 M(T_1 - T) \tag{5-28}$$

式中

$Q_{吸}$——引射空气上升到平衡温度时吸收的热量;

$Q_{放}$——工作气体从高温下降到平衡温度时放出的热量;

C_1——高温工作废气温度比热,$C_1 = 0.216\ \text{cal}/(\text{g} \cdot ℃)$;

C_2——低温引射空气比热,$C_2 = 0.24\ \text{cal}/(\text{g} \cdot ℃)$。

平衡时有

$$\begin{cases} Q_{吸} = Q_{放} \\ C_2 M(T - T_2) = C_1 M(T_1 - T) \end{cases} \tag{5-29}$$

这里假定引射系数为 1,则

$$T = \frac{C_1 T_1 + C_2 T_2}{C_1 + C_2} = \frac{0.216 \times 480 + 0.24 \times 30}{0.24 + 0.216} = 243.16℃$$

红外辐射总能量下降 n 倍,n 为

$$n = \frac{\sigma \varepsilon_1 T_1^4 S_1}{\sigma \varepsilon_2 T^4 S_2} \tag{5-30}$$

假设 $\varepsilon_1 = \varepsilon_2$,$S_1 = S_2$,则

$$n = \frac{T_1^4}{T^4} = 15.2\ \text{倍}$$

导弹工作在 3~5 μm 波段,引射后 3~5 μm 波段能量减少了 m 倍,m 为

$$m = \frac{\int_0^5 f(T_1 + 273)\mathrm{d}\lambda - \int_0^3 f(T_1 + 273)\mathrm{d}\lambda}{\int_0^5 f(T + 273)\mathrm{d}\lambda - \int_0^3 f(T + 273)\mathrm{d}\lambda} = 9.02\ \text{倍} \tag{5-31}$$

理论上导弹的作用距离至少减小了 $\sqrt{m} = 3.0$ 倍。

引射技术也可以在直升机等其他军事平台上运用,效果同样很好。

5.4.5 水幕和水雾

1. 水幕

水幕对红外辐射的所有波长 λ 是一道屏障,几乎不可穿透。实验表明,海水除了对蓝

绿光(波段为 0.45～0.55 μm)有较好的透过系数之外,对其余波段都有相当大的衰减。20 μm 厚海水薄膜的红外辐射在 3～5 μm 波段上,平均透过率小于 40%。如果在军舰热点部位用水膜形成一道水幕,使水膜的平均厚度控制在 50～100 μm,则 3～5 μm 波段的红外辐射透过率将在百分之几到千分之几范围内。地面固定目标和水面舰艇很容易被卫星、机载红外遥感或热像仪侦察到,也容易受到红外成像制导导弹的攻击。如果在军舰甲板和甲板以上建筑、地面目标四周不时地用水浇,使其保持湿表面,不但使原来的红外辐射辐射不出去,而且由于水改变了物体表面的特性,使整个“热像”彻底改变,红外成像制导导弹不再能辨认其本来特征,从而达到了对抗红外成像制导导弹的目的。

2. 水雾

大气中的水蒸气是影响红外辐射传输的主要因素。雾天中各类红外仪器或设备的性能指标将受很大的影响,严重时会失去使用意义。

水雾除了它本身对红外辐射有较大衰减外,由于水的汽化潜热很大,因此水雾变为水汽过程中将伴随着吸热降温过程。下面仍以“斯普鲁恩斯”级舰艇为例,作一个粗略估算。

全功率时单台发动机的空气吸入量约为 72.6 kg/s,四台发动机 1 小时的空气吸入量为 1045 t。采用 1：1 引射技术后,排出废气温度从 480℃下降到 243℃。如果进一步采用喷雾技术,估算使温度气温进一步降低到 200℃所需的水量。设 1 kg 20℃水变为 200℃水汽所需热量为 Q_0,水的汽化潜热约为 540 kcal/kg,则有

$$Q_0 = (100 - 20) \times 1 \times 1 + 540 \times 1 + 0.24 \times (200 - 100) \times 1 = 644 \text{ kcal}$$

243℃废气总热量为吸入空气与引射流体之和。每小时总量为 2090 t,让它降到 200℃需要带走的热量 $Q_{放}$ 为

$$Q_{放} = (243 - 200) \times 0.216 \times 2.09 \times 10^6 = 23 \times 10^6 \text{ kcal}$$

所需水量 W 为

$$W = \frac{Q_{放}}{Q_0} = 35.7 \text{ t/h} = 9.9 \text{ kg/s}$$

通过采用喷雾使废气的红外辐射从引射器平衡温度 243℃进一步降到 200℃,导弹的红外辐射透过率敏感波段 3～5 μm 内又下降了 B 倍,B 为

$$B = \frac{\int_0^5 f(516)\mathrm{d}\lambda - \int_0^3 f(516)\mathrm{d}\lambda}{\int_0^5 f(473)\mathrm{d}\lambda - \int_0^3 f(473)\mathrm{d}\lambda} = 2.19 \text{ 倍} \tag{5-32}$$

水面舰艇利用得天独厚的海水和空气作干扰材料,可使其红外辐射下降几十倍。其他平台如坦克、直升机也可以同样采用上述技术。直升机所用水量每小时约为几千克。而红外波段大幅度下降得到的好处是免受点源制导导弹的威胁,大大提高战场生存能力。

第6章　光电对抗系统的评估与仿真

6.1　光电对抗系统的评估

光电对抗效果的评估是指选择光电对抗方式、调整对抗参量、研制与鉴定装备，以及发展光电对抗技术所必须探讨的问题。但是，由于光电对抗效果评价涉及面广、类型多，因此尽管几乎每个研制设备的单位都各自建立了一套完整的效果评估系统，但有关光电对抗效果评估的理论和标准尚没有完全统一和规范化。

6.1.1　评估的基本概念

近年来，关于作战效能评估理论和方法的研究正日益受到广泛关注，而且也取得了快速发展。"以评估促发展"是国内外诸多领域内专家的一致共识。在光电对抗领域，效能评估理论和技术的发展，还必须与光电对抗技术本身的发展相适应，否则将造成在光电对抗系统方案中存在不确定性风险。在任何一个武器系统的装备和发展过程中，作战效能评估都是一个基本问题。从发展现状看，光电对抗系统功能多种多样，组成复杂，体制更新快，难以用传统的攻击武器模型或雷达电子战模型进行效能分析。仿真试验是完成武器装备作战效能评估的有效手段，只有通过仿真，才能模拟出与作战对象相适应的战术指标和近似的战场环境。世界一些先进国家都非常重视仿真技术在武器系统研制与试验鉴定中的作用，美国、德国、以色列、南非、俄罗斯等军事强国都建立了仿真试验系统，用于武器装备的研制及试验鉴定。在光电对抗仿真领域，美国发展得较快，也较全面。我国在光电对抗效能评估仿真系统的建设上，必须立足于我国的现状与特色，充分发掘现有资源，发挥自身体制优势，以效能评估理论体系建设和计算机仿真为主体，将半实物仿真按专业划分进行分工合作，形成标准化、模块化的分布式光电对抗效能评估体系，才能适应当前发展光电对抗系统的需要。

1. 国内外光电对抗效能评估技术现状

1) 美国主要光电对抗效能评估系统

对光电对抗效能评估来说，仿真是缩短系统研制与试验鉴定周期、降低效能评估成本的主要手段。美国最早于1929年将仿真技术应用于试验与训练。近年来，随着数字信息技术的发展，高新武器不断出现，缩短研制周期、提高效费比的需求越发强烈。1997年，美国研究与开发联合会的建模与仿真界及国防部共同提出了"基于仿真的采办（SBA）"，其目的是将建模和仿真应用于整个采办过程。在这种大的环境下，美国空军、陆军和海军各自建立了自己的光电试验与鉴定仿真设施，主要包括位于德克萨斯州福特沃思的空军电子战评估系统（AFEWES）、亚拉巴马州红石兵工厂的陆军导弹指挥部先进仿真中心（ASC）的半实物（HIL）仿真系统以及加州中国湖的海军仿真实验室（SIMLAB）。这些系统采用的技术和设备都是世界一流的，可以说它们代表了世界光电仿真和效能评估技术的最高水平。

美国空军电子战评估系统（AFEWES）的光电仿真设施主要包括两个独立的红外实验室。这两个实验室提供了红外地对空及空对空导弹的闭环仿真，可对红外对抗进行评估。它同时支持两种不同类型的试验用户，不仅可以完成红外对抗评估，还可以试验被动导弹告警系统。先进仿真中心（ASC）红外半实物（HIL）仿真设施的基本组成包括组合投影仪、动态影像产生器、综合靶场数据库（威胁环境）、实时接口系统、实时仿真计算机、飞行运动仿真器、数据采集/显示、分布式仿真。先进仿真中心使用了宽波段红外影像投影仪、多光谱影像投影仪的电阻阵投影仪及多类动态实时三维红外影像生成器。导弹仿真实验室的红外实验室使用红外目标设计系统叶片组Ⅱ（JAWS Ⅱ）进行红外试验，JAWS Ⅱ利用 $3\sim5~\mu m$ 和 $8\sim12~\mu m$ 的红外准直镜加多个目标源来模拟导引头中所呈现的真实热目标，目标、热背景和多至 3 个的曳光弹都可以进行独立的控制以产生不同辐射、轨道、速度和加速度，在准直的出射光束中进行合成。

从上面的介绍来看，美国目前所使用的光电仿真器可以分为两种类型：一种是光学机械式（以下简称光机式）；另外一种是计算机生成图像仿真系统。光机式仿真器的基本原理是利用光学视角等效原理，模拟目标随距离的变化，模拟目标二维尺寸的变化。计算机生成图像仿真，特别是红外成像仿真系统是目前的发展趋势。一个完整的红外成像仿真系统应当包括计算机系统、运动仿真器（3 轴或 5 轴伺服转台）、气压调节及低温室、红外影像产生器和红外影像投影仪。上述的各个分系统中，红外影像投影仪是最关键、难度最大的部分。它要把计算机影像产生器生成的代表红外影像的视频信号，转换成相应谱段具有高逼真度的红外动态图像。

美国陆、海、空三军半实物仿真试验的一个明显发展趋势是由过去的某一武器系统作战过程中某一阶段的单项仿真向整个作战过程的协同连续仿真发展。为此，美军相继出台了一系列分布式交互仿真（DIS）标准，解决了同一类型仿真平台的互操作。1996 年 8 月，美国正式颁布了建模与仿真领域的通用高级体系结构（HLA），其目标是实现国防范围内不同类型的仿真系统间的互操作，并宣布从 1999 年起对不配备 HLA 接口标准和协议的仿真不再投资，至 2000 年废弃尚未配备 HLA 接口标准和协议的仿真器。

2）国内发展现状

在光电对抗技术的发展推动下，我国在试验、研究领域也建立了一些光电仿真系统，用于验证光电对抗武器装备的设计思想、设计原理、设计方案的合理性及对抗效果的准确度与可信度评价。目前，国内对雷达电子战的效能评估理论研究较多，建模与仿真试验发展相对较快。光电对抗虽然在概念上属于综合电子战的范畴，但其效能评估建模与仿真试验具有特殊性，无法全面借鉴雷达电子战的效能评估体系和方法。此外，光电试验成本高、对环境要求苛刻等因素，也是导致光电对抗效能评估技术难以与新型光电对抗技术同步发展的重要原因。

2. 光电对抗效能评估的特点

1）系统工程学原理的应用

在光电对抗效能评估过程中，系统工程学原理的应用是贯穿始终的。从评估标准来说，一个系统中的各组成部分只有按照一种最优的方式组装并协同工作，才能发挥出优于单项功能之和的效能；同时，决定系统性能高低的因素往往是系统中最薄弱的环节，而不是功能最强大的部件，只有解决了制约系统性能的瓶颈问题，才可以真正达到武器系统效能最大化的目的。对光电对抗系统进行效能评估，所遵循的评价指标体系正是根据上述原理制定的。从效能分析方法来说，任何光电对抗系统都可以看做一个多种效能准则和多层效能结构的聚合体，运用层次分析的方法对其进行系统划分，可以简化分析、明确目标，同时为效能评估体系的标准化、模块化打下良好基础，有利于仿真试验系统的分工建设。

2）光电对抗的非对称性

光电精确制导技术、光电探测定位技术和光电干扰与反干扰技术的应用越来越广泛，目前已经形成了较为完整的装备体系，成为现代战争中不可或缺的作战武器，近几场局部战争也充分证明了这一点。光电对抗对夺取战场主动，实现先发现、先反应、先打击具有至关重要的作用。正因为如此，光电对抗是非对称对抗，作战效能的微小差异对作战双方的影响可能是决定性的。从另一个方面理解，由于光电对抗技术水平的差距，导致装备研制的非对称性、光电对抗的盲目性和模糊性，如果没有行之有效的效能评估系统加以引导，后果将是十分严重的。

3．光电对抗效能评估的技术途径

1）效能评估的层次

效能评估分工程评估、综合评估和广义评估三个等级，构成了三级评估体系。

工程评估是对光电对抗能力的直观检验。以光电制导干扰为例，根据系统的观点有两种方法：一是视对方制导系统为灰色系统，从分析干扰机理、干扰过程及其影响因素出发来建立模型，通过提取导引头一至数个表观参数对干扰的反应来进行，适合技术资料缺乏、数据不全或对新型光电武器的干扰效果评估；另一种基本上视导引系统为白色系统，通过导引系统跟踪主回路中的敏感参数（如制导控制信号）对干扰的响应进行评估。后一种方式直观、精确，要求熟悉导引机理，由于军事情报获取困难或对制导机理认识程度有限，实际操作难度大。

综合评估扩大了评估范围，引入目标（己方）在战场中存活率的概念，联系干扰能力、侦察告警、导弹杀伤能力等因素，构成综合评估系统。作战是一随机过程，组成因素为随机量，采用蒙特卡罗仿真试验方法，以概率予以量化。

广义评估内容多，信息不完整，模糊度高，需要寻求完善的评估方法。广义评估很大程度上是从决策问题的观点出发的。基于模糊数学、灰色系统、物元科学的模糊灰色物元决策系统（FHW）及扩展 FHW 系统和情报分析决策系统（IDA）很适合于广义评估。

2）系统层次分析及指标体系

武器装备单元、武器装备子体系和武器装备体系的作战目标（功能、任务）呈现出层次性，因而武器装备的作战能力也呈现出层次特性，并且上一级系统层次的作战能力由下一级系统层次的作战能力及武器装备性能参数/战技指标聚合而成。光电对抗装备体系结构复杂，作战能力指标体系也呈现出多层次结构，任一层次的作战能力可能由其多个下层能力指标聚合而成。

当前用解析法评估武器装备作战效能时多采用层次分析方法（AHP）进行指标聚合。AHP 法突出地反映了思维方式层次结构的特点，可以将复杂的问题分解成递阶分层的有序结构，起到了化繁为简的作用。同时，用专家评分或调查的办法构造判断矩阵来确定权重的方式既有效地综合了专家的经验，也体现了定性和定量相结合的特点。但是其主要缺陷是：过分简化了指标体系各层次之间的聚合关系，指标聚合方式太过单一，只考虑了加权和方式。显然，一些作战能力的指标聚合并不能用 AHP 法中采用的加权求和的方式来进行。某些下层指标以"与"关系聚合到上层指标，即对于上层作战能力而言，每个下层作战能力都是关键因素，只要其中一个为零则上层作战能力为零。

效能评估指标体系是评估系统的一个重要组成部分，它是指一套能够全面反映所评估对象的总体目标和特征，并且具有内在联系、起互补作用的指标的集合。在建立评估指标体系的过程中，要兼顾指标体系的完备性、独立性、明确性、可比性、可测性、协调性、简练性和层次性。

3）计算机仿真

计算机仿真基于数学模型。其优点是经济、参数易调，灵活性强，缺点是不够直观。计算机仿真的精确性和可行性依赖于数学模型的完善和复杂程度。随评估范围的扩大，对计算机仿真的依赖程度也相应增加，因为半实物和实物试验的成本随系统级别的上升而急剧提高。

由于光电对抗系统在战争中的重要性及需要大量的投入，需要通过仿真评估来保证装备研制的正确、实用和经济。仿真的最佳做法是计算机仿真与物理仿真的结合、补充。在物理仿真基础上，通过修改与完善数学模型逐步过渡到精确的计算机仿真，同时优化算法，以保证其可行和高效。

多媒体技术与灵境技术已为计算机仿真提供了广阔的前景。目前，美、英、法、日、印度等国投入了大量的资金来改造仿真实验室，综合计算机仿真与物理仿真技术就是很好的佐证。

4）半实物仿真

半实物仿真试验与外场试验相比具有灵活性、可控性、保密性强，节省资源（包括经费、时间），效费比高、重复性好等优势，为解决外场试验不能鉴定和评估的问题提供了有效的方法，并且可以克服外场试验的一些制约条件，生成外场试验难以生成的可修改的信号条件。与计算机仿真相比，半实物仿真以物理实验为基础，结果精确、直观，能为计算机仿真提供数据支持，有助于仿真模型优化和调整。因此，半实物仿真在光电对抗效能评估体系中具有举足轻重的作用，也是发达国家不遗余力投入巨大财力的关键领域。

4. 发展思路

1）顶层规划的重要性

由于光电对抗技术和装备的迅速发展，国内很多部门已经对光电对抗效能评估技术产生了迫切需求。为缓解这种需求，各单位先后研制了适应自身任务需求的半实物或计算机仿真试验设备，在一定程度上满足了任务需要。建设光电对抗仿真试验系统就是为了全面、科学、合理地评价光电对抗装备的性能指标和作战效能。在研制过程中，应遵循以下原则：立足于光电武器装备的试验需求，并着眼于试验能力的创新和提高；急需与中长远发展并重，以适应光电武器装备的发展；坚持模块化、标准化和先进性设计，强调实用性、开放性和可扩展性；内外场互为补充、互为验证，形成光电对抗装备综合试验能力等。在总结国内外相关仿真系统建设成功经验的基础上，突出顶层设计思想，采取边建设、边试验、边发展的建设模式，为光电武器的研制发展提供可靠的仿真平台。

2) 标准化、模块化与分工合作

针对光电对抗效能评估这样极其复杂的过程，构造评估方法体系有两种基本思路：一种是面向应用，针对各种不同的战情和场景，构造一整套"工具箱"式的评估方法体系；另外一种则是努力构建统一的理论框架，形成内涵一致、具有向下兼容性的"公理体系"式的评估方法体系。前者"因事论事"，可能出现因为缺乏统一基础而使得多种场景之间难于相互比较的局面；后者实现难度大，而且容易陷入难于实际应用的窘境。考虑到作战效能评估领域具有实践性和应用性很强的特点，而国内在光电对抗效能评估软、硬件方面的基础具有离散性和针对性，因此，"工具箱"式的评估方法体系是目前比较现实的选择。

实现面向应用和场景的效能评估方法体系的基本要求是标准化、模块化的体系结构。这种结构的好处是有利于分工合作，适应系统层次分析和效能指标加权聚合的特点。

标准化主要指各仿真试验子系统数据接口的统一，制定切实可行的仿真试验规范和接口协议，有利于不同仿真平台之间的互操作，同时满足系统升级的需要，最大限度地利用现有资源。

模块化不仅指效能评估体系的功能划分和层次划分，同时对单元仿真试验平台内部也有模块化设计的要求，因为光电对抗仿真的部分模块具有通用性，如目标外部特性、伺服子系统等。进行分布式仿真是我国未来进行光电对抗效能评估的必由之路，在进行光电仿真试验建设的初期，就应充分考虑到未来这一趋势，预留相应的接口，为今后的分布式仿真建设打下基础。

3) 发展重点

有限的科研资源必然要投入到需要优先发展的重点项目上。从我国实际情况出发，可以考虑在如下几个方面重点发展：

(1) 光电对抗效能评估体系顶层规划。突出计算机仿真和对抗目标分析在总体工作中的地位和作用，利用理论分析和仿真成果指导外场试验验证，并进一步支持综合效能评估的开展，争取达到事半功倍的效果。图6.1为一种光电对抗效能评估体系的构成。

(2) 目标特性分析。光电对抗目标种类繁多，体制差别大，目标特性分析是效能评估的基础和前提条件。需要研究的对抗目标主要包括激光制导导弹、激光测距机、红外成像探测及制导武器、电视跟踪仪等，研究目的是深刻理解这些武器装备的工作机理，掌握其工作规律和主要的优缺点，一方面为计算机仿真进行建模准备，另一方面为研究对抗手段和对抗体制提供数据支持。对目标建模仿真是整个效能评估计算机仿真的一部分，并且在其中占有举足轻重的地位。对目标建模采用的是模块化分析方法，将整个对抗过程划分为环境、发射、传输、接收四个部分，每一部分既自成一体，又通过外部参数相互关联。这样做的好处是降低系统分析难度，提高工作效率。

(3) 无人机及其光电载荷技术。飞行试验验证是光电对抗效能评估工作不可缺少的一部分，无论采用计算机仿真还是半实物物理仿真，其结果最终都要经过外场试验的验证，而且验证结果直接影响着对仿真模型和半实物仿真试验方案的修正。限于现有资金和技术条件，飞行试验在效能评估工作中所占比例很小，只有在仿真试验难以发挥作用时才会启用。此外，飞行试验还可以作为半实物仿真的一种方式，用于模拟目标动态特性，以便取得更逼真的效果。

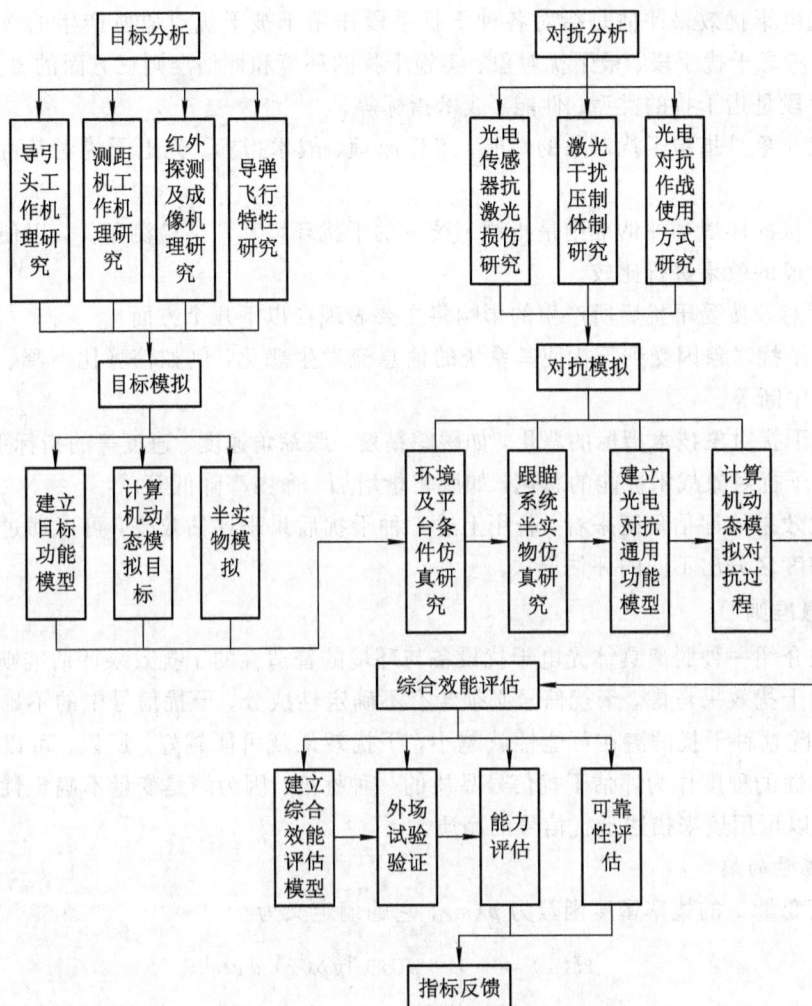

图 6.1　光电对抗效能评估体系

（4）以计算机影像象生成为基础的通用仿真器。从美国光电仿真器的发展来看，多种仿真器、多种试验方案并存，为在多种条件下对被试设备进行试验提供了可能。结合我国的国情，应以以发展计算机影像生成为基础的通用仿真器为主，同时，也应兼顾技术成熟的光机式仿真器，二者相结合，是提供全面试验环境的最优途径。

6.1.2　评估准则

光电对抗效果的评价是选择光电对抗方式、调整对抗参量、研制与鉴定装备以及发展光电对抗技术所必须探讨的问题。但是，由于光电对抗效果评价涉及面广、类型多，因此尽管几乎每个研制设备的单位都各自建立了一套完整的效果评估系统，而有关光电对抗效果评估的理论和标准尚没有完全统一和规范化。

1. 光电对抗效果评估的准则

光电对抗包括光电攻击、光电防务和光电支援三大模式，每种模式的作战效果应有不同的评价原则。

由于光电干扰效果评估是指对各种干扰手段作用于被干扰对象所产生的效果进行评估，因此要考虑干扰手段、被干扰对象、实施干扰的环境和评估准则三方面的要素。

干扰手段是指干扰的类型、性能、战术指标等。

被干扰对象是指被干扰对象的性能、工作原理、战术指标、光电干扰对其可能产生的影响。

实施干扰的环境和评估准则是指约定统一的干扰环境和评估检测条件，以便于对同类光电干扰手段的效果进行比较。

被干扰对象接受干扰后所产生的影响将主要表现在以下几个方面：

（1）被干扰对象因受到干扰使其系统的信息流发生恶化，例如信噪比下降、虚假信号产生、信息中断等。

（2）被干扰对象技术指标的恶化，如跟踪精度、跟踪角速度、速度等的指标下降。

（3）被干扰对象战术性能的恶化，如脱靶量增加、命中率降低等。

从干扰效果的评估角度来看，若用上述三种干扰后果来评估效果，可以通过使用不同的评估置信度区分出不同的评估层次。

2. 信息准则

下面先介绍一种脱离具体光电干扰设备与环境的普适性的干扰效果评估准则。

从光电干扰效果考虑，干扰信号必须含有不确定性成分。干扰信号中的不确定性就越大，对方消除这种干扰的潜在可能性就越小，干扰效果就可能越好。所以，可以用干扰信号中不确定性的程度作为评估干扰信号品质的一种标准。因为熵是变量不确定性（随机性）的度量，所以可用熵来描述干扰信号的品质。

1）随机量的熵

设随机变量 x 的概率密度函数为 $p(x)$，它的熵定义为

$$H(x) = -\int_{-\infty}^{\infty} p(x) \lg p(x) \, \mathrm{d}x \tag{6-1}$$

对干扰信号来说，其熵越大越好。

一个被探测的目标可用一组独立的参数集合来表示，也就是说，可用 m 维空间中的一个特征矢量来表示，即

$$\boldsymbol{O}(\alpha_1, \alpha_2, \cdots, \alpha_m) \tag{6-2}$$

其中的每一个分量都是随机变量，都有相应的概率分布。如对目标特征矢量中的第 K 个分量，有概率分布列：

$$\alpha_K = \begin{pmatrix} \alpha_K^1 & \cdots & \alpha_K^N \\ P_1 & \cdots & P_N \end{pmatrix} \tag{6-3}$$

且有

$$\sum_{j=1}^{N} P_j = 1$$

若用假目标欺骗方式干扰对方的光电探测装备，这就意味着要通过干扰设备产生一个特征矢量为 $\boldsymbol{O}_F$ 的假目标，并使 $\boldsymbol{O}_F$ 的各分量与真目标特征矢量 $\boldsymbol{O}_T$ 的相应各分量尽可能相似。这种相似程度可用真、假目标特征矢量中同一个特征分量 K 的条件熵之差来表示，即

$$I(\boldsymbol{O}_K \mid F) = H(\boldsymbol{O}_K \mid F) - H(\boldsymbol{O}_K \mid T) \quad (K = 1, 2, \cdots, m) \tag{6-4}$$

式中，$H(\boldsymbol{O}_K|\mathrm{F})$ 和 $H(\boldsymbol{O}_K|\mathrm{T})$ 分别表示真、假目标特征矢量中特征分量 K 的条件熵：

$$\left.\begin{array}{l} H(\boldsymbol{O}_K \mid \mathrm{F}) = \sum_{j=1}^{N} P_j(\alpha_K \mid \mathrm{F}) \lg P_j(\alpha_K \mid \mathrm{F}) \\ H(\boldsymbol{O}_K \mid \mathrm{T}) = \sum_{j=1}^{N} P_j(\alpha_K \mid \mathrm{T}) \lg P_j(\alpha_K \mid \mathrm{T}) \end{array}\right\} \tag{6-5}$$

而

$$I(\boldsymbol{O}_K \mid \mathrm{F}) = 0 \qquad (K = 1, 2, \cdots, m)$$

是假目标完全再现真目标的主要条件。

2）库尔巴克散度

可用库尔巴克散度来判断真、假目标的相似性。

库尔巴克散度定义为

$$D_{iv}\alpha_K = \sum_{j=1}^{N} [P_j(\alpha_K \mid \mathrm{T}) - P_j(\alpha_k \mid \mathrm{F})] \lg \frac{P_j(\alpha_K \mid \mathrm{T})}{P_j(\alpha_K \mid \mathrm{F})} \tag{6-6}$$

该散度越小，真、假目标越相似。

当 $P_j(\alpha_K|\mathrm{T}) = P_j(\alpha_K|\mathrm{F})$ 时，$D_{iv}\alpha_K = 0$，说明真、假目标不可分辨。

库尔巴克散度的方法比熵方法更方便，在正态分布的情况下，可得到比较简单的计算公式。

3. 功率准则

与信息准则不同，功率准则需要了解被干扰设备的具体特性。

1）压制系数

压制系数是干扰信号品质的功率特征，它表示被干扰设备产生指定的信息损失时，在其输入端的通频带内产生所需的最小干扰信号与有用信号的功率比，即

$$k = \frac{P_{j\min}}{P_s} \tag{6-7}$$

式中，$P_{j\min}$ 为最小干扰信号功率，P_s 为在信号的平均持续时间内功率的平均值。

干扰信号使对方光电装备产生信息损失的表现是：对有用信号的遮蔽、使模拟产生误差、中断信息进入等。

2）统计检测准则

为了确定最佳压制系数，需要利用统计检测的原理。

（1）统计假设检验。考虑两种统计假设：

· H_0 假设：表示具有干扰信号存在的假设，H_0 成立的概率以 $P(H_0)$ 表示；

· H_1 假设：干扰信号与有用信号并存的假设，其概率以 $P(H_1)$ 表示。

当系统接收到一个光信号 X 后，要判定 H_0 与 H_1 哪一种为真（称两择一），可根据以下的条件概率之比来确定。

若

$$\frac{P(H_1 \mid X)}{P(H_0 \mid X)} \geqslant 1 \tag{6-8}$$

则判定 H_1 为真，否则判定 H_0 为真。

根据全概率公式有

$$P(H_1, X) = P(H_1 \mid X)P(X) = P(X \mid H_1)P(H_1) \qquad (6-9)$$

所以

$$P(H_1, X) = \frac{P(X \mid H_1)P(H_1)}{P(X)} \qquad (6-10)$$

式(6-10)可改写成

$$P(H_1/X) = \frac{P(H_1)P(X \mid H_1)}{P(X)} \qquad (6-11)$$

式中，$P(X \mid H_1)$ 是 H_1 为真时，测到的 X 的概率密度函数，又称为有用信号存在时的似然函数。

同理，有

$$P(H_0/X) = \frac{P(H_0)P(X \mid H_0)}{P(X)} \qquad (6-12)$$

式中，$P(X \mid H_0)$ 称为无有用信号时的似然函数。因此判据式(6-8)变成

$$\frac{P(X_1 \mid X)}{P(H_0 \mid X)} = \frac{P(H_1)P(X \mid H_1)}{P(H_0)P(X \mid H_0)} = \frac{P(H_1)}{P(H_0)}\Delta(X) \geqslant 1 \qquad (6-13)$$

若式(6-13)成立，则判定 H_1 为真，否则判定 H_0 为真。

式(6-13)中

$$\Delta(X) = \frac{P(X \mid H_1)}{P(X \mid H_0)}$$

称为似然比。

还可把式(6-13)改写成

$$\Delta(X) \geqslant \frac{P(H_0)}{P(H_1)} \qquad (6-14)$$

若此式成立，则判定 H_1 为真，否则判定 H_0 为真。

系统在进行上述"二择一"的选择中会出现四种判定情况，而且每种判定都有一定的风险。这四种判定情况是：

· 虚警：X 中并无有用信号却判定为有，其概率以 P_{fa} 表示，其风险因子为 C_{10}。

· 漏警：X 中有有用信号却判定为无，其概率以 P_t 表示，其风险因子为 C_{01}。

· 正确报警：X 中有有用信号判定为有，其概率为 P_c，风险因子为 C_{11}。

· 正确不报警：X 中无有用信号判定为无，其概率为 P_d，风险因子为 C_{00}。

(2) 贝叶斯(Bayse)准则。Bayse 准则又称最小平均风险准则。

平均风险值 D 为

$$D = P(H_0)[P_{fa}C_{10} + P_cC_{00}] + P(H_1)[P_tC_{01} + P_dC_{11}] \qquad (6-15)$$

因为

$$P_c = 1 - P_{fa}, \quad P_d = 1 - P_t$$

所以有

$$D = D_0 + \int_0^\infty [(C_{10} - C_{00})P(H_0)P(X \mid H_0) - (C_{01} - C_{11})P(H_1)P(X \mid H_1)]dx$$

由于一般 C_{00}、C_{11} 很小，D_0 为比较小的值，因此为使平均风险值 D 最小，要求积分符号内的被积函数项为零。

于是有

$$\frac{P(X \mid H_1)}{P(X \mid H_0)} = \frac{(C_{10} - C_{00})P(H_0)}{(C_{01} - C_{11})P(H_1)}$$

这就是满足最小平均风险值时的似然比 Λ_0：

$$\Lambda_0 = \frac{(C_{10} - C_{00})P(H_0)}{(C_{01} - C_{11})P(H_1)} \tag{6-16}$$

若实际测得的似然比 Λ 满足

$$\Lambda \geqslant \Lambda_0 \tag{6-17}$$

则判定 H_1 为真，否则判定 H_0 为真，这就是满足最小平均风险的判据。

当似然函数已知时，似然比可以转化成相应的有用信号与干扰信号的功率比，通常称为识别系数，其倒数即为压制系数 k_s。

例：设似然函数 $P(X \mid H_1)$、$P(X \mid H_0)$ 均为高斯型，即

$$P(X \mid H_0) = \frac{1}{\sqrt{2\pi}\sigma} e^{-\frac{X^2}{2\sigma^2}}$$

$$P(X \mid H_1) = \frac{1}{\sqrt{2\pi}\sigma} e^{-\frac{(X-a)^2}{2\sigma^2}}$$

所以

$$\Lambda = \frac{P(X \mid H_1)}{P(X \mid H_0)} = e^{-\frac{(X-a)^2}{2\sigma^2} + \frac{X^2}{2\sigma^2}}$$

$$\ln\Lambda = \frac{aX}{\sigma^2} - \frac{a^2}{2\sigma^2} \tag{6-18}$$

式中，σ^2 为噪声电压均方值，相当于噪声平均功率；a^2 为有用信号电压均方值，相当于信号平均功率。所以，σ^2/a^2 与压制系数相当，即 $k_s = \frac{\sigma^2}{a^2}$，则有

$$\overline{\ln\Lambda} = \overline{\frac{ax}{\sigma^2} - \frac{a^2}{2\sigma^2}} = \frac{a^2}{2\sigma^2} = \frac{1}{2k_s}$$

所以，满足最小平均风险准则的功率压制比为

$$k_s = \frac{1}{2\ln\Lambda_0} = \frac{1}{2}\left[\ln\frac{(C_{10} - C_{00})P(H_0)}{(C_{01} - C_{11})P(H_1)}\right]^{-1} \tag{6-19}$$

6.1.3 评估方法

如何对光电干扰效果进行量化的度量是评估干扰效果的重要而复杂的问题，下面讨论对导弹干扰效果进行量化度量的一些方法。

1. 利用导弹单发命中概率的改变来度量干扰效果

单发命中概率表示单发导弹的脱靶量 ρ 落在以目标为中心，以杀伤半径为 R 的圆内的概率，即 $\rho \leqslant R$ 的概率。单发命中概率的大小取决于导引误差（实际弹道与运动学弹道的偏差）的分布规律，导引误差服从正态分布。

现取一通过目标质心 O，垂直于导弹与目标的相对速度矢量 v_{MT} 的平面 YOZ，导弹在该平面上的弹着点 (y, z) 是一个按正态分布的二维随机变量。其散布的概率密度为

$$p(y, z) = \frac{1}{2\pi\sigma_y\sigma_z} e^{-\frac{(y-m_y)^2}{2\sigma_y^2}} e^{-\frac{(z-m_z)^2}{2\sigma_z^2}} \tag{6-20}$$

式中，m_y、m_z 为平均弹着点的坐标，它与目标之间的距离 ρ_0 是系统误差；σ_y、σ_z 为弹着点在 Y 轴方向和 Z 轴方向上的均方差。

用极坐标(ρ,θ)替换直角坐标(y,z)，令 $\sigma=\sqrt{\sigma_y\sigma_z}$，则有

$$\begin{cases} y=\rho\sin\theta \\ z=\rho\cos\theta \end{cases} \quad \begin{cases} m_y=\rho\cos\theta_0 \\ m_z=\rho\sin\theta_0 \end{cases} \tag{6-21}$$

而 $\rho=\sqrt{m_y^2+m_z^2}$ 为散布中心到目标的距离，于是利用亚克比行列式有

$$p(\rho,\theta)=|J|p(y,z)=\begin{vmatrix} \dfrac{\partial y}{\partial \rho} & \dfrac{\partial z}{\partial \rho} \\ \dfrac{\partial y}{\partial \theta} & \dfrac{\partial z}{\partial \theta} \end{vmatrix} p(y,z)=\rho\cdot p(y,z)=\frac{\rho}{2\pi\sigma^2}e^{\frac{\rho^2+\rho_0^2+2\rho\rho_0\cos(\theta-\theta_0)}{2\sigma^2}}$$

$$\tag{6-22}$$

从式(6-22)式可以得到脱靶量的分布密度函数为

$$p(\rho)=\int_0^{2\pi}p(\rho,\theta)\,d\theta=\frac{\rho}{\sigma^2}e^{-\frac{\rho^2+\rho_0^2}{2\sigma^2}}I_0\left(\frac{\rho\rho_0}{\sigma^2}\right) \tag{6-23}$$

式中，$I_0\left(\dfrac{\rho\rho_0}{\sigma^2}\right)$ 是零阶第一类变形的贝塞尔函数，从式(6-23)可知，脱靶量是遵循广义瑞利分布的。引进

$$R=\frac{\rho}{\sigma}$$

$$A=\frac{\rho_0}{\sigma}$$

则有

$$p(R)=\sigma p(\rho)=R\cdot e^{-\frac{R^2+A^2}{2}}I_0(R,A) \tag{6-24}$$

若导弹杀伤半径为 ρ_d，则引进 $\rho_d/\sigma=R_d$，称之为相对杀伤半径。于是导弹的命中概率为

$$P(R\leqslant R_d)=\int_0^{R_d}R\cdot e^{-\frac{R^2+A^2}{2}}I_0(R,A)\,dR$$

$$=\int_\delta^\infty R\cdot e^{-\frac{R^2+A^2}{2}}I_0(R,A)\,dR-\int_{R_d}^\infty R\cdot e^{-\frac{R^2+A^2}{2}}I_0(R,A)\,dR$$

$$=e^{-\frac{\delta^2+A^2}{2}}\sum_{n=0}^\infty\left(\frac{\delta}{A}\right)^nI_n(\delta A)-e^{-\frac{R_d^2+A^2}{2}}\sum_{n=0}^\infty\left(\frac{R_d}{A}\right)^nI_n(R_dA)$$

当 δ 很小时，有

$$P(R)\approx e^{-\frac{A^2}{2}}\left(\frac{\delta}{A}\right)I(\delta A)-e^{-\frac{R_d^2+A^2}{2}} \tag{6-25}$$

式中，$Q(AR_d)$ 称为 Q 函数。

讨论：

若导弹未受干扰，可以有 $\rho_0=0$，则

$$A=0,\quad I_0\left(\frac{\rho_0\rho}{\sigma^2}\right)=1$$

此时的单发命中概率用 P_1 表示，即

$$P_1 = P(\rho \leqslant \rho_{\mathrm{d}}) \tag{6-26}$$

若导弹受到干扰而出现了导弹散布中心与目标中心不重合的情况（即 $\rho_0 \neq 0$，这是系统误差），但对纯属偶然误差的弹着点分布的方差 σ 无影响，此时导弹的单发命中概率以 P_1' 表示，可由式(6-25)得到

$$P_1' = \left[\mathrm{e}^{-\frac{\rho_0^2}{2\sigma^2}} - Q\left(\frac{\rho_0 \rho_{\mathrm{d}}}{\sigma^2}\right) \right]$$

可见 $P_1' < P_1$，即由于导弹受到干扰，其单发命中概率降低。为了用这一客观现象定量地评估干扰效果，可以引用下列各个表示式：

(1) $\Delta P = P_1 - P_1'$，以单发命中概率的下降值作评估干扰效果的参数。

(2) $\beta = \dfrac{P_1 - P_1'}{P_1}$，以单发命中概率的相对下降值或下降率来评估干扰效果。

(3) $\eta = \dfrac{P_1'}{P_1}$ 称为效率系数，它反映了导弹在有和无干扰两条件下命中一目标所需弹数之比，$0 < \eta < 1$。

2. 相空间统计法

相空间统计法是一种多样本统计法，只要有足够数量的样本，就可得到置信度高的评估结果。

设无干扰时导弹的单发命中概率为 P_0，因有干扰介入，本应命中的目标而无法命中，其概率即为干扰成功率，以 P_{V} 表示，而原本无法命中的目标反而被命中的概率设为 P_{F}。

于是干扰介入后，导弹的单发命中概率 P_{J} 满足

$$P_{\mathrm{J}} = P_0(1 - P_{\mathrm{V}}) + P_{\mathrm{F}}(1 - P_0) \tag{6-27}$$

所以，干扰成功率为

$$P_{\mathrm{V}} = 1 - \frac{P_{\mathrm{J}}}{P_0} + \frac{P_{\mathrm{F}}}{P_0}(1 - P_0) \tag{6-28}$$

一般情况下，P_{F} 很小，所以 P_{V} 可近似表达成

$$P_{\mathrm{V}} = 1 - \frac{P_{\mathrm{J}}}{P_0} \tag{6-29}$$

其中，P_{J} 和 P_0 可以用多样本试验测得。

设单发导弹的杀伤半径为 R，则凡脱靶量 $\rho \leqslant R$ 均认为命中目标，所以可以用脱靶量分布来评估干扰效果。而脱靶量分布可以通过直方图统计的方法得到。

假定导弹未受干扰时的脱靶量分布概率密度以 $P_0(\rho)$ 表示，导弹受干扰后的脱靶量分布概率密度以 $P_{\mathrm{J}}(\rho)$ 表示，当脱靶量为 ρ 时导弹对目标的杀伤概率以 $P_{\mathrm{K}}(\rho)$ 表示。$P_0(\rho)$ 与 $P_{\mathrm{J}}(\rho)$ 如图 6.2 所示。

导弹受干扰前后的杀伤概率分别为

$$\begin{cases} P_{\mathrm{K}0} = \displaystyle\int_0^R P_0(\rho) P_{\mathrm{K}}(\rho)\,\mathrm{d}\rho \\[2mm] P_{\mathrm{KJ}} = \displaystyle\int_0^R P_{\mathrm{J}}(\rho) P_{\mathrm{K}}(\rho)\,\mathrm{d}\rho \end{cases} \tag{6-30}$$

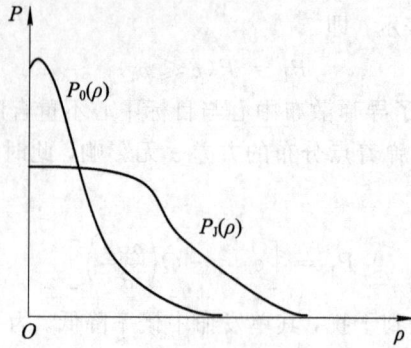

图 6.2　导弹受干扰前后脱靶量的分布示意图

则干扰成功概率为

$$P_V = 1 - \frac{P_{KJ}}{P_{K0}} = 1 - \frac{\int_0^R P_J(\rho) P_K(\rho) \mathrm{d}\rho}{\int_0^R P_0(\rho) P_K(\rho) \mathrm{d}\rho} \qquad (6-31)$$

3. 时间统计法

相空间统计法需要有足够多的样本，付出的代价太大。而对同一型号同一批生产的导弹，其脱靶量分布可以认为是相同的。因此可以把导弹跟踪目标的过程看做是具有普遍性的平稳随机过程，可用时间统计代替相空间统计，也就是通过延长导弹跟踪时间来代替多枚导弹的试验。

设导弹在跟踪过程的航迹误差函数为 $\delta(t)$，则

$$\delta(t) = U_P(t) - U_F(t) \qquad (6-32)$$

式中，$U_P(t)$ 为运动学理论航迹，$U_F(t)$ 为实际航迹。

如果在导弹攻击的 t_i 时刻，导弹的引信被引爆，则 $\delta(t_i)$ 就是此发导弹的脱靶量。通过试验方法得到 $\delta(t)$ 函数，再把 $\delta(t)$ 函数采用直方图统计方法映射到相空间，就可得到此批导弹脱靶量的分布函数，见图 6.3。

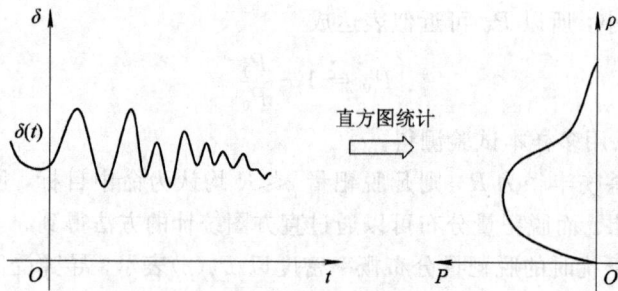

图 6.3　映射原理示意图

利用时间统计法的关键是，如何通过延长导弹跟踪时间，利用导弹头提供的可测信号来统计脱靶量分布。

4. 试验评估法

用试验方法对干扰效果进行评估，离不开效果的测试和评估两个基本过程，如图 6.4 所示。

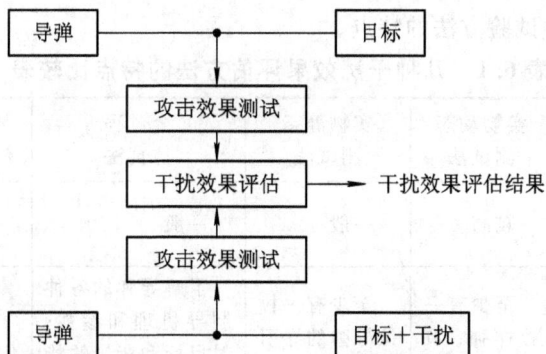

图 6.4　干扰效果评估方框图

　　试验在有、无干扰两种情况下分别从相应的干扰效果测试中获得数据。但是由于试验目的、手段、方法的不同，最终得到的干扰效果评估结果的可信度差别很大。下面对几种干扰效果的试验方法作一介绍。

　　(1) 实弹打靶法。实弹打靶法无疑是评估干扰效果最准确、最可信的方法。最理想的状态当然是投入战场使用，从战场上取回数据，给出干扰效果评估结果。但战场环境往往是很难得的，因此，只能采用实弹打靶法，它需要将目标置于模拟战场环境(对军舰、坦克等目标，由于其运动速度较慢，对导弹的攻击效果影响较小，可采用不动的靶模拟，以减少费用)，通过发射实弹进行试验，并根据试验数据，给出干扰效果评估结果。这种方法虽然真实，但费用昂贵，适用于产品定型试验。

　　(2) 实物动态测试法。实物动态测试法把导弹的飞行和目标的机动过程用某种经济可行的方法来代替，但仍然能体现出或基本体现出实弹攻击过程。可通过对导弹进行改装，除去战斗部，加装记录设备来获得大量的试验数据，可把它们作为科研过程中的一项试验，为设备研制提供参考。

　　(3) 实物静态测试法。实物静态测试法把导弹和目标的机动过程忽略，只对导弹的寻的器进行测试，并依据评估准则给出干扰效果评估结果。该方法是在不具备前两种试验条件时可以采用的试验方法，可在外场或实验室内进行。

　　(4) 全过程仿真法。全过程仿真法是指在建立导弹、目标、干扰的数学模型的基础上，在计算机上对导弹的整个攻击过程(包括目标的机动过程)进行仿真，并根据各种状态下多次仿真的结果，按一定评估准则、评价干扰效果作为计算机仿真修正的依据。该方法有很多优点，数学模型的建立是至关重要的。

　　(5) 全过程半实物仿真法。在具备一定实物(或模拟实物)的条件下，可用实物代替全过程仿真的某些计算机仿真环节，其余环节仍采用计算机仿真，以此软硬结合的方法来实现对干扰效果的评估。我们称之为全过程半实物仿真。由于此方法有实物的参与，因此关键在于仿真软件的实时性。

　　(6) 寻的器的干扰效果仿真法。从干扰对象方面看，干扰效果评估的层次可分为寻的器级和导弹级。该方法依然采用计算机仿真的方法，从寻的器的层次给出干扰效果评估结果。它所需条件较低，一般只需了解寻的器的物理模型和参数，从理论上说，它就是对实物静态测试整个过程的仿真，因此其评估准则与实物静态测试方法相同。如果数学模型建立得很好，可使评估的置信度接近实物静态测试方法的水平。

表 6.1 给出了几种试验方法的特点。

表 6.1　几种干扰效果评估方法的特点比较表

特　点	实弹打靶法	实物动态测试法	实物静态测试法	全过程仿真法	半实物仿真法	寻的器干扰效果仿真法
评估置信度	≈100%	较高	一般	一般	一般	较低
条件	局部的战场条件或靶场条件;足够多的实弹可以使用	至少有一枚样弹;有套干扰设备;有形成导弹和目标相对运动的条件	至少有一枚该导弹的导引头;有实际目标或模拟目标;外场或实验室条件;有一套干扰设备	了解导弹的各种制导机理和参数;对目标和背景的特性要掌握;了解干扰设备的模型和参数;了解导弹的攻击过程和干扰手段实施方法	在全过程仿真法的基础上,将一种或几种环节用硬件来代替	寻的器的模型和参数;目标和背景的特性和参数;干扰设备的模型和参数
技术实现难度	容易	容易	比较容易	极大	较大	适中
经费投入	极大	较大	适中	小	适中	最小
场地及实验室要求	战场或靶场	靶场或实验室	外场或实验室	具有小型机或工作站的机房	专用实验室	具有工作站和微机的计算机房
评估周期	可长可短,但要用足够的次数来统计	较短	最短	最长	较长	适中
评估的层次	全要素全过程	全要素全过程	寻的器级	全要素全过程	全要素全过程	寻的器级

6.2　光电对抗系统的仿真

随着电子信息技术的飞速发展,军事电子信息技术已经渗透到现代军事斗争的各个领域,战争的作战形式也发生了根本的变化,电子战已经成为现代高科技战争的一种基本形态和重要组成部分。如何对敌导弹的进攻进行有效的电子防御已经成为电子战的主要研究内容。由于导弹系统的特殊性和复杂性,进行实弹检验既危险,又不经济,且检验过程也是不可控的,所以要采用仿真技术。目前,国内外已广泛采用仿真技术作为装备研制、性能评估和鉴定定型的主要技术手段。

6.2.1　仿真的基本概念

系统仿真是以相似原理、系统技术、信息技术及其应用领域的有关专业技术为基础,以计算机和各种专用物理效应设备为工具,利用系统模型对真实的或假想的系统进行动态研究的一门多学科的综合性技术。

由于在应用上的特殊功效(安全性和经济性),仿真技术获得了十分广泛的应用。首先,仿真技术在应用上的安全性,使得它在航空、航天、航海、核电站等领域,一直都在被应用。特别是在军用领域,仿真技术已成为武器系统研制与试验中的先导技术、校验技术和分析技术。因为武器系统都是多模式复合系统,为了测试其多种功能,就要在一个受控环境中输入各种激励信号,并确定系统对激励信号的响应灵敏度。由于受到实际飞行和航行试验条件的限制,多功能测试是难以实现的,而仿真试验可以比较方便地取得统计性数据。其次,仿真技术在应用上的经济性,也是被广泛采用的重要因素。世界各国几乎所有大型的发展项目,如阿波罗登月计划、战略防御系统、计算机集成制造、并行工程等,都因为投资极大,又有相当的风险而采用了仿真技术。仿真技术的应用可以用较小的投资换取风险的大幅度降低,根据国外有关统计资料分析,由于采用系统仿真技术,武器系统靶场试验次数减少了 30%～60%,研制费用节省了 10%～40%,研制周期缩短了 30%～40%,从而使型号研制得到很高的效费比。

仿真技术在复杂工程系统的分析和设计中已成为不可缺少的工具。系统的复杂性主要体现在三个方面,即复杂的环境、复杂的对象和复杂的任务。然而不管系统多么复杂,只要能正确地建立起系统的模型,就可利用仿真技术对系统进行充分的研究。仿真模型一旦建立可以重复使用,而且改变灵活,便于更新。经过仿真逐步修正,从而深化对其内在规律和外部联系及相互作用的了解,以采用相应的控制和决策,使系统处于科学化的控制与管理之下。

归纳起来,在进行系统性能研究的过程中,系统仿真技术的主要作用有:

(1) 优化系统设计。在复杂的系统建立以前,能够通过改变仿真模型结构和调整参数来优化系统设计。

(2) 对系统或系统的某一部分进行性能评价。

(3) 节省经费。仿真试验只需在可重复使用的模型上进行,所花费的成本比在实际产品上作试验低。

(4) 重现系统故障,以便判断故障产生的原因。

(5) 可以避免试验的危险性。

(6) 进行系统抗干扰性能的分析研究。

(7) 训练系统操作人员。

(8) 为管理决策和技术决策提供依据。

正因为仿真技术对国防建设、工农业生产及科学研究具有极大的应用价值,所以,仿真技术被美国国家关键技术委员会于 1991 年确定为影响美国国家安全及繁荣的 22 项关键技术之一。军事仿真需求一直是推动仿真技术发展的主要动力之一,军事仿真技术往往体现出仿真技术的最新成就。目前,在武器系统仿真技术研究方面,美国已研制出系列化的飞行仿真器和阵列式目标仿真器,研制出万亿次每秒的高速数字机用于核武器的仿真研究,并将仿真技术用于战争的预先推演。我国仿真技术的研究与应用发展迅速。自 20 世纪 50 年代开始,在运动体自动控制领域首先采用仿真技术,面向方程建模和采用模拟计算机的数学仿真获得了较普遍的应用,同时采用自行研制的三轴模拟转台等参与的半实物仿真试验已开始应用于飞机、导弹的工程型号研制中。60 年代末，在开展连续系统仿真的同时，已开始对离散事件系统（例如交通管理、企业管理）的仿真进行研究。70 年代，我国的训练仿真器获得迅速发展，我国自行设计的飞行训练器、坦克仿真器、汽车仿真器、火电机组培训仿真系统、化工过程培训仿真系统、机车培训仿真器等相继研制成功，并形成一定市场，在操作人员的培训中起了很大作用。80 年代，我国建设了一批水平高、规模大的半实物仿真系统，如鱼雷半实物仿真系统、射频制导导弹半实物仿真系统、红外制导导弹半实物仿真系统、歼击半实物仿真系统等，这些半实物仿真系统在武器型号研制中发挥了重大作用。90 年代，我国开始对分布交互仿真、虚拟现实等先进仿真技术及其应用进行研究，开展了较大规模的复杂系统仿真，由单个武器平台的性能仿真发展为多武器平台在作战环境下的对抗仿真。

　　系统仿真的分类方法有很多，根据仿真系统的结构和实现手段的不同分类，可分为数学仿真、物理仿真、半实物仿真、人在回路中仿真、软件在回路中仿真等几种。

　　（1）数学仿真：实际系统全部由数学模型代替，并把数学模型变为仿真模型，在计算机上对实际系统进行研究的过程。

　　（2）物理仿真：又称物理效应仿真，指的是研制某些硬件结构（实体模型），使之可以重现系统的各种状态，而不必采用昂贵的造型。

　　（3）半实物仿真：又称硬件在回路中仿真（Hardware In The Loop）。在某些系统研究中，常把数学模型、实体模型和系统的实际设备（实物）联系在一起运转，组成仿真系统，称半实物仿真。

　　（4）人在回路中仿真：含人在回路中的仿真系统，要着重于人的感觉环境的仿真生成技术，其中包括视觉、听觉、动感、力反馈等仿真环境。

　　（5）软件在回路中仿真：又称为嵌入式仿真。软件指实物上的专用软件，比如武器系统中的战术决策、信息处理、控制软件。

　　按照其他方式，系统仿真还有以下分类方法：

　　· 按模型特性分类，可分为连续系统仿真、离散事件系统仿真；
　　· 按计算机分类，可分为模拟计算机仿真、数字计算机仿真、模拟数字混合仿真；
　　· 按时钟不同分类，可分为实时仿真、欠实时仿真、超实时仿真。

　　数学仿真的三项基本要素是系统、模型和计算机。联系三项要素的三项基本活动是系统建模、仿真建模和仿真试验。数学仿真的工作流程参见图 6.5。

　　主要工作流程内容分别如下：

　　（1）系统定义：根据仿真目的，规定所仿真系统的边界和约束条件。

　　（2）数学建模：根据系统试验知识、仿真目的和试验资料来确定系统数学模型的框架、结构和参数。模型的繁简程度应与仿真目的相匹配。要确保模型的有效性和仿真的经济性。

　　（3）仿真建模：根据数学模型的形式、计算机的类型以及仿真目的，将数学模型转变为仿真模型，建立仿真试验框架。应进行模型变换正确性校核。

　　（4）装载：利用仿真软件将仿真模型输入计算机，设定试验条件及记录变量。

　　（5）试验：根据仿真目的在模型上进行试验。

　　（6）结果分析：根据试验要求对结果作分析、整理及文档化。根据分析的结果修正数学模型、仿真模型、仿真程序，以进行新的试验。

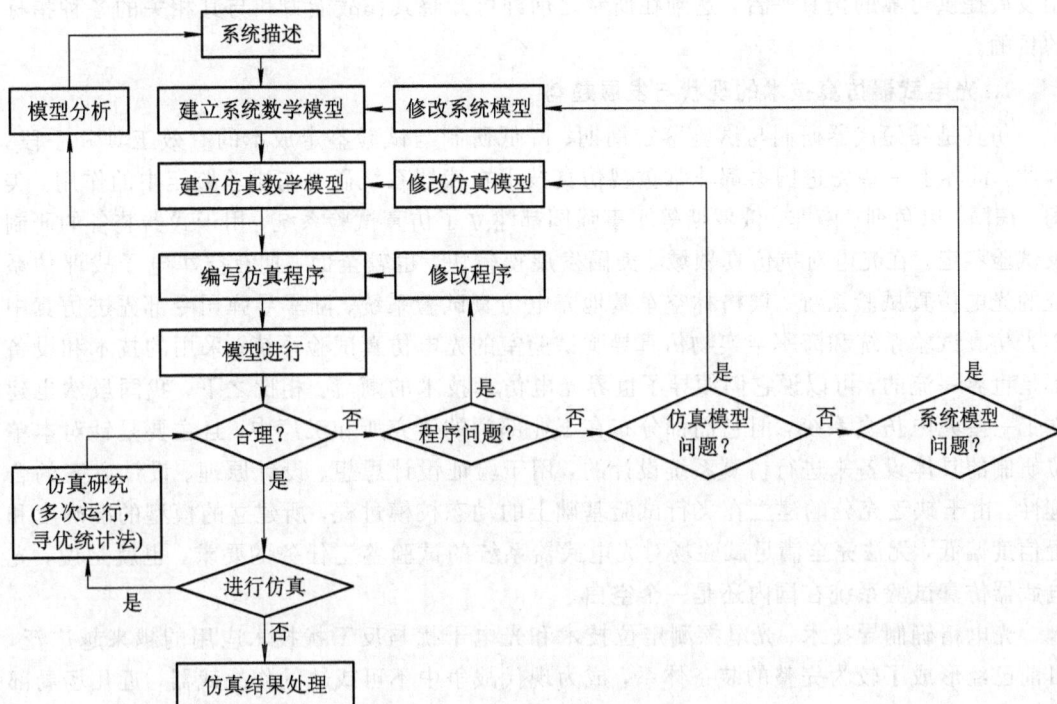

图 6.5　数学仿真试验的一般过程

6.2.2　仿真技术在光电对抗系统中的应用

仿真作为一门新兴的边缘学科，其技术经过三四十年的发展日渐成熟，并在各个领域得到了广泛的应用，它相对现实系统不可比拟的优势，使它的应用贯穿于武器系统研制、试验和鉴定的始终，并用于武器系统的作战使用和训练，在国防现代化建设中发挥着越来越重要的作用。内场仿真试验与外场飞行试验相比具有灵活性、可控性、保密性强、节省资源（包括经费、时间）、效费比高、重复性好等优势，为解决外场试验不能鉴定和评估的问题，内场仿真试验提供了有效的方法，并且可以克服外场试验的一些制约条件，生成外场试验难以生成的可修改的信号条件。但内场半实物仿真试验目前存在一个最大的问题就是怎样定量地验证其真实性。为了保证仿真系统的真实性，通常把试验分为三部分：

（1）在研制仿真试验系统时，对仿真设备和环境提出严格要求，证明它们在仿真试验中不会产生有影响的误差。

（2）把半实物仿真的结果与简化的计算机仿真加以对照、分析。

（3）安排飞行试验，通过各种有效的数学手段来处理数据并加以比较。

光电对抗仿真试验系统就是为了全面、科学、合理地评价光电武器装备的性能指标和作战效能而研制的。在研制过程中，应遵循以下原则：立足于光电武器装备的试验需求，并着眼于试验能力的创新和提高；急需与中长远发展并重，以适应光电武器装备的发展；坚持模块化、标准化和先进性设计，强调实用性、开放性和可扩展性；内外场互为补充、互为验证，形成光电对抗装备综合试验能力等。在总结国内外相关仿真系统建设成功经验的基础上，突出顶层设计思想，采取边建设、边试验、边发展的建设模式，并为光电武器的研制发展提供可靠的仿真平台，达到在研制之前即可知晓其作战能力和与其相关的各种指标的目的。

1. 光电武器仿真技术的现状与发展趋势

仿真是缩短武器研制与试验鉴定周期、降低研制与试验鉴定成本的有效工具和手段，因此，世界上一些先进国家都非常重视仿真技术在武器系统研制与试验鉴定中的作用。美国、德国、以色列、南非、俄罗斯等军事强国都建立了仿真试验系统，用于武器装备的研制及试验鉴定。在光电对抗仿真领域，美国发展得较快，也较全面，拥有空军电子战评估系统的光电仿真试验系统、埃格林空军基地光电仿真试验系统、陆军导弹司令部先进仿真中心光仿真试验系统和海军半实物仿真导弹试验室的光电仿真试验系统，采用的技术和设备都是世界一流的，可以说它们领导了世界光电仿真技术的潮流。相比之下，我国虽然也建立了一些光电仿真系统，但它们都分布在工业部门的研究所和工厂中，且主要是针对本单位研制的具体设备来进行仿真系统设计的，用于验证设计思想、设计原理、设计方案的合理性，由于缺乏充分的建立在飞行试验基础上的动态校模过程，所建立的模型的准确度和置信度偏低，无法完全满足试验场对光电武器系统的试验鉴定任务的要求，也就是说，光电武器仿真试验系统在国内还是一个空白。

光电精确制导技术、光电探测定位技术和光电干扰与反干扰技术应用的越来越广泛，目前已经形成了较为完整的装备体系，成为现代战争中不可或缺的作战武器，近几场局部战争也充分证明了这一点。未来的光电武器要能在复杂的地理环境、气象环境、电磁环境下实施有效作战，应主要发展多光谱鉴别技术、空间滤波技术、复合制导技术、红外成像制导技术、激光成像制导技术以及高能激光武器等。同时，光电武器也从单一功能向复合化、系统化方向发展。光电武器的发展必将影响光电对抗仿真试验技术的发展，与其相适应的仿真系统也将建成。未来的光电仿真系统将提供逼真的战场光电环境、实时可控的各种光电武器平台以及相关的显控系统等。

2. 光电对抗武器的试验方法

试验方法决定光电对抗仿真试验系统的组成和配置，所以要想设计出科学合理的光电对抗仿真试验系统，首先要研究光电对抗武器的试验方法。常见的光电对抗武器有三类：侦察告警、光电干扰、光电制导。以下分别描述其试验内容和试验方法。

1）光电侦察告警装备的试验内容及其试验方法

光电对抗是电子对抗的重要组成部分，光电侦察告警是光电对抗的前提和基础。它主要利用光电侦察设备，通过对敌光电辐射信号和目标红外辐射信号的截获、参数测量、分析识别和测向定位，获取战术技术情报。它分为激光对抗侦察和红外对抗侦察两大类，激光对抗侦察主要包括激光告警和激光源识别、测向和定位，红外对抗侦察主要用于对威胁目标的探测、识别和告警。无论是哪一类，其组成基本相似，都由光学系统截获敌方激光束或红外威胁信号，经过信号处理装置处理后，送入显示告警装置。下面以激光侦察告警设备仿真试验和红外侦察告警性能评估方法为例来说明。

激光告警设备的关键任务是识别出入射的激光信号，同时最大限度地抑制背景光干扰。激光侦察告警设备由激光光学系统、光电传感器、电信号处理器、显示告警装置四部分组成，如图 6.6 所示。它们互相配合完成对激光信号的探测和告警。激光侦察告警设备按其工作机制可以分为激光主动侦察告警设备和激光被动侦察告警设备两类。激光主动侦察利用激光源向来袭光电威胁目标发射激光探测信号，通过接收目标反射的回波信号，对来袭目标种类进行分析和识别，并探测威胁目标的一些技术参数。激光被动侦察告警主要利用光电探测器探测和报警来自敌方激光测距机、激光目标指示器和激光驾束制导照射器等激光辐射威胁设备。激光侦察告警设备按其工作原理可分为光谱识别型和相干识别型两种。激光侦察告警设备按其布设原则可分为集中式和分布式两种。虽然激光侦察告警设备的分类不同，但其技战术指标是一致的，所用的仿真试验内容和试验方法也一样。

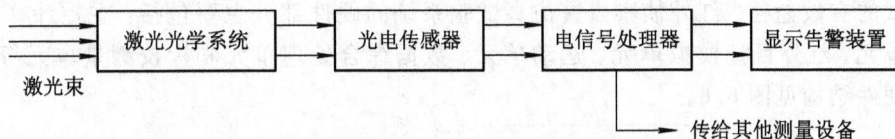

图 6.6　激光告警设备结构图

　　激光侦察告警设备的仿真试验内容主要有告警距离、告警波长及动态范围测试、侦察空域、编码识别、系统反应时间、多目标处理能力、目标识别能力、抗干扰性能、探测概率、虚警率、探测灵敏度、对复杂战情的分析决策能力等。依据其试验特点可分为性能试验和能力试验两大类。

　　性能试验包括以下试验内容：告警波长及动态范围测试、探测灵敏度、编码识别、虚警率、侦察空域。其特点是无应力条件，试验方法基本相同，试验流程也基本类似，一般情况下可采用如图 6.7 所示的试验流程。其中，仿真控制计算机设置的参数依据给出的试验平台和试验资源；设计各种性能试验所需的试验方式，通过仿真控制计算机分配给各个分设备，并按时间节点控制和协调各设备动作。

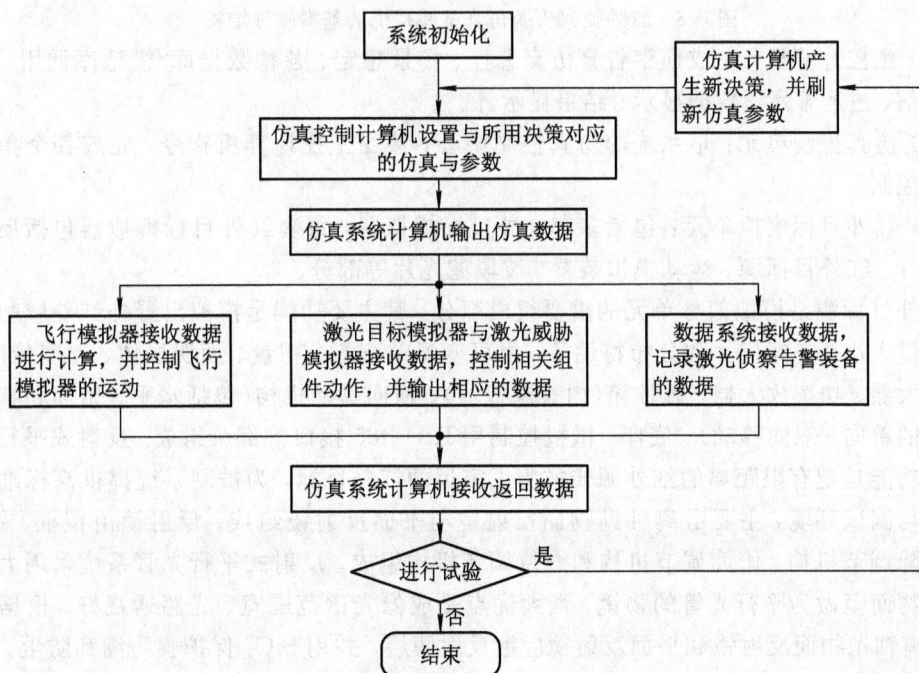

图 6.7　激光告警设备性能测试图

能力试验包括以下试验内容：告警距离、探测概率、系统反应时间、多目标处理能力、目标识别能力、抗干扰性能、对复杂战情的分析决策能力。试验特点是有应力条件，应当在不同应力条件下进行多次试验，结果分析以应力条件为前提进行。

在地面红外侦察告警系统的相关性能测试中，由于野外测试的实际气象条件多种多样，难以构造和再现各种测试环境和合作目标。在实验室采取半实物仿真的方法具有重复性好，环境可控，安全经济，不受气象、场地、时间限制等优点，是进行红外侦察告警系统性能测试的有效途径。红外侦察告警仿真试验系统的硬件部分主要包括：主控计算机、仿真控制单元、红外目标模拟单元、运动单元、数据综合处理单元和标校测量单元等部分。其基本硬件结构见图 6.8。

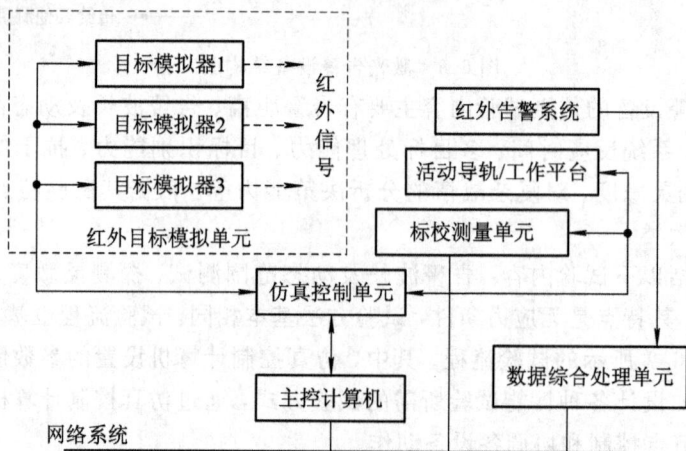

图 6.8　红外侦察告警仿真试验系统的基本硬件结构

（1）主控计算机：完成侦察告警仿真总控、场景想定、各种数据库/模型库调用、数据传输通信、进程显示、数据显示、结果显示等。

（2）仿真控制单元：是系统的仿真控制中心，接受主控计算机指令，完成各个单元的协调和控制。

（3）红外目标模拟单元：包括多套红外目标模拟器，每套红外目标模拟器包括反射式平行光管、红外目标源、运动模拟装置、波段滤光片等部分。

红外目标源是模拟信号单元的重要组成部分，其主要功能是模拟出野外红外威胁信号的辐射量大小、空间尺寸和分布特性等，由可变温差靶标、靶盘、面源黑体、温度传感器、前置放大器、功率放大器、温控箱（内有温控器）、横向移动机构（包括水平、俯仰和特定设置方向的单向、双向移动）、底座、微机控制用 RS-485 接口等部分组成。反射式平行光管的主要功能是把有限距离的红外源转换为无穷远的红外目标，为被测系统提供高标准的测试条件与测试环境，主要由离轴抛物面反射镜与平面反射镜组成。反射镜由镜框、镜座、高低升降调节机构、俯仰调节机构和方位调节机构组成。反射式平行光管系统采用大口径离轴抛物面镜做为平行光管的物镜，最大优点是成像光谱范围宽、光路通视好。根据使用要求，离轴抛物面反射镜和平面反射镜应镀反射膜层，并用 SiO_2 保护膜防潮和防尘。根据红外侦察告警系统的侦察告警波段，设计相应的中性波段滤光片。滤光片的光谱透射比曲线平坦、热稳定性、防潮性和机械强度等物理、化学性能良好。

（4）运动模拟装置包括活动导轨/工作平台等部分，用来对模拟目标的空间位置和指向进行调整，形成相对于告警系统的上半球空间的不同相对位置的模拟目标。

（5）数据综合处理单元：实时录取告警系统的仿真数据，同时接收仿真监测标校单元送来的各模拟单元的数据；对各数据进行处理和分析，评估仿真结果。

（6）标校测量单元：包括中常温黑体、光谱辐射计、小型光电经纬仪等测量系统，用于各个红外目标模拟器的辐射量或温差测量标定、空间位置精确定位和方位分辨率、俯仰分辨率测试中角度真值的测量。

根据红外侦察告警系统的性能测试要求，告警对象为相对无穷远处的敌方目标，其光电探测敏感器件一般都安装在成像物镜的焦面上。需要利用平行光管将模拟目标设置在无穷远的位置，以进行参数测试和对其性能进行评价。系统的工作原理框图如图 6.9 所示。

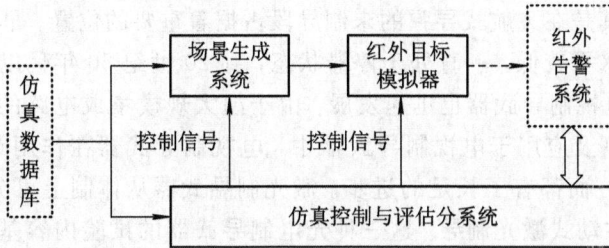

图 6.9　红外侦察告警试验系统的工作原理框图

测试时在实验室内利用多个红外目标模拟器模拟野外远场红外目标，把红外目标源精确置于大口径离轴抛物面镜的焦面上，使目标中心与焦点重合，光轴方向上用红外温差源照射目标靶面，透过目标靶面的光束经过平面反射镜反射后到达离轴抛物面镜。目标靶面放置在离轴抛物面镜的焦面上，经离轴抛物面镜出射后的目标光束成像在无穷远处。

工作流程：系统在仿真控制与评估分系统控制下工作；根据仿真数据库事先设定的预定程序，利用场景生成系统对红外目标模拟器进行目标红外辐射、温度、出口光阑和运动状态的控制，生成预定的红外场景，并以此作为红外侦察告警系统的合作目标进行告警波段、警戒视场等静态技术参数测试；也可以完成多目标处理能力、反应时间、全景搜索时间、角度分辨率、目标指示精度、初步威胁等级排序能力、抗干扰能力等性能参数的测试；通过测试红外侦察告警系统的光谱辐射，借助红外大气传输数据库中的相关数据，计算得到对不同红外威胁源在不同气象条件和模式下的告警性能；通过计算机控制红外目标模拟器靶标的运动方向和辐射量大小，以使模拟目标以告警系统能正常告警的角速度在视场中运动。

2）光电干扰武器装备的试验内容及其试验方法

光电干扰分为有源干扰和无源干扰。有源干扰利用己方光电设备发射或转发某种与敌方光电设备相应波段的光波，压制或欺骗对方的光电设备。无源干扰则利用本身并不发射光波的材料，吸收或分散光辐射能量，或人为地改变目标的光学特性，使对方的光电设备效能降低或受骗。无源干扰光电设备主要有烟幕、光箔条、涂料及伪装等，其试验内容主要有干扰波段、干扰持续时间、干扰效果等，试验方法也较简单，只需在光电侦察告警试验提供的测试环境中加入一可控威胁源，即可完成相关试验。有源干扰设备主要有：红外诱饵弹、红外干扰机、欺骗式激光干扰机、致盲压制式激光干扰机等，其试验内容主要有：工作波段、干扰持续时间、红外辐射强度、编码识别、干扰效果、系统反应时间等。这一部分的试验除侦察告警提供的试验环境外，还需要加入一个红外或激光制导的导引头，将其架设在三轴转台上，完成所需的战场态势，再利用相关设备完成各项试验。

　　3）光电制导武器装备的试验内容及其试验方法

　　光电制导武器是伴随着精确制导武器的发展而发展起来的，按其制导方式可分为红外制导武器、电视制导武器、激光制导武器。红外制导武器是随着红外探测器技术、计算机信息处理技术以及超大规模集成电路技术的飞速发展而逐步发展起来的。红外成像制导系统能够提供二维图像信息，采用计算机图像信息处理，可实现制导智能化，使其灵敏度，角分辨率，动态范围，抗干扰能力，在复杂战场环境中自动识别目标、自主选择命中点和要害部位的能力，全天候工作性能等多种战技性能有了较大幅度的提高。电视制导武器在导弹武器系统中尤其是在飞航式导弹的末制导段占据着重要的位置。早期的电视制导技术由于光电转换器件水平较低，一直处于停滞状态，到20世纪50年代以后由于光电转换器件的发展及应用，电视制导武器也迅速发展。由于超大规模集成电路的图像处理机、红外器件以及光纤的出现及应用于电视制导武器中，电视制导武器在作用距离、角跟踪精度、分辨率以及可靠性方面都有了长足的进步。激光制导武器从体制上可分为激光驾束制导、半主动激光制导、主动式激光制导。这三种光电制导武器的试验内容基本一致，主要有跟踪距离、跟踪精度、捕获时间、多目标处理能力、系统反应时间、目标判别能力、探测概率、抗干扰能力等，其试验方法只要综合利用侦察和干扰两部分的试验方法即可实现所需的各种测试。

　　3. 光电对抗仿真试验系统的组成

　　光电对抗仿真试验系统主要由红外对抗仿真试验系统、激光对抗仿真试验系统、光电暗室以及指控系统组成。红外对抗仿真试验系统的主要功能是为红外成像导引头、红外告警设备提供不同天候、各种复杂对抗背景、接近实战条件下的红外辐射威胁信号环境，检验和鉴定其战术、技术性能。激光对抗仿真试验系统的主要功能是检验评估激光制导设备在不同天候环境和不同对抗条件下的制导性能和抗干扰能力，检验评判激光干扰设备对激光导引头的干扰效果，检验鉴定激光侦察设备的战术、技术性能和对特定威胁源的侦察告警能力等。光电暗室的主要任务是为光电对抗仿真试验提供红外、激光、可见光、紫外等光谱传播的自由空间，同时，还为光电对抗仿真试验方法的实现提供全面支持。指控系统为光电仿真试验进程提供控制平台，采用分布式控制系统将各光电模拟设备连成一个有机整体，实现试验的自动化。

　　光电对抗仿真试验系统的总体构成如图6.10所示。在HLA/RTI网络总线上挂接红外对抗仿真试验系统和激光对抗仿真试验系统的各种模拟器，以及与显控系统相关的硬件和各种控制软件。光电导引头模拟器主要由激光导引头模拟器、红外成像导引头模拟器、电视导引头模拟器三部分组成，可完成试验所需的威胁源模拟及控制和试验评估要求。光电环境模拟器、光电目标模拟器、光电目标发生系统以及目标运动模拟系统模拟产生试验所需的各种光电背景信号、光电干扰信号以及光电目标的生成和运动特性等，为仿真试验提供一个近似于实战的战场环境。试验监视与显示系统实时显示试验假定的各种战场场景，包括飞机、导弹攻击过程的实时显示以及与试验相关的各种信息。光电环境和光电目标数据库系统提供试验所需的战场态势假定数据库、威胁目标数据库、各类背景信号数据库、军事目标数据库等。光电对抗仿真试验控制系统由试验主控计算机及控制软件组成，可完成仿真试验进程的自动控制，并处理各种相关事件。试验结果处理系统完成试验数据的录取和试验结果的分析工作。

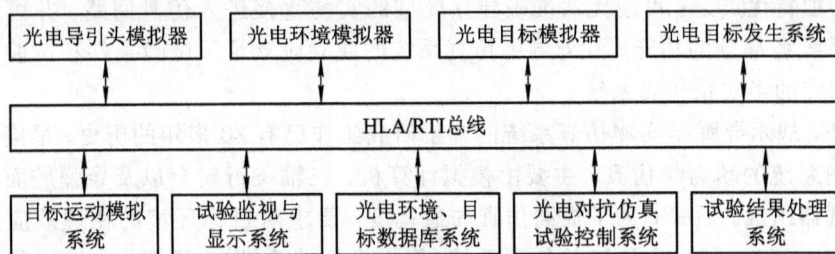

图 6.10　光电对抗仿真试验系统的总体构成

仿真试验是完成武器装备作战效能试验的有效手段，尤其是我国的光电对抗装备，因与发达国家的差距较大，只有通过仿真，才能模拟出与发达国家相关装备的相近战术指标和近似的战场环境。

利用仿真技术开展电子对抗仿真试验的主要优点有以下几点：

（1）试验条件可控，试验样本数和重复次数多，控制方便，自动化程度高。

（2）能够提供大密度、多体制的雷达威胁信号环境和光电信号环境。

（3）试验所需兵力少，试验周期短，保密性好，经费相对较少。

（4）可以针对具体的战术背景设计试验态势，进行动态条件下的战术性能试验。

（5）试验数据信息量大，结果处理迅速，实时性强。

6.2.3　红外制导导弹的半实物仿真系统

现代战争表明，超视距空战正成为未来空战的主要形式。中距空空导弹作为超视距武器系统的主要组成部分，其战斗性能正成为决定空中战争胜负的关键因素，而红外制导导弹是空空导弹中的主力军。首枚红外制导导弹是美国在 20 世纪 50 年代研制的“响尾蛇”型红外空空导弹，并于 1955 年入侵我国东南沿海时首次使用。之后，苏联和英、法、意等国，包括我国，相继研制并装备了红外制导导弹。在各国使用的精确制导武器中，有 60% 采用的是红外寻的制导。在海外战争中，被美国击落的飞机中有 40% 是被红外制导空空导弹击落的。

与采用雷达导引头的中距拦射导弹相比，采用红外导引头的中距拦射导弹不需要载机对目标进行雷达照射和对导弹进行中制导无线电指令校正，即具有“发射后不管”的特性，为载机机动赢得了时间，提高了作战性能。

鉴于红外制导导弹在现代战争中的重要地位和对机载武器要求的不断提高，对红外制导导弹的研制工作得到了世界各国的高度重视，为加速红外制导武器的研发，必须相应地提高导弹仿真技术的研究。导弹仿真技术提供了一个精确、可控和可重复的试验条件。据国外资料的不完全统计，采用仿真技术可以使导弹飞行试验的次数减少 30%～50%，研制经费节省 10%～40%，研制周期缩短 30%～40%。

由于仿真技术在红外制导导弹研发中的重要作用，仿真技术正成为国防科技发展的重要领域，特别是随着武器装备体系对抗的复杂性日益增加，更需要充分利用仿真技术及其支撑环境,以定性与定量相结合的分析方法,评价武器的性能、质量与战术使用能力,促进发展决策的科学化。半实物仿真作为仿真技术的一种,除了可以提高系统的研制质量以外,主要的独特优点是:可使无法准确建立模型的实物直接进入仿真回路,并可直接检验制导控制系统各部分的功能。红外导弹仿真系统的建立应立足于试验条件和试验状态的模拟,建立相应的半实物仿真系统。

在国外,战术导弹半实物仿真系统的开发研究工作已有30多年的历史。早期的仿真都局限于控制系统的动力学仿真,主要由模拟计算机、三轴飞行转台以及导弹舵面空气动力学负载仿真器组成。后来,为了提高仿真的逼真度,要求对目标环境的物理效应进行逼真仿真,因此,又发展了目标环境的仿真系统(目标模拟器系统)。习惯上,红外制导的半实物仿真系统分为三个部分:计算机控制系统、飞行转台和目标模拟器,其中目标模拟器的规模、成本和研制周期居三者之首。

红外制导半实物仿真系统由仿真设备、参试实物、各种接口设备、试验控制台和支持服务系统(包括显示、记录等)五个部分组成。

在实验室条件下,红外制导控制部分的参试实物主要是导弹制导舱,包括红外导引头及导弹制导控制部分,是仿真系统的主体。红外导引头接收目标模拟器产生的目标及干扰信号,红外探测器能分辨出目标红外光源和定位十字丝之间的偏差,经过处理,由导弹制导部分产生制导信号,仿真系统拾取这些位标器控制信号和制导信号,由此检测导弹的各种战斗性能,同时这些控制信号通过网络传送到仿真主控计算机,构成仿真闭环。

仿真系统中的仿真设备的实际组成与制导类型、型号研制阶段和所研究的问题等因素有关。就红外制导的形式而言,目前主要有两种方式:圆锥扫描寻的(点源)与凝视红外成像寻的(面源)两种。圆锥扫描寻的采用硫化铅或锑化铟红外单元器件,用旋转扫描的方法在调制盘上形成制导信号。凝视红外成像寻的是随多元红外器件的研制成功而出现的,它能探测背景热辐射并据此建立背景图,目标在背景图中经信号处理形成寻的器的控制信号。凝视型红外成像寻的制导导弹使导弹具有了目标识别和高的抗人为干扰能力。

红外制导导弹的半实物仿真系统原理示意图如图6.11所示。

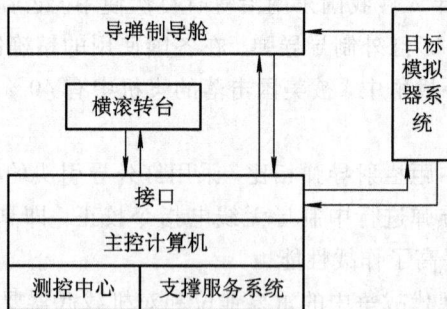

图 6.11　红外制导导弹半实物仿真原理示意图

其各部分作用如下:

· 横滚转台:接收测控中心计算机的控制,控制导弹进行横滚运动,模拟导弹姿态变化。转台是半实物仿真试验系统中的一项重要设备,也是一项性能要求较高、比较复杂的机电一体化设备。

·主控计算机：整个仿真系统的控制中枢，用于求解全部数学模型（包括计算导弹动力学、运动学、目标运动学以及导弹与目标的相对运动方程）、发送控制指令给测控中心计算机，以控制导弹制导舱及横滚转台。

·测控中心：主要用于导弹工作状态的控制、仿真系统状态的管理，提供系统的时统、同步、实时监控和故障报警等功能。

·目标模拟器：用于红外目标及干扰运动信息的仿真。目标和干扰模拟器是整个仿真系统的关键部分，模拟目标及干扰模型的质量直接影响仿真系统的逼真度。

·接口装置：按照制导控制仿真系统的需要，将仿真机与外围仿真设备、实物及仿真设备之间作相应的连接，在不同的仿真设备间完成正常的信号传输和通信，保证仿真系统的正常工作。接口通信方式有：A/D、D/A、D/D、TTL。为了适应日益发展的多台数字机和智能化设备的需要，D/D 接口逐渐得到了广泛的应用。

6.2.4　红外目标模拟器

随着红外制导武器的发展，对红外制导武器的目标识别和目标跟踪的要求越来越高。为了提高武器的性能，在武器的设计和研制阶段就必须对红外导引头的各项指标进行检测。利用红外目标模拟器系统，可为导引头的性能测试提供一种方便、可行、廉价的试验手段，可提供不同气象条件、不同背景下的不同目标的红外特征，以便较全面地测试导引头的各种性能，并可节省大量的试验经费。

这里以点源红外目标模拟器为例，介绍一种多元干扰红外目标模拟器的工作原理与实现。

1. 仿真要求

红外目标模拟器要为红外导引头提供一个模拟目标，这个模拟目标应该能够模拟真实目标和干扰的红外特性（波段和能量），以及真实目标相对导弹的空间运动特性（方位角、俯仰角和距离）。

其仿真模型的建立遵循三个仿真原则：

·在工作波段内仿真目标与真实目标在导引头接收系统入瞳处的辐照度积分值相等。

·仿真目标在导引头调制盘上形成的红外像斑的轮廓尺寸及相应波段的辐照度与真实目标相等。

·仿真目标相对导弹的空间运动特性与真实目标相同。

2. 系统工作原理

通过光学系统与电控系统的合理设计来完成以上仿真目标。为了给被测系统提供不同温度、不同尺寸的红外光源，采用多个独立温控的黑体模拟红外目标（干扰）辐射源，采用离轴抛物面反射式平行光管系统产生模拟源。另外，光学系统还包括了多档固定光阑和连续可调的可变光阑，可改变红外模拟目标（干扰）的光斑大小和不同的红外辐射能量阈值倍数，用于模拟不同远近和不同大小的干扰及目标，配合目标（干扰）快门的动作，可为红外制导导弹模拟出多种状态下的红外目标（干扰）辐射特性。为了模拟仿真目标相对导弹的空间运动特性，利用二自由度伺服控制电机驱动目标源（干扰源）光路中的摆镜，通过参数设定，可在水平、俯仰两个方向上独立运动，配合快门的开关及光阑大小的变化，模拟出各种目标（干扰）运动轨迹及诱饵释放情况。

3. 系统组成

1）光学系统

该系统由 4 个独立的干扰源、1 个目标源和 1 个背景源所组成，因此有 6 路平行光进行合成。其光学系统的光路图如图 6.12 所示。

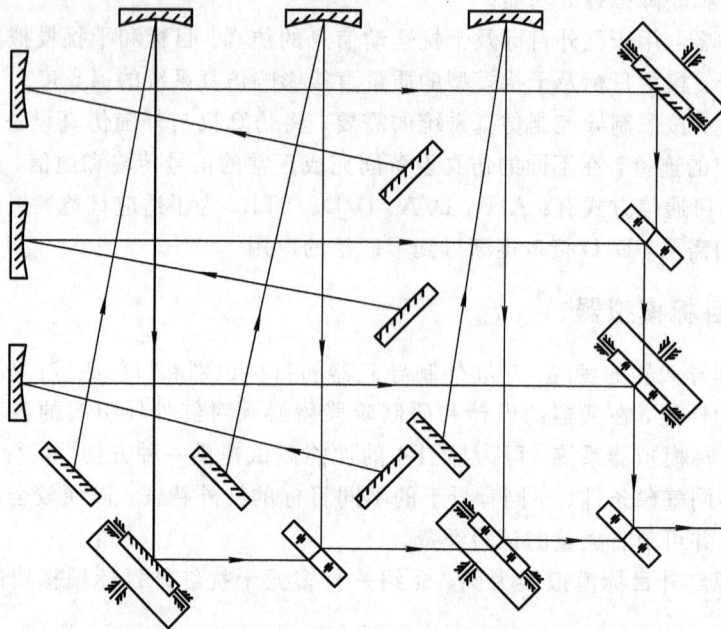

图 6.12　光学系统的光路图

从光路图中可以看出，利用 5 个黑体以及 1 个面源黑体，形成 6 个辐射源，然后通过 6 个离轴抛物镜系统组成 6 路平行光源，运用 4 个独立的摆镜组成 4 个干扰源，通过合成镜后会聚成 6 路合成光，然后经过合成镜反射出箱体，进入导引头。从图中可以看出，该系统有 6 路平行光进行合成，还有 2 个目标系统，4 个干扰系统，因此由以下部件组成：

（1）6 个离轴抛物面镜。

（2）4 个干扰二维摆镜系统。

（3）5 个合成镜。

（4）5 套快门、光阑系统。

（5）1 个复杂背景光阑系统。

各个干扰光路完全独立，互不干涉，具有完全独立释放干扰的能力。

复杂背景光阑的实现是在可透红外光的基片（如氟化镁、硅）上镀不同透过率的减红外光膜，并把它们放在光阑孔的位置上，这样黑体照射在基片上后，经离轴抛物面镜反射后形成平行光，最后会聚到导引头上就可形成各种不同强度、不同物质在光照情况下的复杂背景。

2）机械系统

动态目标干扰背景模拟器从结构方面分为快门系统、平行光管、一维干扰转镜、二维干扰摆镜和二维反射镜等。根据光学系统设计了机械系统的总体结构，如图 6.13 所示。

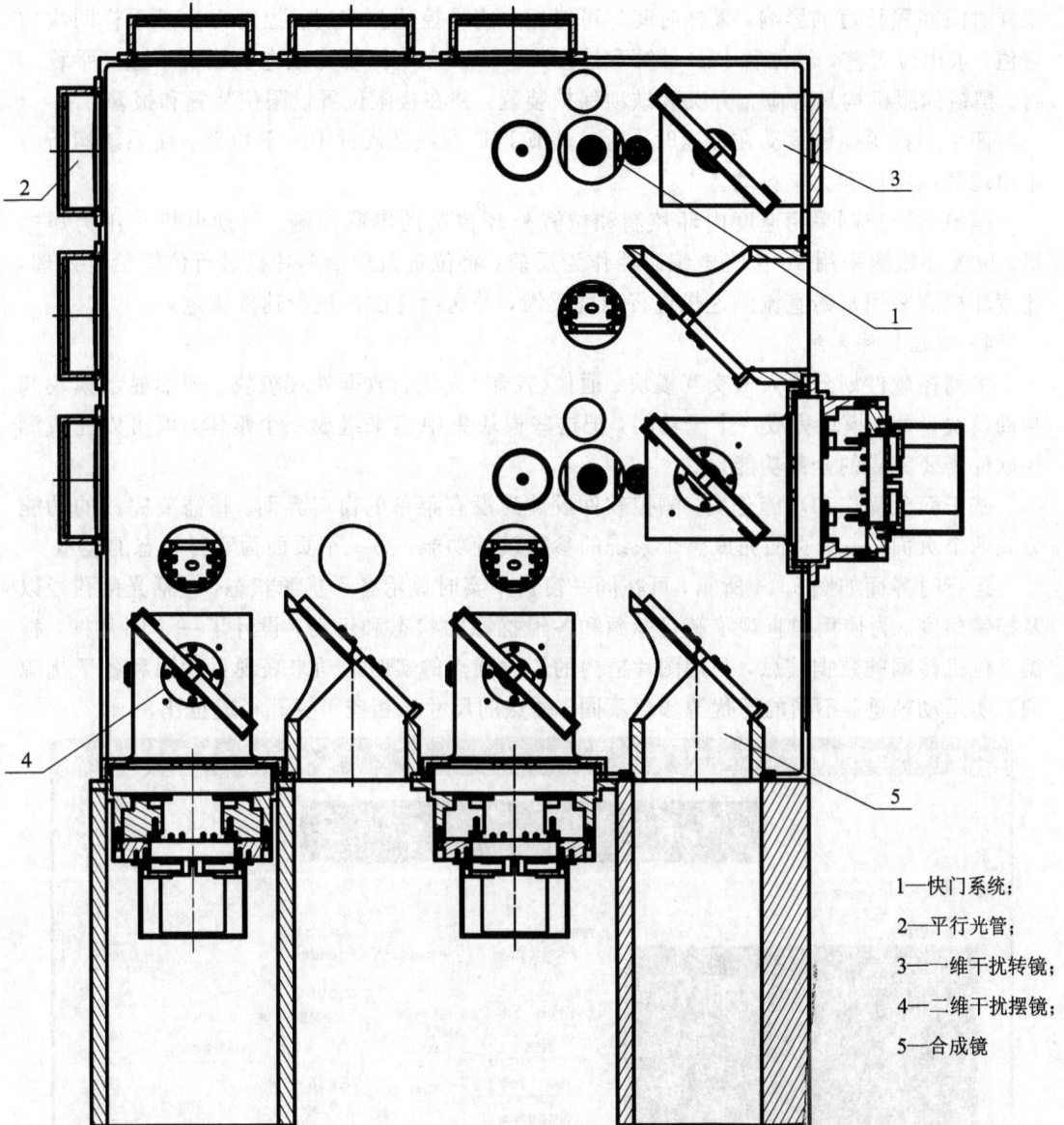

1—快门系统；

2—平行光管；

3——维干扰转镜；

4—二维干扰摆镜；

5—合成镜

图 6.13　机械系统总体结构图

3）电控系统

电控系统主要包括两个部分：可变光阑的运动控制和干扰摆镜的运动控制。

可变光阑的孔位置控制采用步进电机控制。上位机下发可变光阑孔转动位置信息，下位机接收到转动命令后，根据上位机设定的转速和孔径大小，计算出步进电机的转动速度和转动角度脉冲，控制步进电机带动可变光阑转到相应位置。

四个干扰源摆镜的运动方式及运动速度由上位机通过双口 RAM 下发运动命令。反射镜可以按固定频率往复运动，也可以按要求速度运行到要求位置。

为保证仿真的精度，要求摆镜运动速度保持稳定。速度的稳定性由两方面因素决定：一是力矩电机的选择，二是速度控制 PID 参数的选择。低速受 PID 参数的影响和两次位置采样时间间隔长短的影响，采样时间尽可能短，使受控达到实时。控制方法是采样两次位置值，求出位置差，经位置 PID 计算和速度 PI－P 调节，控制力矩电机按要求速度平稳运行。摆镜伺服机构具有应急开关和缺项保护装置，并在极限位置设限位装置和报警。

四个干扰源摆镜运动在低速时，通过调节 PID 参数和硬件 PI－P 电路，使系统运行时不出现低速爬坡和大幅抖动。

摆镜运行控制采用速度内环控制和位置外环控制的串联控制。驱动电机采用力矩电机。位置环检测采用 16 位光电编码器作为反馈，将位置值送给单片机进行位置给定处理，速度环检测采用永磁直流测速机进行速度反馈，并送给速度环进行速度锁定。

4）测控软件系统

将测控软件划分为人机交互模块、通信（控制）模块、数据处理模块、图形显示模块和帮助模块，每个模块完成一个子功能，把这些模块集中起来组成一个整体，就可以完成测控软件需要完成的全部功能。

基于简化操作和功能分块，测控软件设计为没有菜单的窗口界面。将需要完成的功能分到两个页面，一个页面完成整个系统的参数设置功能，另一个页面为实时状态的显示。

运行时界面如图 6.14 所示，可在同一窗口中实时显示各干扰源状态，包括光阑孔径以及摆镜角度。为使用户直观了解目标源和各干扰源的状态和运动，设计了一个图片框，根据下位机传回的数据信息，利用图片框内的彩色圆点的实时运动来表现目标源和各干扰源的真实运动轨迹。不同的干扰源颜色不同，圆点的尺寸与相应可变孔径成正比。

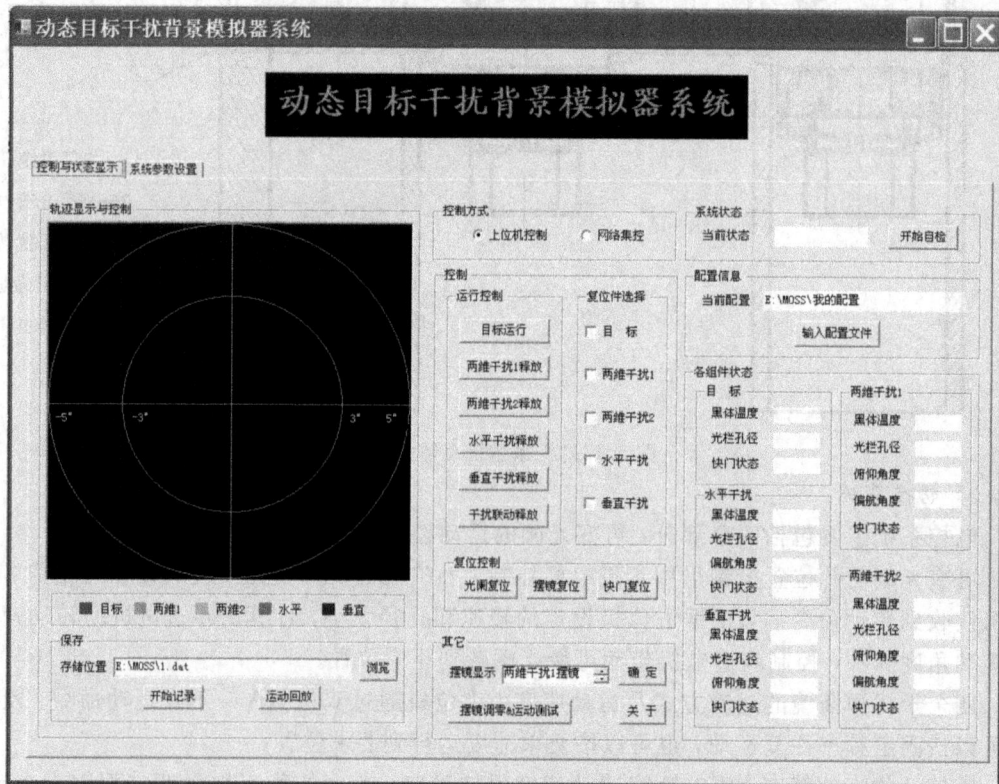

图 6.14　测控软件运行界面

　　另一个界面为参数设置界面。参数设置功能包括干扰源的可变光阑控制和摆镜控制。可变光阑控制黑体能量的连续变化，在参数设置界面可分别设置 4 个干扰源的起始孔径、终止孔径以及变化速度。变化速度可以分挡，也可以连续可调。各摆镜的运动控制是独立的，也可按照需要进行联动。联动时可选择联动的摆镜数量、顺序和联动时间。干扰源的干扰方式、摆动周期和出现次数可在软件中任意调整。

　　测控软件系统支持上位机控制和网络集控两种控制方式。当作为单独的目标模拟器系统使用时可选用上位机控制，即在上位机中设定参数，并由上位计算机发送命令给下位控制计算机，完成各项功能，上位机接收并显示来自下位机的各组件的实时状态信息。当需要扩展本系统作为整个光电对抗仿真系统的一个分系统时，应采用网络集控方式，实际的操作由集控计算机通过网络实现，此时，上位机仅提供命令和数据中转的功能。

6.2.5　虚拟现实仿真技术

　　数字仿真技术出现伊始，仿真结果是以文本方式输出的，这是一种最基本的输出形式。随着计算机图形技术的发展，出现了可视化仿真技术并得到了比较广泛的应用。可视化仿真将数据结果转化为图形或动画方式，使仿真结果可视化并具有直观性。多媒体仿真通过将仿真所产生的信息和数据转化为可被感受的场景、图示和过程，充分利用文本、图形、二维/三维动画、影像和声音等多媒体手段，将可视化、临场感、交互、激发想象结合到一起产生一种沉浸感，使仿真中的人机交互方式向自然更靠近了一步。虚拟现实技术则是在综合计算机图形技术、计算机仿真技术、传感技术、显示技术等多种学科技术的基础上发展起来的，是 20 世纪 90 年代计算机领域的最新技术之一。它以仿真的形式给用户创造一个实时反映实体对象变化与相互作用的三维图形环境，通过头盔显示器、数据手套等辅助传感设备，使人可以"进入"这种虚拟的环境中直接观察事物的内在变化，并与事物发生互相作用，给人一种"身临其境"的感觉。

　　虚拟现实技术在仿真中有着广泛的应用前景。一方面它可以用于各类训练模拟器，提高训练模拟效果；另一方面，虚拟现实技术的应用可以使建模仿真环境发生质的飞跃。

　　传统上，新型号、新产品的研制，都要先制造出几台样机，进行性能试验或试飞，周期长，耗资大。采用虚拟样机的概念，可以在计算机上进行设计、性能测试与检验。传统上，部队的训练依靠实弹演习和打靶，一枚炮弹几十万，一枚导弹几千万，非常昂贵。采用虚拟战场的概念，可以将分布在各地的部队通过联网仿真，构成同一时间同一地点的多武器作战环境，在这种虚拟战场环境中可以训练部队。虚拟制造通过计算机虚拟仿真模型对产品的设计、工艺规程、加工制造、装配、调试以及生产过程的管理等进行仿真。采用虚拟技术还可构成"虚拟工厂"、"虚拟企业"等。虚拟技术具有良好的可控、可多次重复、安全、经济、节能降污、不受外界环境限制等突出优点。

　　虚拟技术的应用广泛，几种典型应用如下。

1) 飞行模拟器(Flight Simulator)

　　现代飞机具有高性能的动力装置、精确的导航系统、可靠的自动飞行和自动着陆系统及复杂的航空电子系统。飞行员应具备精湛的驾驶技术，但在真实飞机上训练飞行员的驾驶技术，耗资太大，且受到空域和地域的限制，有些特殊情况(如发动机停车、大仰角失速)危险性大，难于在真实飞机上实现。因此，通过飞行模拟器是训练飞行员的一条可行、有效途径。

飞行模拟器由仿真计算机、视景系统、运动系统、操作负载系统、音响系统和模拟座舱组成。仿真机解算描述飞行动力学、机载系统特性的数学模型。视景系统利用计算机图像实时生成技术，产生座舱外的影像，包括机场与跑道、灯光、建筑物、田野、河流、道路、地形地貌等。视景系统应模拟能见度、云、雾、雨、雪等气象条件，以及白天、黄昏、夜间的景象。视景系统使飞行员有身临其境的感觉。运动系统给飞行员提供加速、过载等感觉。音响系统模拟发动机噪声、气流噪声等音响效果。模拟座舱具有与真实飞机座舱一样的布局，其中仪表显示系统实时显示飞机的各种飞行参数和机载系统的运行状态。

景 飞行员在模拟座舱内根据窗外景象信息、舱内仪表显示信息等作出决策，通过驾驶杆、舵对飞机进行操纵，操纵量经过转换输入仿真计算机，解算飞行动力学数学模型，获得相应的飞行高度、飞行速度、飞机姿态等飞行参数，更新窗外视景和仪表显示。

2）虚拟战场

各个国家在传统上习惯于通过举行实战演习来训练军事人员和士兵，但这种实战演练，特别是大规模的军事演习，将耗费大量资金和军用资金，且安全性和保密性差。近年来，随着技术的发展，加上各国政府军费的裁减，使得军事演习在概念上和方法上有了一个新的飞跃，即通过建立虚拟战场环境来训练军事人员，同时通过建立虚拟战场环境可以检验和评估武器系统的性能。在虚拟战场环境中，参与者可以看到在地面上行进的坦克和装甲车，在空中飞行的直升机、歼击机和导弹，在水中游曳的潜艇；可以看到坦克前进时后面扬起的尘土和被击中坦克的燃烧浓烟；可以听到飞机或坦克的隆隆声由远而近，从声音辨别目标的来向和速度。

从人员训练的角度来看，需要由单个人员的训练发展为团组的群体训练；从武器系统的研制来看，需要由单个武器平台的性能仿真发展为多个武器平台在作战环境下的体系对抗仿真。这种多武器平台的综合仿真环境只有通过联网实现。

在虚拟战场环境中，武器平台（坦克、装甲车、歼击机、直升机、导弹等）分别属于红、蓝交战双方。这些武器平台由仿真器实现，它们可以分布在不同地区，距离相隔很远，但虚拟战场环境描述的是同一空间、同一地域和同一时间。武器平台仿真器有两种形式：一种是人在回路中的仿真系统，如坦克模拟器、飞行模拟器，人参与其中；另一种是计算机生成兵力 CGF，它由仿真数学模型和软件实现，是虚拟的人（人工智能决策）操作虚拟的武器平台。

3）虚拟样机（Virtual Prototyping）

按照型号和产品传统的设计方法，为获得较好的设计方案，在定型生产之前，必须制造物理样机，通过对物理样机的试验测试，对原设计方案进行修改和确定。这种传统的设计方法费时费钱。

虚拟样机是一种基于仿真的设计（Simulation-Based Design），包括几何外形、传动和连接关系、物理特性和动力学特性的建模与仿真。

采用虚拟样机技术开发的新型飞机电子座舱，使设计周期从两年半缩短到两个半月。美国波音 777 飞机采用了虚拟技术获得了无图纸设计和生产的成功，是近年来引起科技界、企业界瞩目的一次重大突破。SGI 计算机系统使波音公司成功地创建了波音 777 飞机的虚拟样机，使设计师、工程师们能穿行于这个虚拟飞机中，审视飞机的各项设计。波音 777 飞机由 300 万个零件组成，计算机系统能够调出其中任何一个零件，进行修改设计。

采用虚拟技术建立的虚拟样机，易于改变和优化设计方案，使产品设计满足高质量、低成本、短周期的要求，提高产品的更新换代速度和市场的竞争力。虚拟样机技术将对产品的传统设计方法产生变革。

在新武器系统研制开始之前，可以利用分布交互仿真技术进行概念研究，对新的武器系统提出科学的作战需求。在新武器系统研制的方案论证和设计阶段，可利用分布交互仿真技术和虚拟技术，建立虚拟样机和虚拟战场环境，进行先期技术验证，检验武器系统的设计方案和战术技术指标。分布交互技术和虚拟技术将是 21 世纪武器系统研制和军队建设的重要手段。

4) 虚拟制造（Virtual Manufacturing）

虚拟制造是实际制造过程在计算机上的本质体现，即采用计算机仿真和虚拟技术，通过仿真模型，在计算机上仿真生产全过程，实现产品的工艺规程、加工制造、装配和调试，预估产品的功能、性能和可加工性等方面可能存在的问题。

6.2.6　仿真的发展方向

在国防领域，目前军事仿真技术发展中有两个主要特点，即武器系统仿真应用正分别朝着纵向（全生命周期）和横向（多武器平台）扩展。

1) 从局部阶段仿真到全生命周期

早期的武器系统仿真大多以设计分析、试验验证为主，例如用数学仿真进行系统结构和参数选择，用半实物仿真检验硬件性能。现代仿真技术的应用已扩展到武器型号全生命周期的各个阶段，即包括制定武器发展规划、确定战术技术指标、可行性论证、方案论证、方案设计、样机制造、实航试验（含设计定型试验）、技术鉴定和定型、批量生产、实航试验（含生产定型和产品验收试验）、训练和使用以及更新换代等十多个阶段。这里仅就基于采办的仿真（Simulation Based Acquisition，SBA）应用技术来加以说明。

由于科学技术的飞速发展，国家的防务面临的局面复杂多变，军队对武器系统的综合性能要求越来越高，如何应用仿真技术来减少武器采办风险并提高武器综合性能的任务就摆在了武器装备研究部门和仿真工作者面前。

先进的武器装备技术的成功开发离不开先期论证和开发过程中不断针对各个阶段性成果所进行的一系列系统试验及相应的效能评估。在技术开发阶段，若离开系统所处的环境，就很难在实战条件下全面验证作为新技术载体的特定软件和硬件平台。由于经济性的原因，一般不可能大量试验，因此试验中所获取的有限资料也不足以对其作战效能和适应性进行全面正确的评估，这直接影响到装备部门的投资决策以及战场条件下对装备进行实际性能的判断。为了能够弥补上述缺陷，武器装备研究部门应以仿真系统作为各种新技术、新装备、战术应用软件的试验床（testbed），在试验室中完成其试验与评估。

1997 年美国国防部所提出的 SBA 正是源于这种思想。SBA 是一种新型武器装备系统采办体系，也是继 HLA 之后的又一系统仿真新思想。SBA 的主要作用在于促进国防部范围内的工具和资源跨功能领域、跨采办阶段、跨采办项目的重用，并利用建模与仿真（M&S）对包括设计、开发、测试、制造、装备、后勤保障和报废等过程在内的国防采办全过程提供全方位的支持，使项目管理者在完成采办任务过程中将 M&S 作为一项开发资源进行有效的管理。SBA 的目标是：

（1）减少采办过程中的时间、资源和风险。

（2）提高质量、军事适用性和系统研制及使用的经济可承受性。

（3）帮助"联合产品和过程开发（Integrated Product an Process Development，IPP）"，使需求定义和初始概念研究发展到试验、制造和使用。

2）从单武器平台仿真到多武器平台仿真

以前，在军事领域广泛使用的各类仿真系统都是面向相对独立的单个系统的，即面向单武器平台。利用分布式仿真和虚拟现实技术生成多武器平台作战环境就成为新时期军事仿真技术应用的一项重要目标。采用虚拟战场的概念，可以将分布在各地的部队通过联网仿真，构成同一时间、同一地点的多武器作战环境。在这种虚拟战场环境中可以实现多兵种、多兵器的协调作战训练，并且通过反复演练可对综合作战效能作出评估。

系统仿真技术学科的一些新探索表明，系统仿真方法学正在从人、计算机同研究数学映像模型为主题的计算机辅助仿真（CAS），逐步转向创建人、信息、计算机融合的智能化、集成化、协调化高度一体的仿真环境的探索。信息时代的来临正在孕育着系统仿真方法学某些新的突破。

6.3　建模与仿真的 VVA 技术

6.3.1　基本概念

仿真置信度评估是将仿真系统全生命周期中的校核、验证和验收工作、测试与评估工作、软件测试工作有效地统一到一个框架中，目的是提高仿真系统的仿真结果的正确性、精度、可靠性和可用性，从而有利于对仿真对象进行深入分析，尽可能降低仿真系统的总投资，扩大仿真系统的应用范围，促进仿真系统质量管理和仿真软件工程、系统测试与评估等工作的深入开展。建模和仿真的校核、验证和确认（Verification、Validation、Accreditation，VVA）技术是提高仿真精度和仿真置信度的有效途径。

美国计算机仿真学会（SCS）于 20 世纪 70 年代中期成立了"模型可信性技术委员会"（Technical Committee on Model Credibility，TCMC），其任务是建立与模型可信性相关的概念、术语和规范。80 年代以后，许多重要学术会议中有了关于模型可信性和模型校核、验证和确认（VVA）的专题讨论。90 年代以后，许多政府、民间部门和学术机构都成立了相应的组织，以建立各自的建模和仿真过程以及对模型验证的规范。

建模和仿真的评估过程如图 6.15 所示。

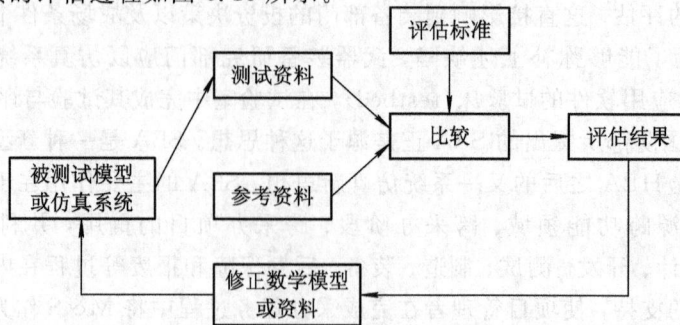

图 6.15　建模和仿真的评估过程图

6.3.2　红外制导半实物仿真系统的可信度评估

衡量一个红外制导半实物仿真系统的应用是否成功，首先要考查它是否具有足够的仿真可信度。只有保证了仿真的可信度，得到的仿真结果才有实际的应用价值，仿真系统才具有生命力。因此，如何评估红外制导半实物仿真系统的可信度，是红外制导半实物仿真系统研制过程中不容忽视的问题。

层次分析法作为一种复杂仿真系统的可信度评估方法，在各种半实物仿真系统可信度评估中有广泛的应用，但它也存在着一定的缺点。本节对层次分析法中判断矩阵元素的取值形式和一致性判断方法这两个方面作了一定程度的改进，建立了系统可信度评估模型，并采用蒙特卡罗法对模型进行了仿真。

1. 层次分析法

1）采用层次分析法进行可信度评估的研究现状

国内仿真工作者在采用层次分析法对复杂仿真系统可信度进行评估方面做了很多工作，西北工业大学的杨惠珍、康凤举等人采用层次分析法对水下航行器半实物仿真系统的可信度进行了评估。国防科技大学的焦鹏和查亚兵，中国航天科工集团公司第三研究院的张淑立等人将层次分析法应用到各种制导半实物仿真系统中，并给出了最后的可信度评估结果。

2）采用层次分析法评估的步骤

层次分析法（Analytic Hierarchy Process，AHP）是由美国运筹学家 T. L. Saaty 在 20 世纪 70 年代提出的一种多目标、多准则的决策分析方法。它特别适用于处理多目标、多层次的复杂大系统问题和难于完全用定量方法来分析与决策的社会系统工程的复杂问题。利用 AHP 法进行可信度评估可分为以下五个步骤：

(1) 建立层次结构评价指标体系模型；

(2) 构造判断矩阵；

(3) 计算权重；

(4) 进行一致性检验；

(5) 计算可信度。

具体流程如图 6.16 所示。

(1) 建立层次结构模型。按照 AHP 方法进行可信度评估的步骤，首先对红外制导半实物仿真系统进行层次结构划分，如图 6.17 所示。

(2) 构造判断矩阵。建立红外制导半实物仿真系统的层次结构模型后，就要构造每一层的判断矩阵。判断矩阵的元素是该层某两个元素相对上一层某元素的重要性比值。首先由仿真专家对系统层次结构模型中各层元素之间的相对重要性进行分析，然后利用指数标度法给判断矩阵赋值。在理论上可以证明，指数标度法是较好的标度方法。

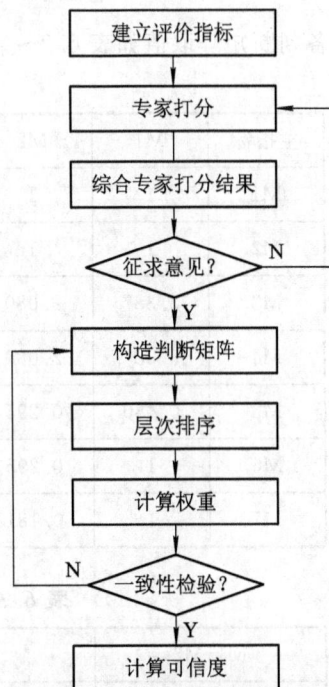

图 6.16　层次分析法计算可信度的流程图

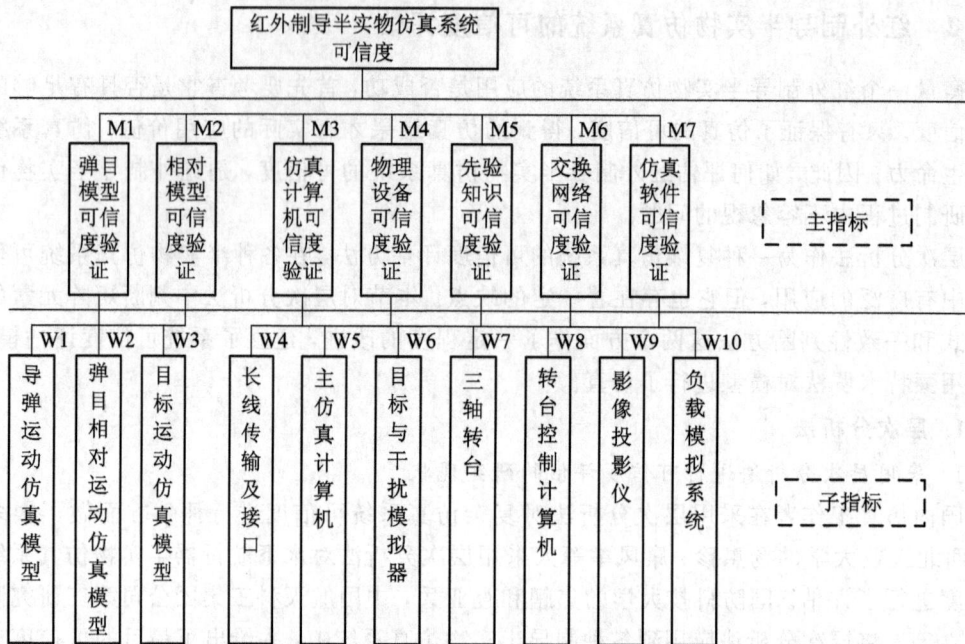

图 6.17　红外制导半实物仿真系统层次结构模型

各判断矩阵取值如表 6.2～表 6.4 所示。

表 6.2　主 判 断 矩 阵

主指标	M1	M2	M3	M4	M5	M6	M7
M1	1	1	0.295	0.295	2.080	1	1
M2	1	1	0.376	0.376	3.387	3.387	5.515
M3	3.387	2.080	1	1	3.387	3.387	9
M4	3.387	2.080	1	1	1	2.080	3.387
M5	0.480	0.295	0.295	1	1	1	1
M6	1	0.295	0.295	0.376	1	1	1
M7	1	0.181	0.111	0.295	1	1	1

表 6.3　子指标 M1/M2 的判断矩阵

M1/M2	W1	W2	W3
W1	1	2.080	1
W2	0.480	1	0.480
W3	1	2.080	1

表 6.4　子指标 M3/M4 的判断矩阵

M3/M4	W4	W5	W6	W7	W8	W9	W10
W4	1	0.783	1.628	0.783	1.277	0.783	0.613
W5	1.277	1	1.277	1.63	1.63	0.613	0.783
W6	0.613	0.783	1	0.783	1.277	0.783	0.613
W7	1.277	0.613	1.277	1	1.63	0.783	0.783
W8	0.783	0.613	0.783	0.613	1	0.613	0.481
W9	1.277	1.63	1.277	1.277	1.63	1	0.783
W10	1.63	1.277	1.63	1.277	2.08	1.277	1

（3）一致性判断。对判断矩阵进行一致性判断，是为了检验仿真专家的判断是否一致。一般通过判断矩阵的一致性指标 CI 与同阶次平均随机一致性指标 RI 之比来判断矩阵是否具有满意的一致性。其中，$CI = \dfrac{\lambda_{max} - n}{n - 1}$，$\lambda_{max}$ 为判断矩阵的最大特征根，n 为判断矩阵的阶次。当 $\dfrac{CI}{RI} < 0.10$ 时，认为判断矩阵具有满意的一致性。如果判断矩阵不一致，则需要对其进行修正。RI 的取值如表 6.5 所示。

表 6.5　RI 取值表

阶数	1	2	3	4	5	6	7	8	9
RI	0.00	0.00	0.333	0.546	0.681	0.798	0.849	0.885	0.923

由于判断矩阵的阶次较高，运算量大，在理论分析时可以在 MATLAB 中调用 $[E, V] = eig(A)$ 来计算，经过计算得出主判断矩阵的最大特征值 $\lambda_{max} = 7.4930$，$CI = 0.07483$，M1/M2 的判断矩阵的最大特征值 $\lambda_{max} = 2.9989$，$CI = 0.00265$，M3/M4 的判断矩阵的最大特征值 $\lambda_{max} = 8.3960$，$CI = 0.0565$，由此可以判断，三个判断矩阵均符合一致性的要求。

（4）计算各指标的权重。判断矩阵的最大特征值对应的归一化特征向量就是相应各指标的权重，通过计算可以得出：

主判断矩阵的最大特征值 λ_{max} 对应的归一化特征向量为

$$[0.0965, 0.1741, 0.3002, 0.2181, 0.0821, 0.0707, 0.0583]$$

M1/M2 判断矩阵的最大特征值 λ_{max} 对应的归一化特征向量为

$$[0.4032, 0.1936, 0.4032]$$

M3/M4 判断矩阵的最大特征值 λ_{max} 对应的归一化特征向量为

$$[0.1299, 0.1561, 0.1128, 0.1393, 0.0939, 0.1725, 0.1955]$$

（5）计算红外制导半实物仿真系统总体可信度。从层次结构模型图中可以看出，对总体可信度有直接影响的是主指标的可信度。因此，系统总体可信度可以表示为

$$M = \sum_{I=1}^{7} \alpha_i M_i$$

其中，M 表示总体可信度，M_i 表示第 i 个主指标的可信度，α_i 表示第 i 个主指标的权重。

主指标的可信度又是由子指标的可信度决定的，因此，与上面分析相同，可以得到

$$M_i = \sum_{j=1}^{n} \beta_j S_j$$

其中，S_j 是第 j 个子指标的可信度，β_j 是第 j 个子指标的权重。

权重 α_i、β_j 可用相应判断矩阵最大特征值对应的归一化特征向量来表示，子指标的可信度 S_j 可以由数学计算、实验测量等方法得到，也可以是仿真专家由经验分析得到的，但一定要经过仿真专家认可。

子指标可信度赋值一般遵循以下规则：

· 如果是经过实际打靶实验验证的模型，则分值在 0.9 以上；
· 如果是经过半实物仿真系统验证的模型，则分值在 0.8~0.9 之间；
· 如果是基于原有型号局部修改后的模型，则分值在 0.7~0.8 之间；
· 如果是基于理论推导的模型，则分值在 0.6~0.7 之间。

表 6.6 给出各子指标的可信度，通过计算可以得出系统最终的可信度为 0.869。

表 6.6　各子指标的可信度

子指标	W1	W2	W3	W4	W5	W6	W7	W8	W9	W10	M5	M6	M7
Expert1	0.83	0.94	0.91	0.91	0.85	0.96	0.84	0.92	0.98	0.78	0.91	0.98	0.76
Expert2	0.78	0.87	0.93	0.94	0.91	0.93	0.89	0.90	0.96	0.83	0.90	0.96	0.79
Expert3	0.91	0.85	0.96	0.88	0.89	0.96	0.79	0.87	0.99	0.79	0.87	0.99	0.79
⋮	⋮	⋮	⋮	⋮	⋮	⋮	⋮	⋮	⋮	⋮	⋮	⋮	⋮

3）层次分析法中存在的问题

虽然层次分析法在红外制导半实物仿真系统可信度评估中获得了广泛的应用，但是仍然存在一定的问题，主要表现在以下两个方面：

（1）专家打分的形式。采用层次分析法对红外制导半实物仿真系统进行可信度评估是以仿真专家对系统各个要素之间相对重要性打分为基础的。在传统的打分过程中，要求仿真专家根据自己的仿真经验，对影响系统可信度的各个要素的相对重要程度给出一个确定的分数。但是，由于人的思维具有一定的模糊性，对于很多问题，即使仿真专家也不能给出精确的答案，而更愿意给出一个可能的范围。

（2）一致性判断方法。在采用层次分析法对系统可信度进行评估时，一般采用通过 $\dfrac{CI}{RI} < 0.10$ 来判断矩阵一致性的方法，这种方法存在以下不足：

① 一致性比例 $\dfrac{CI}{RI}$ 应小于 0.1 的规定缺乏必要的理论依据，同时，矩阵阶数越高，这一要求越难满足。

② 对于阶数较高的判断矩阵，对其特征值的求解较困难。对于一个不具有满意一致性的判断矩阵，对其特征值的求解是一种浪费。

2. 层次分析法的改进

1）判断矩阵中元素形式的改进

传统评估方法只要求仿真专家给出各因素之间相对重要性的取值，但是，即使是仿真

专家给出的取值，往往也是不准确的。因此，仿真专家在对各因素相对重要性进行赋值的同时，还应确定自己作出判断的可信性。例如，A、B 是同一层次上的两个要素，在层次分析中仿真专家不仅要给出 A 相对于 B 的重要性为 β，同时还要指出这种判断把握的大小（把握一般、较有把握、很有把握，对应 δ 的取值分别为 0.3、0.2、0.1）。假设仿真专家相对重要性取值的概率密度服从 $N(\beta, \delta^2)$ 的正态分布，其图形如图 6.18 所示。

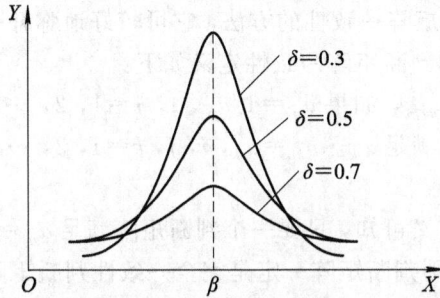

图 6.18　可信度评估值的概率密度函数

相对重要性取值的概率密度函数表示为

$$f(x) = \frac{1}{\sqrt{2\pi}\delta} e^{-\frac{(x-\beta)^2}{2\delta^2}} \tag{6-33}$$

由正态分布函数的性质可得

$$\int_{-\infty}^{+\infty} \frac{1}{\sqrt{2\pi}\delta} e^{-\frac{(x-\beta)^2}{2\delta^2}} \, \mathrm{d}x = 1 \tag{6-34}$$

根据以上分析可知，仿真专家进行相对重要性评估时给出的不再是单一数值，而是根据自己的仿真经验或者实验数据给出的一个数集 (β, δ)。根据仿真专家的相对重要性评估数集可以完全确定一个随机变量，其概率密度为

$$f(x) = \frac{1}{\sqrt{2\pi}\delta} e^{-\frac{(x-\beta)^2}{2\delta^2}}$$

且满足

$$\int_{-\infty}^{+\infty} \frac{1}{\sqrt{2\pi}\delta} e^{-\frac{(x-\beta)^2}{2\delta^2}} \, \mathrm{d}x = 1$$

不同取值的相对重要性评估的概率密度函数如图 6.19 所示。

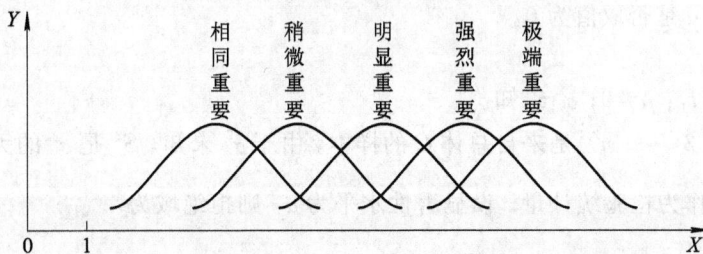

图 6.19　不同取值的相对重要性评估的概率密度函数

2）δ 取值问题

假设对于两个影响系统可信度的因素 A、B，仿真专家给出 A、B 相对重要性的取值为 $X \sim N(\mu, \delta^2)$，$\mu \geq 1$。在层次分析法中，相对重要性取值是单个数值（$\delta^2 = 0$），则 B、A 相对

重要性取值为 $X \sim N(1/\mu, \delta^2)$，$\mu \geqslant 1$。改进后，相对重要性是一个随机变量（$\delta=0.1, 0.2,$ 0.3），假设当 $\mu \geqslant 1$ 时，B、A 的相对重要性服从 $N(1/\mu, (\delta/8)^2)$ 分布，当 $\mu=1$ 时，B、A 的相对重要性服从 $N(1/\mu, \delta^2)$。

3) 一致性判断方法的改进

为了克服一致性判断方法的缺点，根据判断矩阵一致性要求的实质，应用假设检验理论，给出一种新的检验判断矩阵一致性的方法，它可较好地弥补一致性判断方法的不足。

采用指数标度法标度的判断矩阵一致性定义如下：

判断矩阵记为 $A=(a_{ij})_{n \times n}$，如果 $a_{ij}=1/a_{ji}$，$i, j=1, 2, \cdots, n$，则称 A 为互反矩阵；进一步地，如果互反矩阵 A 满足 $a_{ik} \cdot a_{kj}=a_{ij}$，$i, j, k=1, 2, \cdots, n$，则称 A 为完全一致性判断矩阵。

从判断矩阵一致性的定义可知，只要一个判断矩阵满足 $a_{ij}=1/a_{ji}$、$a_{ik} \cdot a_{kj}=a_{ij}$，$i, j,$ $k=1, 2, \cdots, n$ 两个条件，则判断矩阵一定是完全一致性判断矩阵。

由于 $a_{ij}=1/a_{ji}$ 很容易判断，因此可以在假设判断矩阵已经满足第一个条件的前提下，定义矩阵 $C=(c_{ij})_{n \times n}$，且 $c_{ij}=\frac{1}{n}\sum_{k=0}^{n-1}\left(\frac{a_{ij}}{a_{ik} \cdot a_{kj}}-1\right)^2$，则把 $C=(c_{ij})_{n \times n}$ 称为判断矩阵 A 的导出矩阵。当导出矩阵 C 中所有元素都为 0 时，认为判断矩阵完全一致。

由于影响仿真系统总体可信度的因素较多，仿真专家认识水平有限，因此根据仿真专家的判断结果构造的判断矩阵不可能做到完全一致。由上述分析可知：若导出矩阵 C 中存在某个元素 c_{ij} 不为 0，则说明判断矩阵 A 不是完全一致性判断矩阵，且 c_{ij} 偏离 1 越大，说明 a_{ij} 对 A 的一致性的影响越大。由此，一个判断矩阵 A 得出的导出矩阵 C 中的元素 c_{ij} 可视作以 μ 为均值、σ^2 为方差的正态随机变量，即 $c_{ij} \sim N(\mu, \sigma^2)$，且 $c_{ij}(i, j=1, 2, \cdots, n)$ 相互独立。可见对判断矩阵一致性的判断可以归于判断 μ 是否接近于 0 以及 σ^2 取值的大小。

根据数理统计中假设检验的知识，判断 μ 和 σ^2 取值的问题实际上是根据一定数量的样本来判断假设是否成立的问题。

设 A 为 n 阶判断矩阵，导出矩阵 $C=(c_{ij})_{n \times n}$，$c_{ij} \sim N(\mu, \sigma^2)$，其中，$\sigma^2$ 为常数，且 c_{ij} $(i, j=1, 2, \cdots, n)$ 相互独立，将矩阵 C 中元素从左到右、从上到下拉直后依次排列，记为 $C_t(t=1, 2, \cdots, n^2)$，则样本容量为 n^2。

首先，判断 μ 是否取值为 0。

假设：

$H_0: \mu=0$；$H_1: \mu \neq 0$；σ^2 未知。

设 $C_t(t=1, 2, \cdots, n^2)$ 是来自总体 C 的样本，由于 σ^2 未知，S^2 是 σ^2 的无偏估计，因此可以采用 $\frac{\overline{X}-\mu_0}{S/\sqrt{n}}$ 作为检验统计量。设显著性水平为 α，则拒绝域为

$$\left|\frac{\overline{X}-\mu_0}{S/\sqrt{n}}\right| \geqslant t_{\alpha/2}(n-1)$$

其中，$\mu_0=0$，$S=\sqrt{\frac{1}{n-1}\sum_{i=1}^{n^2}(X_i-\overline{X})^2}$。

然后，判断 σ^2 取值大小。

假设：

$H_0': \sigma^2 \leqslant \sigma_0^2$；$H_1': \sigma^2 > \sigma_0^2$；$\mu$ 未知。

采用 $\dfrac{(n-1)S^2}{\sigma_0^2}$ 作为检验统计量。同样，设显著性水平为 α，则拒绝域为

$$\frac{(n-1)S^2}{\sigma_0^2} \geqslant \chi_{1-\alpha}^2(n-1)$$

其中，σ_0^2 为给定已知数；$S^2 = \dfrac{1}{n-1}\sum_{i=1}^{n^2}(X_i - \overline{X})^2$。

由以上分析可知，σ^2 取不同值反映了对判断矩阵"一致性程度"的不同要求。显然，较小的 σ^2 值意味着对判断矩阵一致性有较高的要求。故可依据决策问题的具体情况选取适当的 σ^2 值。

3. 采用蒙特卡罗法进行可信度评估的步骤

采用蒙特卡罗法进行可信度评估的步骤与层次分析法大体相同，所以这里重点介绍采用蒙特卡罗法对系统可信度进行评估时与层次分析法的不同之处。采用蒙特卡罗法对红外制导半实物仿真系统可信度评估的步骤如下。

1）建立层次结构模型

构建层次结构模型是可信度评估工作开展的前提，对系统可信度的评估，根本上是考查各指标的满意程度。结构模型是否全面合理，是否具有良好的可操作性是可信度评估能否成功的基础。为方便比较，这里仍然采用图 6.17 所示的层次结构模型。

2）仿真专家评价

仿真专家评价的主要工作是邀请在仿真领域有丰富经验的专家对影响系统总体可信度的各个要素之间的相对重要性进行评价，并填写重要性比较表，如表 6.7 所示。

表 6.7 重要性比较表

指标	重要性比较									置信度		
	极端次要	明显次要	次要	略次要	同等重要	略重要	重要	明显重要	极端重要	把握一般	较有把握	很有把握
W1/W2												
W1/W3												
⋮												

考虑到蒙特卡罗法得到的可信度评估结果需要与层次分析法得到的结果进行比较，才能说明改进是否正确，所以为了方便比较，仍然采用指数标度法来对仿真专家的判断进行赋值。指数标度法赋值如表 6.8 所示。

表 6.8 指数标度法赋值

元素对比重要程度	相同重要	稍微重要	明显重要	强烈重要	极端重要
标度值	1.276	2.080	3.387	5.515	9

3）构造判断矩阵

具体的判断矩阵如表 6.9～表 6.11 所示。

表 6.9 主 判 断 矩 阵

主指标	M1	M2	M3	M4	M5	M6	M7
M1	(1, 0.1)	(1, 0.1)	(0.295, 0.0125)	(0.295, 0.025)	(2.080, 0.1)	(1, 0.3)	(1, 0.1)
M2	(1, 0.1)	(1, 0.1)	(0.376, 0.0125)	(0.376, 0.0125)	(3.387, 0.2)	(3.387, 0.1)	(5.515, 0.1)
M3	(3.387, 0.1)	(2.080, 0.1)	(1, 0.1)	(1, 0.1)	(3.387, 0.2)	(3.387, 0.2)	(9, 0.1)
M4	(3.387, 0.2)	(2.080, 0.1)	(1, 0.1)	(1, 0.2)	(1, 0.1)	(2.080, 0.7)	(3.387, 0.1)
M5	(0.480, 0.0125)	(0.295, 0.025)	(0.295, 0.025)	(1, 0.1)	(1, 0.2)	(1, 0.2)	(1, 0.1)
M6	(1, 0.3)	(0.295, 0.0125)	(0.295, 0.025)	(0.376, 0.0375)	(1, 0.1)	(1, 0.1)	(1, 0.2)
M7	(1, 0.1)	(0.181, 0.0125)	(0.111, 0.0125)	(0.295, 0.0125)	(1, 0.1)	(1, 0.2)	(1, 0.1)

表 6.10 子指标 M1/M2 的判断矩阵

M1/M2	W1	W2	W3
W1	(1, 0.1)	(2.080, 0.1)	(1, 0.1)
W2	(0.480, 0.0125)	(1, 0.1)	(0.480, 0.0125)
W3	(1, 0.1)	(2.080, 0.1)	(1, 0.1)

表 6.11 子指标 M3/M4 的判断矩阵

M3/M4	W4	W5	W6	W7	W8	W9	W10
W4	(1, 0.1)	(0.783, 0.0125)	(1.628, 0.1)	(0.783, 0.0125)	(1.277, 0.1)	(0.783, 0.0125)	(0.613, 0.0125)
W5	(1.277, 0.1)	(1, 0.1)	(1.277, 0.1)	(1.63, 0.1)	(1.63, 0.1)	(0.613, 0.0125)	(0.783, 0.0125)
W6	(0.613, 0.0125)	(0.783, 0.0125)	(1, 0.1)	(0.783, 0.0125)	(1.277, 0.1)	(0.783, 0.0125)	(0.613, 0.0125)
W7	(1.277, 0.1)	(0.613, 0.0125)	(1.277, 0.1)	(1, 0.1)	(1.63, 0.1)	(0.783, 0.0125)	(0.783, 0.0125)
W8	(0.783, 0.0125)	(0.613, 0.0125)	(0.783, 0.0125)	(0.613, 0.0125)	(1, 0.1)	(0.613, 0.0125)	(0.481, 0.0125)
W9	(1.277, 0.1)	(1.63, 0.3)	(1.277, 0.1)	(1.277, 0.1)	(1.63, 0.1)	(1, 0.1)	(0.783, 0.0125)
W10	(1.63, 0.1)	(1.277, 0.1)	(1.63, 0.1)	(1.277, 0.1)	(2.08, 0.1)	(1.277, 0.1)	(1, 0.1)

4) 采用蒙特卡罗法求解系统总体可信度

由于判断矩阵中的元素变为随机变量形式，使得层次分析法中的可信度评估算法不再适用，系统总体可信度评估变得比较复杂。为了能够得出评估结果，这里采用蒙特卡罗法来对仿真系统总体可信度进行评估。

(1) 蒙特卡罗法介绍。蒙特卡罗法根据给定的统计特性要求，选择不同的随机初始条件和随机输入函数，对仿真系统进行大量统计计算，并得出系统变量的统计特性。应用蒙特卡罗法统计包括以下内容：

① 确定随机干扰和误差的分布规律；

② 根据随机干扰和误差的分布规律，随机抽取各误差量；

③ 对获得的 N 次实验结果进行数理统计，并确定实验结果的概率分布函数。

蒙特卡罗法如图 6.20 所示。

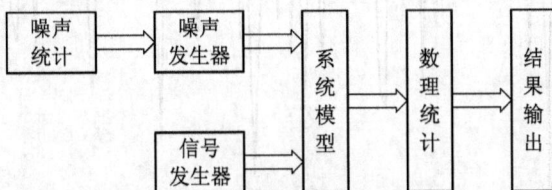

图 6.20　蒙特卡罗法示意图

首先，确定输入噪声干扰服从的分布函数，并将分布函数的若干个参数值输入到噪声发生器中；然后，将信号发生器产生的信号和噪声发生器产生的噪声同时输入到系统模型中；最后，对系统模型的计算结果进行数理统计，利用数理统计的知识确定输出样本服从的分布函数。

(2) 输入信号和噪声的确定。假设各个判断矩阵都是完全正确的，它客观地反映了仿真系统各个要素相对重要性的程度，所以，可以认为判断矩阵为输入信号，记为 $\boldsymbol{A}$。根据分析，可以认为噪声信号服从 $N(0, \delta_{ij}^2)$。

(3) 系统模型建立。由于采用蒙特卡罗法后，系统的每一次输入都是一个确定的值而不是一个随机变量，因此，系统模型与层次分析方法的运算模型相比，除了一致性检验方法不同以外，其他过程基本相同。其具体框图如图 6.21 所示。

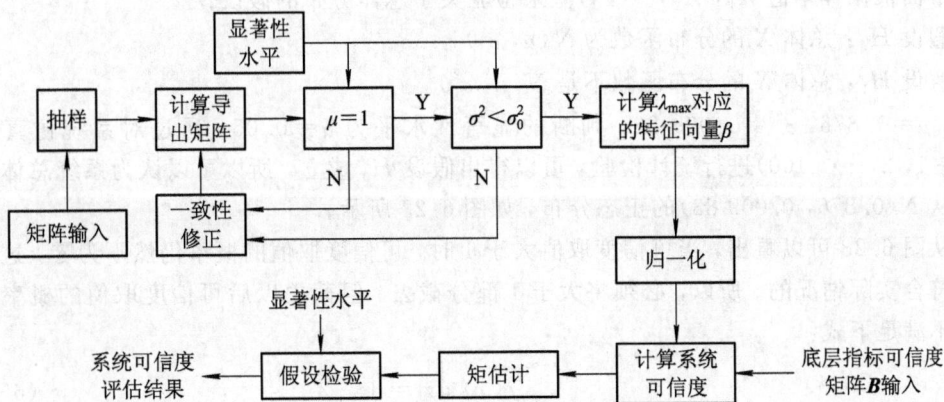

图 6.21　可信度评估的运算模型

5) 结果分析

随机生成 100 个矩阵 $\boldsymbol{B}_m (m=1, 2, \cdots, 100)$，且矩阵 $\boldsymbol{B}_m$ 的维数与输入信号矩阵 $\boldsymbol{A}$ 的维数相同，$\boldsymbol{B}_m$ 中的每个元素服从 $N(0, \varepsilon_{ij}^2)$ 的正态分布，令矩阵 $\boldsymbol{C}_m = \boldsymbol{A} + \boldsymbol{B}_m$，则 $C_{mij} \sim N(A_{ij}, \varepsilon_{ij}^2)$。

将 $\boldsymbol{C}_m (m=1, 2, \cdots, 100)$ 依次输入到系统模型中，可以得出 100 个系统总体可信度结果 $X_m (m=1, 2, \cdots, 100)$。仿真结果如图 6.22 所示。

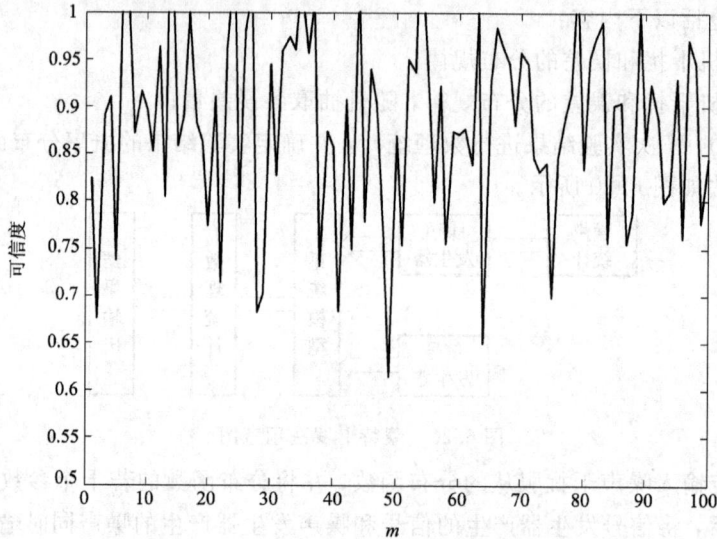

图 6.22 仿真结果

得到仿真结果后需要判断结果服从什么分布，考虑到在实际中影响系统总体可信度的因素有许多且相互独立，根据概率分布的知识，有理由怀疑仿真结果服从正态分布。采用矩估计理论得出

$$\hat{\mu} = \overline{X} = 0.876, \hat{\sigma}^2 = \frac{1}{n} \sum_{i=1}^{n} (X_i - \overline{X})^2 = 0.009\ 83$$

根据以上分析，假设结果服从 $N(0.876, 0.009\ 83)$ 的正态分布，采用 χ^2 拟合检验法来检验假设的正确性。

下面根据样本值 $X_1, X_2, \cdots, X_{100}$ 来检验关于总体分布的假设：

假设 H_0：总体 X 的分布函数为 $N(\mu, \sigma^2)$；

假设 H_1：总体 X 的分布函数不是 $N(\mu, \sigma^2)$。

其中，$\mu = 0.876$，$\sigma^2 = 0.009\ 83$，判断的显著性水平为 $\alpha = 0.05$。通过对系统仿真结果 $X_i (i=1, 2, \cdots, 100)$ 进行统计检验，可以得出假设 H_0 成立，所以可以认为系统总体可信度服从 $N(0.876, 0.009\ 83)$ 的正态分布，如图 6.23 所示。

从图 6.23 可以看出，当可信度取值大于 1 时，可信度取值的概率仍然不为零，这显然是不符合实际情况的。所以，必须将大于 1 部分截去。但截去以后可信度取值的概率密度函数不满足下式：

$$\int_{-\infty}^{+\infty} f(x)\ \mathrm{d}x = 1 \qquad (6-35)$$

其中，$f(x)$ 表示可信度评估结果的概率密度函数。

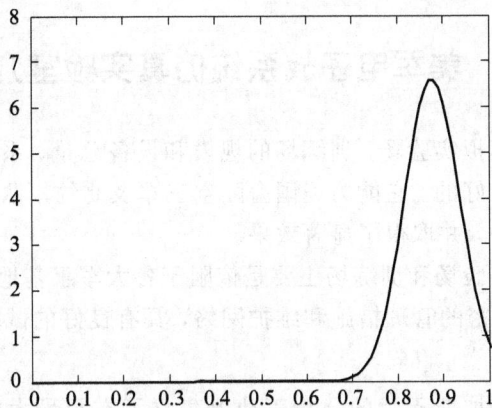

图 6.23　可信度的概率密度函数

所以要对结果进行修正。假设存在常数 K，令

$$K \cdot \int_0^1 \frac{1}{\sqrt{2\pi} \cdot 0.1204} e^{-\frac{(x-0.876)^2}{2 \times (0.1204)^2}} \, \mathrm{d}x = 1 \qquad (6-36)$$

可以得出常数 $K = 1.2$。

图 6.24 为修正后的可信度评估取值的概率密度函数。

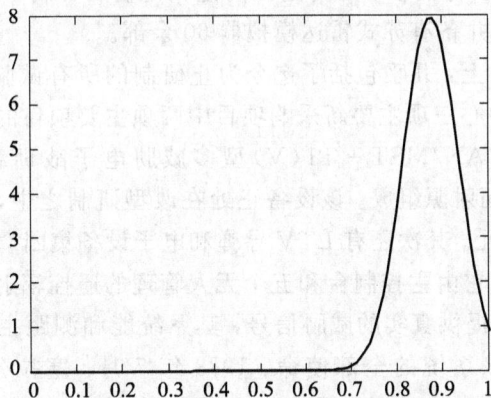

图 6.24　修正后的可信度评估取值的概率密度函数

从图 6.24 中可以看出，仿真系统可信度大概在区间 $[0.7，1.0]$ 中，且取值为 0.876 的概率最大，此时系统的可信度较高。

将得到的可信度评估结果与用层次分析法得到的结果进行对比分析，可以发现：

（1）用层次分析法得到的可信度评估结果与这里得到的可信度评估的概率密度函数的数学期望并不相等。分析原因，主要是因为二者采用的一致性判断准则不同。对于输入的判断矩阵，采用一致性指标 CI 来判断时矩阵是一致的，而采用这里的一致性判断方法判断时则可能认为判断矩阵是不一致的，需要进行一致性修正。

（2）与用层次分析法得到的可信度评估结果相比，这里得到的评估结果是一个随机变量，而且随机变量的变化范围越小，表明评估的结果越准确。

（3）使随机变量变化范围变小有两条途径：第一，要求仿真专家在对各元素相对重要性打分时要尽可能的精确，即 δ 的取值尽可能小；第二，随着参加可信度评估的仿真专家人数 n 的增加，仿真结果的方差以 $1/n^2$ 的速度减小，可信度评估的结果越来越精确。

6.4　美军电子战系统仿真实验室介绍

目前美国的电子战模拟实验场、训练场的规模和设备总量、系统的先进性以及服务水平等方面仍然是世界上最好的。它能为美国海陆空三军及北约军队提供各种各样的电子战模拟试验和作战训练服务，并取得了显著效果。

美国的电子战模拟实验场和训练场主要是依附于各大军事基地建立的，它配置了完善的试验和训练设备，有严密的管理措施和维护网络，具有良好的试验和训练环境。

1.　内利斯

美国空军在离拉斯维加斯不远的一片荒地上建立了空军最大的电子战试验和训练基地，该基地由三个电子战靶场和基地内的两个电子战训练场组成。其中托诺帕、卡特林和托利查山电子战靶场都在内利斯基地附近，而另外两个训练场 R－74 号和 R－75 号则在基地内。该基地位于内华达州南端拉斯维加斯东北 15 km 的沙漠之中。基地内配有坦克、卡车、火车、机场、直升机场、地对空导弹发射场、雷达基地、工业综合区、桥梁、隧道、输油管道等假目标 50 余种。基地内配有各种灵敏的威胁模拟器设备，其中包括模拟红外威胁早期告警、地面控制截获、目标捕获、海对空和防空火炮防御、制导雷达以及俘获和测试飞行人员响应能力的设备，并备有苏式雷达模拟器 60 余部。

在内利斯的设备清单上，几乎包括了迄今为止研制的所有试验设备。此外，内利斯还是萨克拉门托空军后勤中心三项主要新采购项目中两项主要项目的实际受益者。在这两个项目中有哈里斯公司的 AN/MST－T1（V）型多威胁电子战训练系统。它由主控制台（MCG）和一至五个遥控辐射源组成。该设备正处在改型研制之中，目前已开始交付使用，其合同金额为 2000 万美元。其次还有 LTV 导弹和电子设备集团塞拉技术公司研制的无人管理威胁辐射源模拟器，它由主控制台和五个无人管理的遥控辐射源组成，在系统操作人员控制下，可向训练机组提供真实的威胁信号，其系统能和测距主控计算机系统接口，以便由计算机系统来控制该系统的全部使命。1988 年 7 月，塞拉公司宣布获得了金额为11 800 万美元的合同，研制 40 套 AN/TPT－TI（V）系统。该系统目前已完成主要作战试验和鉴定，并运往阿拉斯加附近的内利斯空军基地战斗武器中心。该中心最近已装备三套AN/TPT－TI(V)系统。

AEL 公司的 AN/MLQ－T4(V)地面干扰机模拟器是为提高系统的自动干扰能力而研制的，这是一种 V/J 频段地形跟踪/回避、投弹/导航雷达及应用于其他方面的雷达干扰机，能在所模拟的敌方干扰威胁条件下，向美国空军飞行员提供逼真的训练环境。合同要求交付四套系统，目前 AEL 公司已研制出一套样机，正在生产另外三套系统。此外，内利斯和空战指挥部还想通过国际市场以外的途径采购真正的苏制设备，因为他们想以低廉的价格私下购买苏制海对空导弹系统。

内利斯隶属于战术空军司令部，空军战术战斗机武器中心负责基地全部设备的管理，使基地成为世界上最大的仪表训练试验场。第 554 作战支援飞行中队负责管理威胁模拟器的信号截获仪表和通信系统、空战机动操纵仪表/"红旗"任务咨询系统的修正、管理、技术维护，而整套设备的计划、管理和控制红/蓝军的作战计划同样也是该队负责的重点。此外，自从靶场的主要使用者空军 EF－111 飞行中队撤到坎农兰军事基地之后，靶场常驻两个 F-4G "野鼬鼠"飞行中队,一个进行操作训练,一个是空军国民警卫队的训练队第 124 战斗机大队,主要训练现役飞行员。基地的其他用户包括 F-16C、FMSE、F-15C、B-52、B-B1,还有 EA-6B 在内的海军飞机的飞行队。

美军非常重视电子战训练,每年一度的"绿旗"电子战训练演习一直在内利斯空军基地举行。"绿旗"电子战训练演习始创于 1981 年,由空军战术空战中心主办,目的是为战术空军确立所需的电子战能力,鉴定新的电子战系统,研讨电子战战术,因此"绿旗"是美国空军最高层次的电子战训练。

2. 埃格林

埃格林空军基地是美国最大的空军武器试验和研究基地,电子战系统必须在这里通过研制试验和鉴定之后才能进入靶场进行机组训练。该基地位于佛罗里达州西北部瓦尔帕莱索西南 3.7 km 处,占地 4740 km²。基地设有一个电磁环境试验场,并设立了相应的 22 个试验站,拥有 46 部实际和模拟的威胁系统,分别代表早期告警/截获雷达、地对空导弹、高射炮威胁以及动态回路半主动式导弹搜索系统,同时还包括远红外、光电和毫米波频率下工作的设备。

基地驻有空军武器实验室和空军第 3246 试验飞行中队(空军研制试验中心)。该中队拥有大约 30 架装有测量仪器并经高度改进的飞机,其中包括 F-16、F-15f、F-111、F-38、UH-1 和 C-130。试验中心负责完成内部改进和开发工程,引进新的靶场设备,并将系统转运到靶场供组装使用。此外,基地还驻有战术空战中心和航空航天回收大队。基地的管理和维护则由基地附近的维托罗公司负责。

基地的电磁环境专用设备包括:计量仪器公司的 AN/MSO-T13 威胁模拟器和 AN/MPS-T3A 搜索雷达,惠塔克公司的 SAD-2W 辐射源模拟器。电磁环境试验场目前主要有三项计划:第一项是 F-15 战术电子战设备,将鉴定飞机上的 AN/ALQ-135 干扰机、AN/ALE-45 干扰反射体投放系统及 AN/ALQ-56c 雷达告警接收机;第二项计划是用 3~4 年时间完成 EF-111 系统改进计划,以加强其干扰设备;第三项计划是主持 F-16 新作战摧毁目标系统(HTS)的某些试验,审查各种使命及系统升级的可能性。

3. 埃科

海军的埃科电子战试验与训练场位于美国西部加利福尼亚洲中国湖南部蒙捷夫沙漠地带的严密警戒区,占地大约 1662 km²。

埃科试验场始建于 1943 年,隶属于美国海军空战中心武器处,试验场设有电子战部和电子战威胁环境模拟靶场。靶场包括四个试验场:两个为海上试验场,用于模拟水面舰艇威胁环境;另外两个为陆上试验场,用于模拟陆上地对空威胁环境。埃科试验场的主要任务是为海军电子战设备的研究、发展、试验、鉴定及战术研究提供逼真的电磁环境,但也用于训练飞行员的电子战战术。据统计,飞行员的电子战训练约占电子战模拟靶场总利用率的 10% 左右。近几年来,空军的电子战训练和试验任务大量增加,占了试验和训练工作量的 30%~35%。1991 年,由于海湾战争的原因,美国陆军取代了空军成为试验与训练场的第二个大用户。

埃科试验和训练场是美国国防部评估新型电子战设备最好的设施之一,它拥有美国作战飞机在世界任何地方可能遇到的典型威胁系统和有效评估电子战系统所需的仪表及其他试验设备。其最突出的特点是具有模拟真实电子战威胁环境的能力。据报道,靶场已获得了惠塔克公司的 AN/MP-47 地对空导弹模拟器以及测量系统公司的 GPQ11 模拟器,而洛雷尔空间和靶场系统公司则是靶场最主要的供应商。

靶场完善的设备能完成多种试验,其中包括电子侦察的有效性、雷达告警接收机的精确度和灵敏度、雷达截面测量和反辐射体导弹鉴定等。已通过靶场试验的电子战系统包括 AL-165、先进的自卫式干扰机、AN/ALQ-126B 电子战系统、AN/APR-66 和 AN/APR-67 雷达告警接收机、EA-6B 综合改进能力和已有改进能力的系统、先进的机载一次性投掷假目标。此外,电子战靶场还有供无人驾驶飞行器进行飞行试验的设备。

4. 法隆

1977 年海军正式组建法隆海军航空试验站,它位于内华达州法隆镇东南 9.654 km,里诺往东 112.63 km 处。它是海军主要的空战战术训练站,其主要任务是培训海军飞行员的空对地射击技术、轰炸技术及电子战技能。该站设置四个空对地轰炸靶场和一个电子战靶场。

电子战靶场占地 2797.2 km²。靶场拥有齐全的试验设备,并且新增添了真实和模拟的防空雷达系统,以产生真实的多方面训练情景。10 台手控模拟器几乎能模拟全部地对空导弹的威胁,包括最早期的 SA-2、SA-3 和此后的 SA-6、SA-8 及最新的 SA-16。为了进一步增强地对空导弹试验场模拟的真实性,采用了 9 台自动模拟器,同时还相应增加截获雷达与之相匹配。这种设备能模拟门锁、匙架和远程跟踪雷达系统。为了更好地增强其真实性,靶场还采用了几台真实的截获雷达样机,其中包括薄皮、边网、赖斯垫和远程跟踪系统。法隆靶场的模拟系统主要来自惠塔克公司、测量系统公司和洛雷尔公司。惠塔克公司已经向靶场提供了 AN/MPQ-47 地对空导弹模拟器、边跟踪边扫描模拟器、AN/MSQ-T43 模块化威胁辐射源以及 AN/MPS-38 搜索雷达模拟器;测量公司已提供了 AN/FFS-127 高度测量雷达模拟器和 AN/MPC-T9 地面控制截获雷达模拟器。洛雷尔公司不仅是靶场设备的供应商,而且还是靶场设备的管理者和维护者,因而赢得了信誉,这种地位在靶场已保持了 10 多年。洛雷尔公司有 100 多名技术人员常驻靶场,管理威胁模拟器系统并进行维修服务,提供后勤保障。

法隆靶场的战术机组战斗训练系统(TACTS)用来跟踪每一架飞机如何对模拟的威胁状态进行反应。TACTS 是当代海/空军综合系统的代表,该系统原称为"空战机动仪表系统",最初是丘比克公司研制和生产的,它能模拟各种各样的训练情景。TACTS 能向试验教学楼实时传送定位信息及飞行参数(如飞行速度、高度和攻击角度等)。因此,观察者可以在这里跟踪出现的训练情况。观察者既可以观察飞机的性能,又可以观察模拟器的性能,以提供完整的训练情况,研究辐射源/飞机两方面的因素,以便能精确地评估各项训练任务的成绩。此外,TACTS 还有利于进行空战机动、非投放武器打分和高速反辐射导弹寻导射击的模拟录放。在今后几年内,海军和空军将再一次联合对 TACTS 进行更新改进,形成新的战术战斗训练系统(JTCTS)。海军是该项目的牵头兵种。JTCTS 将使用一种基于全球定位的系统来替代目前 TACTS 使用的多边定位系统计划。

第 7 章　典型光电对抗系统介绍

7.1　机载光电对抗系统介绍

目前大量可考资料对传统的机载光电对抗系统都进行了介绍，内容包括侦察、告警、干扰和激光武器等系统，其中不乏详细的原理讲解和功能描述，这里就不逐一罗列了。随着光电对抗技术的发展，机载光电对抗系统也由最初的分立系统演变到最新第四代战机的综合电子对抗系统的一部分，功能和可靠性与最初装备时已不可同日而语。由于第四代战机装备的光电对抗系统代表目前实用的最高水平，加之文献对此前光电对抗系统的频繁报导，因此本节不再重复介绍前几代机载光电对抗系统，而主要向大家介绍第四代战机上应用的侦察、干扰和隐身系统，最后介绍机载高能激光武器的关键技术。

7.1.1　第四代战机机载光电侦察告警系统

1. 分布式孔径红外系统（DAIRS）

光电侦察告警系统发展至今大致经历了四代。最初的光电侦察告警系统各功能模块完全独立工作。第二代系统只是将控制和显示系统共用。第三代系统实现了信号处理、数据处理部分的综合，智能感知和判断能力大大增加。第四代光电侦察告警系统则是整个综合电子对抗系统的一部分，在第三代的基础上实现了部分孔径的合成。第四代光电侦察告警系统中最具代表性的有诺斯罗普·格鲁曼公司为第四代多功能战斗机 F-35 研制的分布式孔径红外系统（DAIRS）。DAIRS 又称光电分布式孔径传感器系统（EODAS），于 20 世纪 90 年代初期开始研制，能够提供连续的高分辨率全空间覆盖，其多种功能包括导弹逼近告警、红外搜索与跟踪、下视红外目标瞄准指示、杀伤效果评定及导航与辅助着陆等。

DAIRS 包含 6 个红外传感器，单个传感器为 1024×1024 的平面阵列，可提供高分辨率的 90°×90°视场覆盖，而更为重要的是能够以满足战术要求的帧率处理连续画面，为飞行员实时显示战机周围全景视图。6 个传感器与头盔显示器配合，可实现下视、侧视或后视观察。传感器装置质量轻且紧凑，每个传感器在飞机上的位置都经过严格选定，直接装在机身上，不需要吊舱，既可保证覆盖空域中一侧的 90°视场，又不会对飞机的雷达截面、气动阻力和气动操纵等造成影响。

DAIRS 传感器可分别完成红外搜索跟踪、导弹逼近告警、图像识别与跟踪等多种功能，通过一个中央核心处理系统从数据库中抽取相关数据，得到分布孔径系统要求的各个功能算法。在研究 DAIRS 的过程中，研究人员解决了大面阵焦平面阵列输出的非均匀性校正（NUC）及时间帧积累问题，使灵敏度提高了 12 倍，这是实现导弹逼近告警及 IRST 的最大距离性能的关键。未来的研究工作是继续提高分辨力，使宽视场支持 4000×4000 元探测器阵列。

在 DAIRS 的基础上，诺斯罗普・格鲁曼公司目前正在开发多功能红外分布孔径系统（MIDAS）。MIDAS 系统除了将采用 6 个小的拱形红外传感器（每个覆盖 90°×90°视场，探测器阵列为 1024×1024 元 HgCdTe）外，还包括一个高性能目标瞄准传感器。

2. 光电瞄准系统（EOTS）

DAIRS 只能提供 1.5 mrad 的图像显示分辨率，不能完全满足对地攻击的性能要求，因此还需要一个更高精度的辅助瞄准系统——光电瞄准系统（EOTS）。

EOTS 是在"狙击手"SniperXR 高级瞄准吊舱基础上发展而来的。SniperXR 是一个独立的传感器和激光指示器系统，用于目标探测和识别，能够为地面和海上目标昼夜 24 小时精确打击提供瞄准。吊舱内的传感器有前视红外系统、昼用电视摄像机、激光测距机指示器、激光光斑跟踪器和激光标识等。前视红外系统是一个 640×512 元锑化铟凝视探测器，探测中红外波段信号，采用微扫描工作方式，通过一个连续的电变焦透镜，可形成两个视场（4°和 1°）。光源采用二极管泵浦固体激光器，工作波长为 1.06 μm。

EOTS 约有 65%的硬件与 SniperXR 完全相同。EOTS 中其余不同部分是由 SniperXR 子模块重新组装而成的，因此技术上与之完全相同，只有软件上具有一定改进。EOTS 外形上也由原来的吊舱重新组装到机身内，唯一暴露在机身外的蓝宝石光学窗口设计成紧贴机身的低剖面多边形，固定在机头的雷达整流罩与前起落架之间满足隐身与气动外形双重需求。接收的红外信号通过光纤接口输入到中心计算机进行处理。

EOTS 系统兼有空对空目标探测、对地对海红外搜索与跟踪功能，具有探测距离远、目标探测精度高等特点。EOTS 能够在整个执行任务的过程中连续工作，而用作目标指示和跟踪的前视红外系统只有在武器投放时才会工作。同时 EOTS 光电瞄准系统可与激光等其他光电传感器综合，完成目前各类机载瞄准吊舱的功能。

7.1.2　第四代战机机载光电干扰系统

1. "彗星"拖曳式红外诱饵

"彗星"拖曳式诱饵是由雷声公司开发出的一种新型面源红外诱饵，代表了目前最先进的机载红外诱饵技术。"彗星"由 AN/ALE - 52 对抗投放系统投放，施放时间延长至 30 min，最初计划将其安装在 A - 10 飞机上。与此前的红外诱饵（如 ALE - 50（V））相比，该系统具有如下显著特点：采用可调谐投放技术，对不同的飞机、环境情况投放速度可调；无需导弹告警接收机引导提示，可先行投放以干扰红外制导导弹的发射；增加了多光谱热源、动态轨迹、面燃烧以及双色热源等技术，对红外制导导弹实施宽频段干扰；可施放人眼无法看见的特殊干扰材料。

2. 战术定向红外（TADIRCM）系统

海军研究实验室（NRL）和 BAE 系统公司的桑德斯（Sunders）分部研制的 TADIRCM 系统包括 6 个双色红外凝视传感器、1 个信号处理器、1 个小型红外激光器以及 2 个紧凑型指示器/跟踪仪。

为提高探测概率和降低虚警率，TADIRCM 系统采用双色凝视焦平面阵列代替 AAR - 57（V）凝视型紫外传感器实现导弹告警。为兼顾预警范围和跟踪精度，TADIRCM 系统具备宽视场捕获和窄视场跟踪功能。由于双色传感器能够有效鉴别地物干扰，抑制阳光及闪光干扰，加之采用了先进的信号处理算法，TADIRCM 的告警系统能在杂波环境中发现敌方发射的导弹，并迅速锁定目标。一旦锁定目标进入跟踪状态，TADIRCM 就利用桑德斯(Sanders)公司的"敏捷眼"红外多波段激光器作为干扰光源实施干扰。TADIRCM 所用"敏捷眼"红外激光器是一种二极管抽运的 Tm：Ho：YLF 激光器，能够在红外制导常用的 3 个波段同时输出激光，在波段 1、波段 2 和波段 4，干扰功率分别达到 5 W、0.5 W 和 5 W。TADIRCM 系统采用闭环的工作方式，能够大大增强干扰效果，总的干扰时间有 3～4 s，完全符合战斗机自卫系统干扰时间的要求。TADIRCM 的微型干扰头尺寸小，对飞机气动布局影响小。在干扰头上装有一个导电外壳，以降低表面不均匀性。这种设计同样是为了满足飞行气动性能和隐身性能方面的双重要求。

　　1999 年进行的试验中，美海军在白沙导弹靶场用 TADIRCM 系统成功干扰了空空导弹。海军使用的 TADIRCM 系统与空军的不同，它使用的是开环干扰模式。试验中导弹从 7 km 外的 F-15 上发射，受 TADIRCM 系统干扰的脱靶距离达到惊人的 5 km。在 2 s 的有效干扰时段内，导弹以螺旋飞行轨迹偏离目标。与海军开环工作模式相比，F-35 的闭环工作模式更能有效干扰红外/激光制导导弹，因此可以预测 F-35 搭载的 TADIRCM 实际性能会更好。

7.1.3　第四代战机光电隐身系统

　　以 B2 和 F117 为代表的第二代隐身飞机主要采用独特的气动外形来降低飞机的可探测性，但机动性却受到很大影响。由于飞机的发动机、尾喷管以及蒙皮等部位是红外辐射热量最强、最集中、最易遭到红外制导导弹攻击的薄弱环节，因而美军在第二代隐身飞机上就采取了有效的红外隐身措施，如采用散热量低的涡扇发动机和能够使排气系统的红外辐射源快速消散在大气中的二元扁平式尾喷管，使 F-117A 和 B-2 第二代隐身飞机在实战中成功地躲避了敌方红外制导导弹的攻击。F-22 基本沿用了第二代较成熟的红外隐身技术。此外，为了提高飞机的机动作战性能，避免因增加加力燃烧室而造成发动机尾焰温度升高，F-22 还采用了矢量可调管壁来降低发动机及其尾焰的红外辐射强度，同时在发动机尾喷管里装设了液态氮槽来降低喷嘴的出口温度。在 F-22 的表面、发动机、后机身及排气系统等红外辐射源集中的部位涂覆了工作在 8～14 μm 波段的低辐射率红外涂料，使该机具有更好的红外隐身特性。

　　为了降低飞机的激光反射特性，F-22 采用平板式外形和尖锐边缘以及翼身融合的隐身设计结构，并在其机翼尖锐边缘、机身及表面涂覆激光隐身吸波材料。

　　由于 F-22 所具有的隐身性能足以对付 2010 年前后的防空威胁，因此，F-35 在很大程度上利用了 F-22 的隐身技术成果。F-35 的隐身设计重点在降低成本上。F-35 维护隐身性能所需的外场工作量及费用比二代隐身飞机均下降近一倍，其生产成本和隐身维护所需费用比 F-22 大幅度降低。它采用的隐身涂料也更具耐久性、抗毁性且易于维修。

　　为适应对地攻击需求，F-35 更加注重可见光隐身技术的应用。目前，美国正致力于一种可见光隐身材料的研发工作。这种工作用于 F-35 上的电致变化材料，可有效降低飞机的可见光特性。这种电致变化材料是一种能发光的聚合物薄膜，在通电时薄膜可以发光并改变颜色，不同的电压会使薄膜发出蓝色、灰色、白色的光，必要时该薄膜可形成浓淡不同的色调。把这种薄膜贴在飞机表面，通过控制电压大小，便能使飞机的颜色与天空背景一致。美国佛罗里达大学已开发出一种具有这种功能的"电致变色"聚合物。

7.1.4 机载高能激光武器系统

高能激光武器不论用于防御还是进攻，都具有其他传统武器不可比拟的优势。高能激光武器以光速传输能量，攻击目标的速度与光速相同，传输时间可以忽略不计，因此在毁伤目标时无需计算提前量，瞬间即中。高能激光武器主要依靠红外探测器捕捉、跟踪目标，作战过程不受电磁波干扰，防御方难以利用电磁干扰手段降低其命中目标的概率。高能激光武器发射时无后坐力，转移火力快，可在360°范围内调整火力，击中一个目标后只需调整一下角度即可攻击另一个目标，从而能在短时间内大批毁伤空中目标。美国军方正是看中了机载高能激光武器的这些优点，从20世纪90年代开始大力开展这方面的研究。

1. 机载高能激光系统组成

典型的高能激光系统，如机载激光（ABL）和战术机载激光（ATL）等，作战系统通常包括三个子系统，即目标捕获和跟踪系统、大气补偿系统和激光打击系统。目标捕获和跟踪系统引导光束跟踪打击目标；大气补偿系统发射并接收信标照明光，估算大气抖动，由自适应光学系统对高能打击光束提前补偿；而高能激光打击系统的作用不言自明。

图7.1为高能激光武器系统的组成及作战过程示意图。捕获到目标之后，为使集中到传感器上的激光能起到致盲、破坏作用，大气抖动的补偿必不可少。这一过程需要借助照明光束。通过接收信标照明光束反射信号估算传播路径中的大气效应，经自适应光学系统补偿，可达到最佳攻击效果。

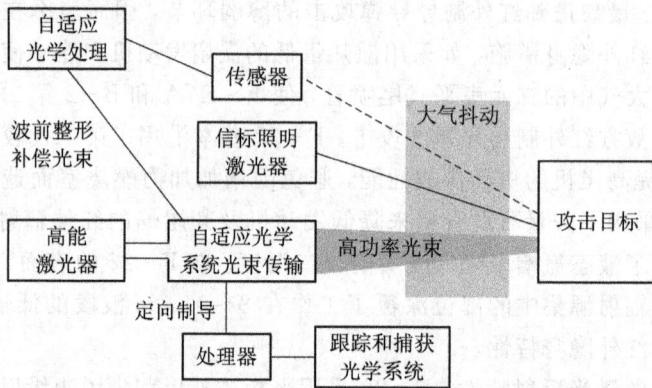

图7.1 高能激光武器系统的组成及作战过程示意

2. ABL计划

ABL计划最早可追溯到20世纪70年代，当时的机载激光实验室（ALL）提出用高能激光摧毁弹道导弹的构想，后来为美国军方采纳，作为战略防御计划（SDI）的一部分。但是受限于当时的技术，并没立即实施。ABL计划正式开始于20世纪90年代初，其系统主要部件有载机平台（波音747-400F飞机）、传感器系统、被动红外传感器、高能激光光源装置（目前是化学氧碘激光器COIL）以及瞄准跟踪系统，系统样机如图7.2所示。它的作战过程是：先用机上360°视场的被动红外传感器探测目标，再采用波长1.06 μm的多光束激光器照明目标，经高分辨率成像传感器进行成像，通过主望远镜进行观察以获得良好的跟踪数据，随后引导信标激光和杀伤光束。信标光束比杀伤光束稍早一些发出，以便对杀伤光束所要经过的大气路径进行测量。杀伤光束在信标激光到达目标并返回后发出。研究表明，由 7 架 ABL 载机组成的机群能对战区级冲突地区提供最佳的弹道导弹防御。初步作战方案是，由 7 架 ABL 飞机组成的作战机群中，至少应使用 5 架部署在一个军事危急区域，可形成两条反导轨道，但要形成 24 小时的作战能力需要 7 架载机，携带足够进行 200 次发射所需的燃料。数百万瓦的激光通过 2 m 直径的发射望远镜发射出去，足以攻击远至 600 km 处的目标。

图 7.2　ABL 样机（载机为波音 747）

　　1992～1996 年是 ABL 计划的概念验证阶段，主要进行 COIL 的小规模试验、强激光大气传输特性和光束控制。到 1996 年已完成了一系列地基外场试验，证实了 COIL 能够提供满足作战需求的兆瓦级输出功率。试验还模拟了机载激光器在战区导弹防御作战情况下预计将遇到的强烈湍流条件和传输环境，重复并成功地演示验证了自适应光学补偿和闭环跟踪能力。1996 年 6 月美军成功地进行了两次主动跟踪助推段飞行的弹道导弹的试验，证实了主动跟踪的可行性。

　　1997 年 2 月，ABL 计划进入技术设计和降低风险阶段，1998 年 1 月成功地完成了历时 1 个月的系列风洞试验，验证了机载激光器关键部件——10.4 英寸鼻锥转塔和激光器排气系统的设计性能。1998 年 6 月，TRW 公司设计的几十万瓦级的单个激光器模块成功进行了地面"第一束光"试验。此后，在光束控制方面，先后突破了变形镜、大带宽控制回路、低功率信标照明激光器等技术，大气数据分析也取得了重要进步，为 COIL 机载试验铺平了道路。

　　2000 年 4 月，美国国防部会同空军和弹道导弹防御局对 ABL 进行审查和风险评估，认为风险已经降到可以接受的程度，ABL 计划从子系统研发转向系统组装阶段。2002 年 ABL 载机平台进行了首次飞行。同时，COIL 高能激光系统转入爱德华兹空军基地的系统综合实验室（SIL）进行地面试验，如图 7.3 所示。

图 7.3　ABL 地面实验系统

到 2004 年，首架样机组装完成，被命名为 YAL-1A，如图 7.4 所示。它采用波音 747-400F 作为载机，由 6 个 COIL 高能激光模块、2 个低功率固体信标激光器、CO_2 激光测距系统、机鼻旋转炮塔和光束控制系统等组成。2004 年 12 月该样机成功进行了首次飞行。

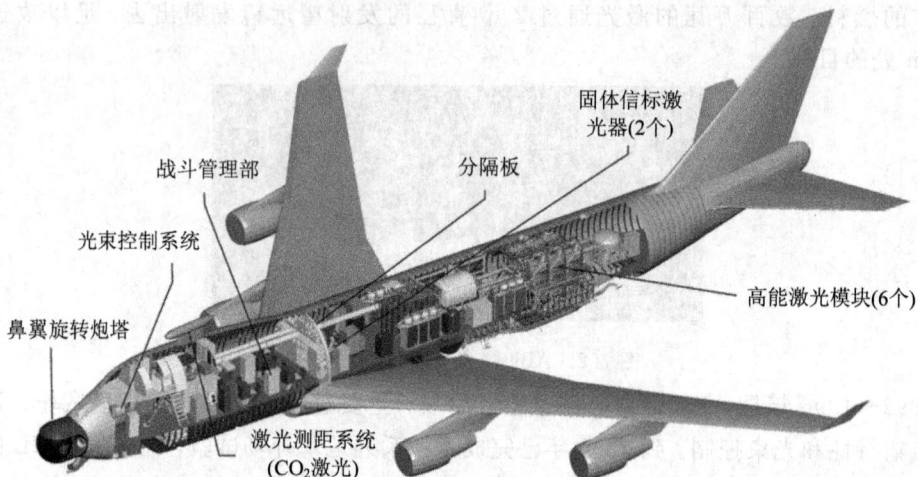

固体信标激光器(2个)
战斗管理部
分隔板
光束控制系统
高能激光模块(6个)
鼻翼旋转炮塔
激光测距系统
(CO₂激光)

图 7.4　YAL-1A 系统结构

2005 年 ABL 计划有两个目标：一是低功率系统的束控-火控飞行试验，二是在实验室里实现 6 模块 COIL 的满功率运行。2005 年 8 月 1 日，导弹防御局宣布，ABL 飞机历时 8 个月，经过 20 多次飞行试验，验证了机载激光的高级作战管理系统和束控-火控系统，实现了机载激光 2005 年的目标。同年 12 月，空军宣布，机载激光的兆瓦级 COIL 在发射功率和持续辐照时间上已经达到要求，成功地实现了 2005 年的预期目标。

2007 年 7 月，ABL 完成了空中模拟攻击试验，通过跟踪、瞄准和模拟攻击空中目标，对机载激光器的战场管理系统以及束控-火控系统的性能进行了演示验证，并成功补偿了大气扰动。2008 年 2 月，ABL 计划成功将 6 个 COIL 高能激光模块全部装入载机，使 ABL 的研究与应用又向前迈进了一大步。在美国 2009 财政年度军事预算中，"弹道导弹升空阶段防御"(ABL 机载激光器)计划总投资 4.212 亿美元，必将为 ABL 迎来新的发展。

3. ATL 计划

作为 ABL 的战术应用，先进战术激光 ATL 计划在 2000 年被美国国防部纳入研究计划，2002 年与波音公司正式签订合同。经过多年的发展，2007 年，波音公司领导的小组就在一架经过改装的美空军洛克希德-马丁 C-130H"大力士"运输机上安装了一台高能 COIL 激光器，直径为 1.27 m 的激光旋转炮台从机腹伸出，能发出宽度约 10 cm 的激光束，并在 15 km 的战术距离内命中地面目标。激光束的瞄准点和作用时间都可以调整，因此对目标的破坏程度也能控制。据最新报道，美国波音公司日前成功进行了由 C-130H 运输机搭载的高能激光武器的首次地面试射。这次试射是 2007 年 5 月 13 日在新墨西哥州的柯特兰空军基地进行的。此前，高能 COIL 激光器已经在柯特兰空军基地的戴维斯先进激光厂房中进行了 50 多次实验室试验，以验证其可靠性。这次是首次将其安装到 C-130H 运输机上，将 ATL 系统作为整体进行试射。ATL 样机如图 7.5 所示。

图 7.5　ATL 样机(载机为 C-130H)

7.2　舰载光电对抗系统介绍

舰载光电对抗系统的作用是保护水面舰艇不受光电制导武器和激光武器袭击,同时确保己方光电设备能够正常工作。其功能包括:对敌光电信号的侦察、识别和截获并及时告警;对敌光电设备进行干扰,使其无法正常工作;针对敌我双方特点,实施反侦察、反干扰措施等。

自从美国将硬摧毁纳入综合电子战范畴之后,强激光武器也进入到光电对抗的领域,而且扮演着越来越重要的角色。舰艇在运载能力上有着得天独厚的优势,可以搭载飞机、汽车等难以承载的设备,为大型激光武器系统提供了理想的平台。为在短时间内摧毁目标,部分高能激光武器需要数百千瓦到兆瓦级的输出功率,激光器因此会做得非常庞大,如中红外先进化学激光器(MIRACL,见图 7.6)就是这样。

图 7.6　中红外先进化学激光器(MIRACL)

自由电子激光器具有输出功率高、波长可调和转换效率高三大特点,成为目前海军重点发展的激光武器光源。因需要高能粒子加速器和摆动器,注定它在短期内只适合陆基和舰载激光武器。适用于高功率激光束的光学系统、控制系统和光束引导系统在体积和重量上也远大于机载系统,同时舰艇航行速度要远低于飞机飞行速度,光束传播的大气环境迥异,这些不同之处是本节重点考虑的内容。

7.2.1　舰载光电告警系统

1. AN/AAR-44 机/舰载红外警戒系统

AN/AAR-44 机/舰载红外警戒系统是辛辛那提电子公司研制的一种对来袭导弹告警的红外接收机。该系统用于飞机和舰船自卫,能自动告警和发出指令控制红外干扰,现已装备到海军直升机和水面舰艇。该系统能连续地在半球空间进行边搜索边跟踪,同时验证导弹的发射,向飞行员发出导弹位置的告警和自动控制对抗措施,以遏制导弹威胁和增强飞机的生存能力。AN/AAR-44 采用凝视传感器,能识别威胁并自动控制对付威胁的对抗措施,还能在太阳辐射、复杂地理背景、水和干扰的环境中进行多状态鉴别和对抗多个威胁。它主要用于防御地空和反舰导弹,可对付多枚 SA7、SA9 红外制导导弹。该系统由圆锥形检测器、处理机和显示控制器组成。检测器安装在飞机机身的后下方,连续搜索下半球空域,跟踪来袭导弹。在显示器上给出导弹的精确方位参数,并能发出命令及音响告警。该系统还能自动启动对抗装置,可引导定向红外对抗系统实施干扰等对抗手段。

2. AN/SAR-8 红外搜索与目标指示系统

AN/SAR-8 系统是由加拿大海军和美国海军联合研制的。第 1 个系统于 1989 年交付美国海军进行广泛的陆上试验。第 2 个系统于 1990 年交付,装载在舰艇上进行海上试验。1993 年该系统又进行了舰艇自防护系统的海上试验,已装备在美国和加拿大的 3000 t 级以上的水面战舰和航空母舰上。

AN/SAR-8 系统用于补充舰载雷达警戒系统,用来探测和报警掠海飞行反舰导弹、飞机、舰船对己方舰艇的威胁。在电子对抗或反辐射导弹威胁的情况下,该系统根据威胁目标的不同红外特征,探测和报警目标对舰船的威胁。它用 2 s 时间扫描 360° 的全方位,自动指示目标,将目标精确的方位角、俯仰角及有关信息提供给舰载对抗系统或武器系统。该系统所采用的对目标边扫描边跟踪技术可以探测到新的目标。其技术性能是:视场方位角 360°,俯仰角 20°,工作波段为 3~5 μm 和 8~14 μm,探测距离大于 10 km。

3. 光纤激光告警系统

1994 年,美国 Varo 公司系统部光电系统分部为美国海军研制了一套光纤激光告警系统。该系统可供飞机、舰船和陆基等多种作战平台装载使用。基本系统的探测波长为 0.4~1.0 μm,使用模块后,探测波长的范围可扩大。系统配有 6 个传感器,每个传感器视场为 90°。其传感器十分微小,可平镶在平台上的任何地方。使用时将其中 4 个传感器安装在最大的平台上,以便提供激光束照射的全方位告警。该系统可测定威胁激光束的方向和波长,并显示在雷达告警接收机的显示器上。美国海军对该系统进行了试验,主要测试了系统探测和识别激光束波长的能力。

7.2.2　舰载光电干扰系统

1. 舰外超快速散开无源干扰系统 MK36SRBOC

MK36SRBOC 是美国海军典型的现役舰载箔条/红外诱饵发射系统。该系统配备有红外、箔条以及红外、箔条组合弹,可对付雷达制导、红外寻的和雷达/红外复合制导的反舰导弹。干扰方式有"质心式"、"转移式"和"冲淡式"三种。六管发射装置成对以 45°、55°、65°仰角固定安装，视舰艇吨位大小，在舰上的配置可以是两座装也可以是四座装，其中航母上均采用四座装。射程分为 5 挡，在诱饵弹发射前装定，最大射程为 4 km。储弹箱每箱可存放 35 枚诱饵弹。箔条弹作战时以接力方式连续发射，使导弹不断偏移，或者重新发射，每 30 s 一次。红外干扰弹的作战性能参数为：反应时间 6 s，燃烧时间大于 40 s，可干扰频段为 3～5 μm，辐射强度大于 2000 w/sr。

MK36SRBOC 是一个智能化程度很高的系统，能自动响应空中威胁，能自动检查和识别诱饵弹，自主发现哑弹并及时采取最佳替代措施，还可以自动定期检测系统故障等。

美国航母、巡洋舰、驱逐舰、两栖作战舰艇等都装备了该系统。该系统也广泛装备日本海上自卫队的驱逐舰和护卫舰。中国台湾海军作战舰艇的电子战装备大多数由美国进口或合作研制，体系与美海军相仿，普遍装备了该无源干扰发射系统。

2．英国"Super Barricade"诱饵系统

Super Barricade(超级防栅)属于英国"防栅"诱饵系列，是在 Barricade MKⅠ、MKⅡ和 MKⅢ的基础上改进的。该系统于 1987 年开始研制，20 世纪 90 年代初开始服役于芬兰海军，并且已向澳大利亚、马来西亚、挪威等国出口。系统的主要特色是可提供多层软杀伤防御能力保护舰艇。它能以远程"迷惑"方式、中程"冲淡"和"转移"方式以及近程"质心"方式工作，对抗处于不同阶段的红外反舰导弹。英国马来亚航空公司正在研究上部有六个发射管的横移机构，目的是为了使发射管能在方位上回转，以优化诱饵干扰弹的布放。

3．俄罗斯 PK - 10 系统

PK - 10 系统现服役于俄罗斯、格鲁吉亚、乌克兰海军。俄所有"现代级"驱逐舰上都装有该系统。该系统包括 10 个 KT - 216 发射装置、1 个控制台和一些诱饵弹。每个发射装置由 10 个 120 mm 口径、仰角固定约 45°的发射管组成，发射装置是可旋转的。简易的控制台最多可控制 4 个发射装置。诱饵弹都采用"质心"干扰样式。发射的诱饵弹有 3 种，即 SR - 50 箔条弹、SOM - 50 红外/激光混合弹和 SK - 50 箔条/激光混合弹。PK - 10 系统和 SOM - 50 红外/激光混合弹以及 Spektr-F"半杯"型激光测向告警系统一起组成了一体化软杀伤防御系统，能有效地对抗激光、红外和雷达制导的威胁。

4．法国"达盖"系统

"达盖"(Dagaie，法国海军称之为 AM-BLIB)系统是 EE 防御公司研制的近距离速爆式无源干扰系统。Dagaie MK1 系统于 1980 年开始批量生产，Dagaie MK2 于 20 世纪 90 年代研制成功，Dagaie MK3 即将问世。前两种系统现已装备近 100 艘法国海军舰艇并出售给 16 个国家的海军。适装范围从 250 t 的快艇直至 3800 t 的驱逐舰。"达盖"系统可在舰艇左右舷对称配置两座或四座发射装置，视需要而定。每座发射装置有 8～10 个标准干扰弹箱。每箱装有 33 枚箔条弹或 34 枚红外弹，每枚箔条弹又有 4 枚子箔条弹，发射架可自由回转 360°，回转速度为 1.5 rad/s，瞄准精度优于 3°，但不能在俯仰方向上转动。发射仰角调整范围为 15°～80°。为了使箔条云具有更大的发射面积，"达盖"系统采用箱式发射装置和子母弹结构，当一箱 33 枚箔条弹齐射时，在空中形成 132 个散开点，箔条云团的等效雷达反射截面积达 5000 m²。34 枚红外弹在 0.5 s 发射完毕，其中 8 枚瞬间激活，其余 26 枚持续激活，使红外干扰持续时间达 32 s，产生 3～5 m 窗口辐射，红外辐射能量平均为

2000 W/立体角。

为增强整个系统的干扰效果，"达盖"还配备了 REM 中程电磁诱饵火箭弹，每箱能装填 4 枚弹，一枚雷达反射面积大于 2000 m²，从而使系统具有冲淡和转移功能。"达盖"控制设备的自动化和智能化程度很高，配备 10 箱式发射架的"达盖"，不仅可以有效对付导弹的组合攻击，还能在 10 s 内自动连续实施发射，以对抗来自五个不同方位的袭击（来袭方位角之差大于 30°）。

5. SRBOC 超快速散开舰载诱饵发射系统

SRBOC 系统由 Loral Hycor 公司生产，用于大型战舰的自卫。该系统由发射架、控制器、诱饵弹、储弹箱和电源组成，可发射多种箔条弹、红外诱饵弹和一次性使用干扰机，发射距离可达 2.5 km。该系统采用的诱饵弹有超级海尔姆Ⅲ、超级海尔姆Ⅳ、超级箔条星、超级双子座和超级 LRBOC。该系统自动化和智能化的程度非常高，能够从诸多类型的假目标中自动选择最佳假目标类型和最佳发射架，自动执行最佳战术发射程序以及建议最佳舰艇机动。1 枚箔条弹的反射面积可掩护 1 艘护卫舰，1 枚红外诱饵弹的红外辐射强度可以模拟 1 艘大型舰的红外辐射，因此具有很强的干扰反舰导弹的能力。该系统可与舰上的电子战支援系统、计算机及测风、导航等传感器接口。在用于大型战斗舰艇防护时，每艘战舰上最多可装备 10 套发射器，干扰弹的装载数量依据舰船排水量而确定。

6. RBOCⅡ 舰载诱饵发射系统

RBOCⅡ 是美国洛拉尔·海克公司研制的箔条和红外诱饵弹舰船发射系统，其组成包括迫击炮发射器、干扰弹和相应的控制、支援装置等设备，用于舰艇的防护。Ⅱ型系统是 MK33MK34、RBOC 诱饵发射系统的改进型，既可使用美国海军的标准干扰弹，也可使用更大的干扰弹用于较大舰艇的防护。RBOCⅡ系统可与 ALEX 诱饵投放系统一起使用，构成全自动的作战系统。RBOCⅡ系统使用的干扰弹有 CHAFFSTAR 和 CHAFFSTARⅡ型箔条弹、HIRAM 和 HIRAMⅡ型红外诱饵弹、GEMIN 型射频/红外混合干扰弹、LOROC 远程箔条弹。目前 RBOCⅡ系统已应用于美国海军和巴西、中国台湾、韩国和新加坡等国家和地区的海军舰船。

7. ALEX 舰载诱饵发射系统

ALEX 系统是美国洛拉尔·海克公司研制的新一代舰载诱饵发射系统。该系统采用高度模块化技术，可以根据需要组配，安装于不同类型的舰船。该系统具有三种工作方式：自动方式、半自动方式和手工方式。ALEX 系统采用与 RBOCⅡ 相同的发射器管，发射相同系列的箔条和红外诱饵弹，发射管口径为 112 mm 或 130 mm，每个发射器装 6 个发射管。舰船上可成对安装 2~12 个发射器，这根据舰船大小而确定。系统对攻击的响应可自动选择最佳的诱饵弹类型、发射器、发射时间、对抗程序和舰艇机动方案。ALEX 可自动检测和识别发射管中的诱饵，对未发射的诱饵弹自动检测和修正。系统能够在现场进行软件重装并验证，具备标准化的控制网络和灵活的接口，具有机内自检测等功能。据报导，该系统可取代 SRBOC 系统。

8. LAIR 舰载红外干扰机

LAIR(LampAugmented IR)舰载红外干扰机是洛拉尔公司根据该公司与美国海军研究实验室(NRL)签订的合同研制的，它是洛拉尔公司机载红外干扰机的改装型。改装后的干扰机尺寸增大，干扰源为铯灯。美国海军研究实验室重视发展舰载红外干扰机，其原因是廉价的双色或双调制红外寻的器即将广泛用于反舰导弹，它们能够有效地测出舰外红外曳光弹的温度，转而追踪真正需要打击的目标。

7.2.3　舰艇光电隐身技术

由于海水背景相对较冷，一致性好，水面舰艇很容易被红外探测器发现和识别。舰艇辐射的红外信号主要分为两类。一类是内部辐射源产生的短波长辐射，主要是来自主机动力和其他设备散热。其中以主机散热加热的船体钢板和主机排放的废气加热烟囱辐射的强度最大。由于这些部位温度高，辐射波长相对较短，因此大量能量集中在 $3 \sim 5~\mu m$ 波段。另一类长波长外部辐射，由舰艇表面反射和吸收环境辐射产生。舰艇表面积大，很小的温差也会在背景中形成强烈的辐射。而日光照射对舰艇加热效果尤其明显，超过 $10°$ 仰角的日光照射会使舰艇表面与背景温差达到 $10℃$ 以上。因温度低，辐射波长集中在 $8 \sim 14~\mu m$。当前针对这两类辐射采用了不同的措施减少红外辐射，以达到红外隐身的目的。

1. 降低内部辐射

冷却和隔离是最主要的措施。在排气系统终端安装红外抑制器(IRSS)，能够降低烟囱管壁和排气羽烟的温度，从而降低它们的红外辐射。目前大部分冷却系统都采用空气做冷媒。比如美军采用的"边界层红外抑制系统(BLISS)"扩散装置，将热废气与周围空气混合，以降低温度。法国"拉斐特"级护卫舰烟囱采用玻璃钢代替钢板制造，再涂以低辐射的特殊涂料，并对发动机排气口和玻璃钢排气管作了精细的隔热处理，从而在很大程度上抑制了红外辐射。"薄膜冷却"是直升机上常用的冷却方案，现在也被借鉴到舰艇。该方案采用层层套接的薄膜导管诱导冷空气进入排气管，在排气管内壁形成冷空气薄膜，可使排气管与环境温差从高于 $300°$ 降到 $60°$ 左右，大大降低了红外辐射。

水的比热远大于空气，可以作为更有效的降温媒质。向烟道喷水能够迅速降低废气温度。不过，喷水降温存在着不足之处，凝结的水蒸气会增加羽烟的可视信号。向烟道喷洒含盐的海水还需要对烟道采用特殊的材料并采取适当的措施，防止加速烟道腐蚀。而瑞典"维斯比"级轻型护卫舰和德国 MEKOA200 轻型护卫舰则采取了相对全面的措施，将烟囱出口设在舰艇的尾部，让废气从舰尾排出至海上冷却，可将废气温度降至 100 ℃ 以下，而且排出的气体大部分被舰尾的波浪所掩盖，因此红外特征信号很小。

2. 降低外部辐射

对于舰艇表面的长波长辐射，多采用特殊涂料来减少吸收和辐射。针对日光照射，红外隐身涂料具有较低的短波吸收率和一定的隔热能力，可避免舰船表面吸热升温，降低舰体和背景的温差。通常认为舰体与背景温差控制在 5℃ 以内时，具有较低的可探测性。隐身涂料还具有较低的发射率，以降低舰船在红外波段的辐射能量。

此外，采用水雾遮蔽也是重要的红外隐身手段。水雾是由大量细小悬浮水粒子组成的气溶胶，对相当宽频谱范围的红外辐射有很强的吸收和散射作用。通过控制水雾粒子的粒径大小和分布、水雾的浓度与空间尺寸，可使得穿过水雾的红外信号大大衰减，降低舰只的探测概率。

7.2.4 舰载高能激光武器(防空和反导)

舰载激光武器系统在跟踪、照明及光路补偿方面与机载激光武器系统具有很多相似之处。本章 7.1.4 小节对机载高能激光武器作了较为详细的介绍,这里只对舰载有别于机载的方面进行补充。

1. 中红外化先进学激光器/海石光束定向器(MIRACL/SLBD)

美国海军"海石(Sealite)"计划始于 1977 年,目的是实施接近实用的高能激光武器试验。该计划最初选用的是 TRW 公司研制的中红外先进化学激光器(MIRACL)。MIRACL 是 DF 连续波激光器,光学谐振腔长 9 m,输出光斑半径约 10 cm,工作中心波长3.8 μm,从 3.6~4.0 μm 波段之间大约分布有 10 条受激发射谱线,输出功率最大可达 2.2 MW。截止 2006 年,MIRACL 共进行了 150 余次试验,总计三千多秒的发光测试,其中有 70 s 在最大功率下运行,已充分证明其可靠性。图 7.6 是安装在白沙导弹靶场的 MIRACL,图 7.7 是它的燃烧室和增益产生组件。

"海石"光束定向器(SLBD)是休斯公司为海军设计制造的光束定向装置,外形如图 7.8 所示。SLBD 主反射安装在万向支架上,可以高速转向。主镜直径为 1.8 m,经扩束后高能光束直径为 1.5 m。主镜 0.3 m 的外径用于对目标跟踪,采用质心跟踪和相关跟踪算法,设定特定空间位置门限,以减小背景噪声的影响。图 7.9 是 MIRACL/SLBD 的光路和结构示意图。图中成像捕获传感器采用 40 cm 的红外成像望远镜,工作波长为 8~15 μm,跟踪视场为 4×5 mrad,用于目标初始捕获。采用陀螺仪稳定的稳定镜可提供一个相对固定的参考视轴。MIRACL 输出的高能激光束经中继镜到达快速抖动镜(Fask Steering Mirror),依照跟踪算法给出相对于稳定镜的偏移量,抖动镜进行快速偏转,使高能激光束通过主镜扩束后离轴发射,持续照射目标。由于只有抖动镜快速偏转,因此降低了对整个稳定系统和主镜的机动性要求,从而实现了对高速移动目标的跟踪打击。通过调节次级反射镜可以控制发射光束的聚焦点,使之落到攻击目标上,聚焦范围为 400 m 到无穷远(平行光)。除了主境外,所有中继镜都采用水冷散热。主镜反射光束直径已经扩束到 1.5 m,功率密度较低,不需要水冷。

图 7.7 MIRACL 的燃烧室和增益产生组件

图 7.8 "海石"光束定向器(SLBD)

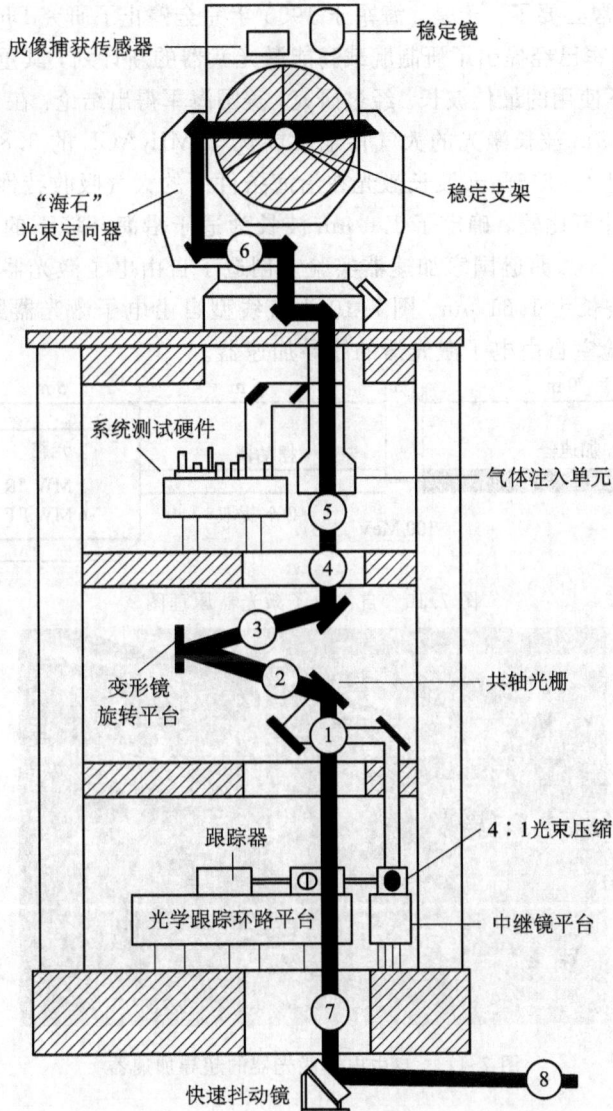

图 7.9　MIRACL/SLBD 的光路及结构示意图

2. 舰载自由电子激光器

　　军舰的搭载能力远远大于飞机，因此系统对光源的体积重量不再有苛刻的限制，基于此，负责美海军舰载高能激光器研制的托马斯·杰弗逊国家加速器实验室计划把自由电子激光器搬上军舰。

　　目前美国海军暂时将氟化氘中红外先进化学激光器（MIRACL）作为舰载激光武器，但这只是权宜之计。海军的研究表明，受热晕的影响，DF 化学激光器的波长对于近海的环境并不是最佳的。海军于 1995 年 1 月告诉国会，他们不再采用 MIRACL 进行确定高能激光器能否发展装舰应用的研究。海军认为，MIRACL/SLBD 系统能满足对付横向目标所需的性能，但在军舰自卫或者是在沿海区域支援作战时，由于侧风太小，对固定目标或者是径向飞行的目标来说，要求通过大气的高功率激光束没有或有少许移动，此时热晕使 MIRACL 无法传送足够的能量，造成打击效能迅速降低。寻找具有更低大气吸收波长的激光器代替

MIRACL 就变得非常必要了。于是,海军于 1995 年完全停止了研究 DF 化学激光器装舰可行性的工作。美国海军已经提出了研制舰载高能激光武器的新计划,其重要一步是重新选定适合于在沿海环境下使用的最佳波长。经过研究,美国海军得出结论:在 $1\sim13~\mu m$ 红外波长范围内只有 $1\sim2.5~\mu m$ 波长激光的大气传输性能优于 MIRACL 的 $3.8~\mu m$ 波长激光的大气传输性能。通过对 $1\sim2.5~\mu m$ 波长激光在沿海条件下的大气吸收特性、消光特性和总的大气传输特性进行计算比较,确定了 $1.6~\mu m$ 波长为适于沿海环境下的最佳波长。2006 年 10 月 31 日,托马斯·杰弗逊国家加速器实验室创造了自由电子激光器输出功率 14.2 kW 的最高记录,激光波长为 $1.61~\mu m$。图 7.10 为直线型自由电子激光器原理图,图 7.11 是托马斯·杰弗逊实验室自由电子激光器的超导加速器。

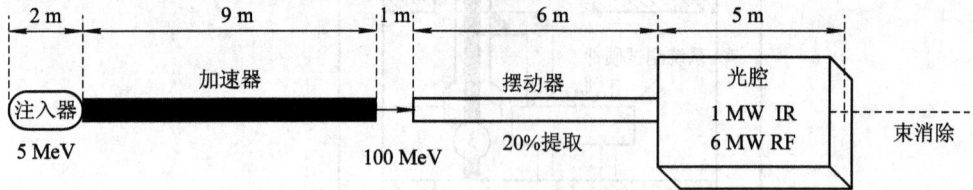

图 7.10　自由电子激光器原理图

图 7.11　自由电子激光器的超导加速器

7.3　地基激光防空武器系统

激光武器用于防空的试验始于 20 世纪 70 年代,最初采用的激光器是 CO_2 激光器、HF 激光器和 DF 激光器等,后来发展到固体激光器,试验中多次摧毁靶机和导弹。激光武器用于防空具有的很多优点是防空导弹所不具备的。激光武器以光速输送能量打击目标,不论是高速飞行的飞机还是导弹,都可以将它们视为静止目标,瞄准时不需要提前偏移量。考虑到辐照时间,激光武器一次作战的时间只有 $1\sim2$ s,并且激光发射时无后坐力,只需旋转镜面就能够照射新的目标,重复打击能力很强,能够防范传统意义上的饱和攻击。此外,激光武器对光学制导导弹和灵巧炸弹有软、硬两种不同程度的杀伤效果。激光能量足够高时可以将它们直接摧毁,即使能量降低几个数量级,同样可能对它们的制导系统造成一定的损伤,轻则短时致盲,重则永久损坏。无论如何,都可以使制导炸弹脱靶。并且,激光防空还具有发射成本低的特点。统计表明,激光单次射击的成本不足防空导弹

1/10，可以用来对付无人机、近程火箭弹等廉价目标。所以说激光武器是对付空中目标的有效武器之一，既可以单独作战，也可以配合其他防空武器进行区域防空。

7.3.1　"鹦鹉螺"计划

美以合作的"鹦鹉螺"计划（Nautilus Project）是战术高能激光（THEL）的重要组成部分，试验周期从 1995 年 5 月到 1996 年 2 月，主要用于验证激光拦截近程火炮的可行性，同时也为未来激光防空提供试验依据。试验采用成熟的先进中红外化学激光器（MIRACL）和"海石"光束定向器（SLBD）。1995 年以捆绑着的火箭弹为靶标进行了试验。试验中用 SLBD 发射激光照射靶标，成功地确定了摧毁这类目标所需的光束功率，并确定了在典型的防空范围内进行捕获、跟踪、瞄准以及照射和再瞄准的试验。这些试验都在 1995 年地面试验中获得成功。1996 年 2 月在白沙导弹靶场进行了打飞行目标的试验。2 月 6 日，首先用惰性装药的俄制 BM-21 火箭弹作靶弹进行试验，试验结果表明激光束与试验弹进行了成功的交会，并在 15 s 的时间内将烧穿了靶弹弹头的厚钢外壳，使其在命中目标之前被摧毁。2 月 9 日高能激光系统试验选用两枚带真弹头的 BM-21 型火箭弹作靶弹，试验表明，摧毁弹头仅需几秒钟时间，并且摧毁第 1 枚火箭弹后，在不到 1 s 的时间内又瞄准了第二个目标。

两次拦截 BM-21 火箭弹的破坏机理是不同的。第一次采用的惰性装药的火箭弹，激光破坏弹头只能是熔化外壳，钢质外壳的熔点在 1500℃ 以上，所需的激光能量较高，所以激光辐照时间长。第二次试验拦截实弹，激光加热弹头外壳，热量传至弹头内的高能炸药，当温度升至高能炸药的爆发点（300～400℃）时，引爆炸药而使弹头爆炸，因此所需激光能量比第一次要低得多，激光照射时间相对要短。

试验最终表明，对从 32 km 远处发射的导弹，激光器可在 20 km 或更远处有效干扰并损伤导弹探测器；对无制导火箭可在 5 km 距离上将其摧毁。

7.3.2　移动战术高能激光

移动高能激光便是继"鹦鹉螺"计划之后实施的战术高能激光高级技术概念验证计划（Tactical High Energy Laser Advanced Concept Technology Demonstration，THEL-ACTD）。由于"鹦鹉螺"计划的巨大成功，美以双方决定研发一套独立的战术激光防空系统，希望具有机动能力，并且能够在战场展开时迅速投入战斗。

根据最初设计，除去运载平台外，系统由指挥、控制、通信和情报子系统（C^3I Subsystem，C^3IS），高能激光器子系统（Laser Subsystem，LS）和跟踪瞄准子系统（Pointing and Tracking Subsystem，PTS）三个部分组成。

C^3I 子系统控制所有雷达和激光子系统及跟瞄子系统的工作，在以色列研制和测试完毕后再运往高能激光系统试验中心进行组装。C^3I 子系统用射频雷达监视具有潜在威胁的空域，检测识别空中目标，确定打击目标，完成目标粗跟踪，并形成目标状态向量，以备跟瞄子系统精跟踪之用。除此之外，该子系统还负责管理整个系统工作，下达作战命令。

激光器子系统采用 DF 化学激光器，其中又包含四个二级子系统，即流体供应装置（Fluid Supply Assembly，FSA）、增益产生装置（Gain Generator Assembly，GGA）、压力恢复装置（Pressure Recovery Assembly，PRA）和激光光学装置（Laser Optics Assemble，

LOA)。流体供应装置提供冷却用水和用于压力恢复的双氧水,负责整个流体回路的控制,保证运行处于安全状态。增益产生装置由 44 个 NF_3 和 C_2H_4 混合气体燃烧室组成,由 F_2 点燃混合气体,产生游离态 F 原子,馈入激光谐振腔,同时 D_2 和 He 混合气体也被注入腔中,DF 被抽运到激发态,跃迁发出激光。腔中气体工作压力低于大气压,压力恢复装置用来恢复腔体气压,使工作之后废气能顺利排出。激光光学装置将产生的激光选频、整形输出到瞄准、跟踪子系统。激光器输出波长 3.8 μm,光斑直径 10 cm,功率 200~400 kW。为便于机动,系统可以装在标准的集装箱中运输。

跟瞄子系统采用功率较低的固体激光器进行照明,用口径 75 cm 的望远镜发射,通过接收目标反射信号估算并瞄准误差和传播路径引起的歧变,用以修正高能激光束发送参数,起到光束定向(BD)的作用。整个瞄准跟踪子系统包括光束转向装置(Beam Director Assembly,BDA)、光束对准和稳定装置(Beam Alignment and Stabilization Assembly,BASA)、离轴跟踪器(Off Axis Tracker,OAT)、共轴跟踪器(Shared Aperture Tracker,SAT)和瞄准跟踪控制器(PTS Controller,PTSC)。目标瞄准和跟踪分两步完成。由 C^3I 子系统首先确定作战对象,形成目标状态向量,PTSC 根据目标状态调整光束转向装置 BDA,使目标进入离轴跟踪器(OAT)视场。OAT 工作于远红外波段,相比于共轴跟踪器(SAT),其视场更大,分辨率更低。在 OAT 引导下调整 BDA,使目标进入 SAT,由 SAT 进行近红外高精度跟踪,用引导光束持续照射目标,直到将其击毁。

与 MIRACL/SLBD 不同,THEL-ACTD 光路没有采用水冷散热,取而代之的是高透(反)镀膜,它将镜面的吸收减小到最低。试验表明这是一种可行的策略。

经过四年的努力,TRW 公司和与之合作的以色列公司完成了各子系统的设计和制造,并于 2000 年春在美国高能激光系统试验中心(HELSTF)将整机组装完毕。图 7.12 是移动战术高能激光系统展开效果图。在先后进行的一系列试验中,已经成功击落"喀秋莎"系列火箭弹约 30 枚。在 2004 年的试验中,又成功击落远程导弹和迫击炮。

图 7.12 移动战术高能激光(MTHEL)系统

7.4　激光反卫星系统

激光反卫星侦察始于前苏联。早在 20 世纪 70 年代，前苏联就成功用激光干扰美国侦察卫星，使卫星上的光学系统饱和。后来前苏联又成功进行了十多次激光反卫星试验。美国在 1989 年 1 月 9 日通过了一项新的反卫星武器发展计划，将激光反卫星武器与动能反卫星武器放在同等重要的位置上，此举将激光反卫星武器推向了高速发展的快车道。

同防空和反导激光武器类似，激光反卫星武器也需要有强激光产生以及目标捕获、识别、跟踪、照明、光路补偿、光束控制等设施。配合不同的 C^3I 系统，前面介绍的机载、舰载和陆基激光都可以作为独立的反卫星激光武器使用。此外，卫星本身也可以作为很好的反卫星平台，也就是天基激光武器。天基激光(Space Born Laser，SBL)武器有两大类：一类自身携带能源，能够独立作战；另一类只有大型中继镜，靠反射其他独立激光武器系统发射的激光作战。

本节首先介绍卫星的易损性，再介绍陆基激光反卫试验，最后简单介绍未来天基激光反卫系统的概念和设想。

7.4.1　卫星易损性分析

卫星是高价值侦察、通信工具，在获取和传递信息中起着至关重要的作用。然而卫星的轨道可以预先确定，暴露给反卫星武器攻击的时间较长(通常为 100 s)，并且受到攻击时只能作简单的规避或者根本不会主动规避，因此相对于反导和防空激光武器，用激光打击卫星具有更高的效费比。

据报道，地面反卫星激光武器典型的作用距离大约是 500～2000 km，交战时间为 100 s 左右。激光束要在这段时间内稳定工作，对卫星定点照射，达到干扰、破坏甚至摧毁卫星的目的。按照破坏程度的不同，反卫星激光武器对卫星的破坏分为以下几种：破坏卫星硬设施，如防护层、天线、太阳能电池板等；破坏卫星热平衡，烧毁光电探测系统，造成探测器饱和的暂时致盲等不同层面、不同程度的破坏。不同的破坏视作战目的而定，对激光武器的发射功率、光束质量、光束控制也有不同的要求。

从试验结果看，硬破坏需要的功率较高，要求上靶功率密度在每平方厘米百瓦量级甚至更高，可以迅速去除热控制材料，烧毁太阳能帆板，使高压容器破裂，毁坏卫星天线等，给卫星造成不可恢复的破坏。相应地，要求地面激光器能够有几兆瓦连续输出功率。考虑到大气传输窗口，目前满足这一输出功率的只有氟化氘(DF)激光器和化学氧碘激光器(COIL)。实施硬破坏的激光武器系统的复杂度、费用和工程管理难度都比较高，灵活性也低。相比之下，破坏卫星热平衡要容易得多。热管理是卫星设计中的一个关键因素，通常通过对表面材料的吸收率和辐射率的合理控制，让卫星总体吸收和辐射达到平衡，同时采用热交换设施，使卫星内部温度保持在很窄的范围内，保证卫星内部电子系统能正常工作。当激光在卫星表面形成每平方厘米一至几百焦耳的能量辐射时，就可以对卫星热管理表面造成一定损伤，从而打破卫星热平衡，导致破坏性的温度偏差，造成卫星故障。由于卫星上的光电传感器灵敏度高，仅需要数十瓦的功率就可以使之饱和而失去工作能力，使激光进入卫星成像传感器的视场，很有可能成为近期反卫星武器的重要发展方向。美国在

1997 年 LPCL 试验中即验证最后一种攻击的可行性。研究表明，地基激光反卫星系统也可以对中轨卫星（MEO）甚至同步轨道卫星（GEO）造成损害，因为卫星即使只接受零点几瓦辐照度的激光照射，长时间（比如 100 s）累积加热也可以造成太阳能电池帆板或者星体过热引发故障。

7.4.2　陆基激光反卫星试验

从 20 世纪 90 年代初，美陆军战略防御司令部用先进中红外化学激光器（MIRACL）和"海石"光束定向器（SLBD）进行了一系列试验。在 1991 年 8 月 20 日进行的试验中，激光束跟踪并击中了约 14 km 高空飞行的无人靶机，达到了全部试验目的，解决了以往试验中所遇到的全部问题，证明 MIRACL/SLBD 已具备有限反卫星能力。

美国陆军于 1997 年 7 月正式向美国国防部提出进行激光反卫星试验申请，并将目标选定为使用寿命到期的 MSTI－3 卫星。1997 年 10 月得到美国防部批准，并在高能激光系统试验中心（HELSTF）进行试验。10 月 17 日晚，美国陆军用高功率 MIRACL 向位于 420 km 高空的 MST1－3 卫星发射了两次激光，据估计发射功率约 500 kW，卫星当时正以 26800 km/h 速度运行，试验中并没有收到卫星回传数据，但是有一点可以肯定，这两次发射均没有对卫星造成致命损坏，后来的低功率化学激光器试验证实了这一点。10 月 21 和 23 日利用低功率化学激光器（LPCL）进行了 4 次发射，试验成功收到卫星回传数据，证实低功率激光可以使卫星上的光电探测系统饱和。但是美方并未公布 LPCL 的详细资料，只知道其工作波长与 MIRACL 相同，但功率可能不到 MIRACL 的万分之一（200 W），也有报道指出实际发射功率仅 32 W。总之这两次试验证明用低功率激光器干扰低轨卫星是一种非常有效的手段。

7.4.3　天基激光反卫星武器

2000 年 2 月，美国弹道导弹防御局与波音公司、洛克希德·马丁公司和 TRW 公司签定了 18～24 个月激光集成飞行试验（SBL-IFX）的合同，总金额 1.27 亿美元。

在一年多的试验中，SBL-IFX 对 Alpha 激光器进行优化，使之适合于星载使用，并研制了大型先进反射镜。Alpha 激光器是 20 世纪 80 年代中期设计的一种高功率 HF 激光器，由于受大气传输窗口限制，不适合于大气传输。经过改进之后输出的光束质量得到改善，输出光斑接近圆形，而且能量密度更均匀，非常适合于星载激光武器。SBL-IFX 还进行了多次非冷却变形镜高能激光试验，完成了 4 m 的大型发射镜 4.5 s 的闭环波前和抖动控制试验。SBL-IFX 也进行了星载激光的光束控制试验，主要采用了机载激光的光束控制技术。

2002 年 10 月 31 日，美国国防部导弹防御局宣布撤消天基激光综合飞行试验计划办公室，但技术试验仍将进行。天基激光综合飞行试验是一项长期的大型空间技术演示试验，据估计将耗资 40 亿美元，计划在 2012 年向太空发射一台大功率激光器，在空间试验拦截经改装的民兵洲际导弹，以验证天基激光武器摧毁助推段弹道导弹的技术可行性，也将评估天基激光武器攻击非弹道导弹的适应性，其中包括用它摧毁敌方卫星。2004 年 2 月公布的美国"空军转型飞行计划"表明，空军转型的重点是发展太空武器，其中包括可展开的空天全球激光交战中继镜（EAGLERM）系统。

　　受大气影响，陆基激光反卫系统和天基中继反卫系统在激光工作波段上都有严格限制。高能光束穿过大气层还会受到湍流和热晕的影响，为了使光损耗在可接受的范围之内（通常小于 50%），必须配备自适应光学补偿系统。前面介绍的美海军的"海石"光束定向器是一个不带自适应光学补偿系统的光束发射望远镜外。美空军除了有机载激光中用到的 1.5 m 带自适应光学补偿光束发射望远镜外，还独立研制了 3.5 m 孔径带自适应补偿的发射望远镜，它具有 941 个自适应补偿单元。试验证明，即使不参考主动照明光源，仅用目标图像作为补偿参考信标，经过补偿之后的功率密度也可以提高 10 倍。

　　预计未来天基激光武器可能采用的激光器有氧碘激光器、氟化氢泛频激光器、二极管泵浦固体激光器和相控阵二极管激光器，甚至有可能采用波长更短的 X 射线激光器。直径 15 m 的激光发射主镜、薄膜加工工艺制造的大型轻质的光学系统、高平均功率相位共轭补偿技术和相控激光二极管阵列等一系列高能激光相关技术也会在天基激光武器系统中得到应用。

参 考 文 献

[1]　李世祥. 光电对抗技术. 长沙：国防科技大学出版社，2000

[2]　侯印鸣. 综合电子战. 北京：国防工业出版社，2000

[3]　魏光辉. 激光技术在兵器工业中的应用. 北京：兵器工业出版社，1995

[4]　张承铨. 光电对抗技术发展动向. 激光技术，2006，30(3)：238-240

[5]　王永仲. 现代军用光学技术. 北京：科学出版社，2003

[6]　童志鹏. 电子战和信息战技术与装备. 北京：原子能出版社，航空工业出版社，兵器工业出版社，2003

[7]　梅遂生. 光电子技术——信息装备的新秀. 北京：国防工业出版社，1999

[8]　朱林泉，朱苏磊. 激光应用技术基础. 北京：国防工业出版社，2004

[9]　邓仁亮. 光学制导技术. 北京：国防工业出版社，1999

[10]　昌长水，刘彦宇. 国外光电对抗技术发展综述. 航天电子对抗，2006，22(2)：18-20，48

[11]　刘永昌，吴鹏. 未来光电精确寻的制导技术发展前景预测. 现代防御技术，2003，31(6)：46-51

[12]　陈永甫. 红外辐射红外器件与典型应用. 北京：电子工业出版社，2004

[13]　蒋娜，何俊发. 激光制导武器原理. 战术导弹控制技术，2004，44：62-63

[14]　刘方，刘滨涛. 光纤制导导弹的现状与发展. 战术导弹控制技术，2005，(1)：87-90

[15]　谭显裕. 浅谈光纤制导导弹. 航空兵器，1999，(3)：43-46

[16]　杨祖快，刘鼎臣，李红军. 多模复合制导应用技术研究. 导弹与航天运载技术，2003，3：13-18

[17]　孙静，于艳梅，孙昌民. 多模复合制导技术与装备发展分析. 制导与引信，2005，26(3)：5-10

[18]　严国顺，万少松. 多模复合寻的制导技术研究. 江苏航空，2003，(4)：15-17

[19]　郝婕，李云霞，赵延明. 网络化作战体系中的反激光制导炸弹方法研究. 空军工程大学学报(军事科学版)，2008，8(1)：41-42

[20]　何照才，胡保安. 光学测量系统. 北京：国防工业出版社，2002

[21]　高稚允，高岳. 光电检测技术. 北京：国防工业出版社，1995

[22]　吕海宝. 激光光电检测. 长沙：国防科技大学出版社，2000

[23]　宋丰华. 现代光电器件技术及应用. 北京：国防工业出版社，2004

[24]　Jha A R. 红外技术应用. 张孝霖，等，译. 北京：化学工业出版社，2004

[25]　石顺祥，张海兴，刘劲松. 物理光学与应用光学. 西安：西安电子科技大学出版社，2000

[26]　王莲芬，何俊发. 单、双站被动定位技术在军事探测中的应用. 光子学报，2002，31(9)：1135-1137

[27] 李富栋. 机载红外搜索与跟踪系统的现状与发展. 激光与红外，2008，38(5)：409 - 412

[28] 李莹. 对微弱激光辐射的探测. 光电对抗与无源干扰，2002，(3)：10 - 12

[29] 林涛，胡国平. 光电对抗在现代防空作战中的应用与展望. 应用光学，2003，24(5)：1 - 4，7

[30] 罗巧云. 美军 F - 22 的先进航空电子系统. 电讯技术，2006，(6)：7 - 12

[31] 王军，高教波，马玲，等. 红外诱饵的辐射特性及在光电对抗系统中的作用. 应用光学，2002，23(4)：15 - 20

[32] 曾宪林，郑仲明. 机载激光告警系统述评. 航天电子对抗，2001，(2)：21 - 25

[33] 赵勋杰，高稚允，张英远. 基于"猫眼"效应的激光侦察技术及其在军事上的应用. 光学技术，2003，29(4)：415 - 417

[34] 胡永钊，赵铭军. 激光技术在主动红外对抗中的应用研究. 激光与红外，2004，34(1)：62 - 64

[35] 陈拥军，吴新宇，龚惠兴. 宽频带激光告警技术的研究. 红外与激光工程，2003，32(4)：346 - 350

[36] 王喜焱，张洁. 激光告警设备的发展过程及现状. 情报指挥控制系统与仿真技术，2005，(2)：22 - 29

[37] 戴永江. 激光雷达原理. 北京：国防工业出版社，2002

[38] 傅竹西. 固体光电子学. 北京：中国科学技术出版社，2004

[39] 蒋庆全. 激光有源干扰技术探析. 现代防御技术，1997，(6)：46 - 50

[40] 李云霞，蒙文，马丽华，等. 大功率光纤激光器在军事领域的应用. 2006 军事电子信息学术会议论文集，2006，482 - 486

[41] 高卫，黄惠明，李军等. 光电干扰效果评估方法. 北京：国防工业出版社，2006

[42] 吕跃广，方胜良，等. 作战实验. 北京：国防工业出版社，2007

[43] 童志鹏，刘兴. 综合电子信息系统. 北京：国防工业出版社，1999

[44] 张晓华. 系统建模与仿真. 北京：清华大学出版社，2006

[45] 张蜀平，等. 直面信息化战争. 北京：国防工业出版社，2007

[46] 肖田元，等. 虚拟制造. 北京：清华大学出版社，2004

[47] 康凤举. 现代仿真技术与应用. 北京：国防工业出版社，2001

[48] 马书磊. 光电对抗效能评估技术与发展思路. 电光系统，2006，(3)：36 - 40

[49] 姬东朝，肖明清，贺中武. 红外导弹制导系统的半实物仿真系统设计. 火力与控制，2003，(12)：78 - 80

[50] 李华，李宏，吴军辉，等. 基于半实物仿真的红外侦察告警系统性能评估方法. 红外技术，2004(6)：80 - 85

[51] 孙少军，张继勇，李金亮，等. 光电对抗仿真试验系统综述. 红外与激光工程，2003(12)：551 - 554

[52] 赵炜渝. 光电对抗仿真试验技术. 红外与激光工程，2001，(6)：171 - 174

[53] 马丽华，乔卫东，蒙文，等. 红外制导半实物仿真及目标模拟器研究. 计算机仿真，2007(6)：42 - 45

[54] 李云霞，刘敬海，赵尚弘，等. 激光驾束制导光场信息的模拟技术. 光子学报，2003，32(4)：395 - 397

[55] 张晓哲，李云霞，马丽华. 红外成像导引头性能评估系统的分析与设计. 红外技术，2008，30(3)：136 - 138，149

[56] 李云霞，徐荣甫，刘敬海. 激光驾束制导仪性能测试系统研究. 红外与激光工程，2001，30(6)：474 - 477

[57] 王浩，刘敬民，张洁，等. 先进战斗机光电传感器综合系统及其光电对抗技术. 光电技术应用，2005，20(12)：68 - 72

[58] 蓝天，陆南燕. 光电分布式孔径系统的应用和发展研究. 红外与激光工程，2007，36(9)：553 - 556

[59] 刘敬民，王浩，张洁. 先进战斗机光电综合系统发展综述. 光电技术应用，2007，22(6)：4 - 6

[60] 陈苗海. 机载光电导航瞄准系统的应用和发展概况. 电光与控制，2003，10(4)：42 - 46

[61] 王浩，刘敬民，张洁，等. 先进战斗机光电传感器综合系统及其光电对抗技术. 光电技术应用，2005，20(12)：68 - 72

[62] 陈德皇，陈万美. F - 22 战斗机的综合航空电子系统. 电光与控制，2003，10(1)：50 - 53

[63] 任国光. 机载激光红外对抗的现状和发展趋势. 激光与红外，2000，30(6)：323 - 327

[64] 宛东生. 关注美国机载激光武器计划. 激光与光电子学进展，2006，43(3)：28 - 31

[65] 任国光，黄吉金. 美国高能激光技术 2005 年主要进展. 激光与光电子学进展，2006，43(6)：3 - 9

[66] 钟坚. 国外光电侦察告警技术的装备与发展. 舰船电子工程，2008，28(4)：30 - 33

[67] 熊良，祝利. 美军舰载光电对抗系统现状与发展分析. 舰船电子对抗，2006，29(4)：25 - 29

[68] 苗秀梅. 国外海军信息战装备技术发展. 舰船电子对抗，2007，30(8)：5 - 10

[69] 刘彤宇，闵江，高鹏. 海军光电信息技术发展研究. 光电技术应用，2005，20(12)：1 - 6

[70] Xujie, Zhao Shanghong, Chuxingchun, et al. Laser jamming effective analysis of combined fiber laser for an airborne defense system. Applied Optics, 2008, 47 (36)：6852 - 6859

[71] 邹振宁. 红外成像制导反舰导弹的电子对抗方法探析. 航天电子对抗，2005，21 (4)：37 - 40

[72] 王晓铭，郭劲，苗用新. 光电有源干扰技术与系统. 光机电信息，2008，(5)：40 - 42

[73] 王宏，石岚. 红外、雷达隐身在舰船上的应用. 舰船电子工程，2004，24(5)：111 - 114

[74] 季卫亚，胡江华，李晓光. 舰船的红外辐射特性. 舰船电子对抗，2007，30(5)：43 - 45

[75] 王建，张迪超，蒲元远. 舰艇的红外隐身技术. 舰船电子工程，2008，28(3)：37 - 39

[76] 冯寒亮，韩锋，张平. 美国海军舰载高能激光武器. 激光与光电子学进展，2006，43(7)：41 - 45

[77] 任国光，黄裕年. 空间对抗中的激光武器. 激光与红外，2004，34(5)：323 - 328

[78] 任国光，黄裕年. 美国高能激光武器的发展及其面临的挑战. 激光技术，2001，25(5)：321 - 327

[79] 任国光. 自由电子激光器为广泛应用开启大门. 激光与光电子学进展，2005，1(42)：3 - 6

[80] Jeffeson 国家实验室网站 http：//www.jlab.org/fel/felspecs.html

[81] 刘伟超. "鹦鹉螺"激光武器系统解析. 舰船科学技术，2007，29：26 - 29

[82] 任国光，黄裕年. 美国高能激光武器的发展战略. 激光技术，2001，125(4)：241 - 245

[83] Josef Shwartz. Tactical High Energy Laser. SPIE，2002，4632：10 - 20

[84] Horkovich. James A. Directed EnergyWeapons：Promise & Reality. AIAA，2006，3753，1 - 17

[85] 杨惠珍，康凤举，李俊. 层次分析法在水下航行器系统仿真可信性评估中的应用研究. 系统仿真学报，2002，14(10)：1229 - 1301

[86] 张淑丽，叶满昌. 导弹武器系统仿真可信度评估方法研究. 计算机仿真，2006，23(5)：48 - 53

[87] 焦鹏，查亚兵. 层次分析法在制导仿真系统可信度评估中的应用. 计算机仿真，2005，22(9)：68 - 72

[88] 刘军，贾宏慧. 层次分析方法在防空导弹武器系统效能分析中的应用. 计算机工程与设计，2007，28(16)：4049 - 4051

[89] 杨惠珍，康凤举，阎晋屯. 一种基于 AHP 的仿真可信度评估方法研究. 系统仿真学报，2006，18(2)：52 - 54

[90] 刘飞，马萍，杨明，等. 复杂仿真系统可信度量化研究. 哈尔滨工业大学学报，2007，39(1)：1 - 3

[91] 张伟. 仿真可信度研究. 北京：北京航空航天大学，2002

[92] Saaty T L. The Analytic Hierarchy Process. McGraw Hill, Inc.，1980，69 - 101

[93] 华中生，等. 一种 AHP 判断矩阵一致性调整的新方法. 系统工程与电子技术，2003，25(1)：36 - 42